重点建设工程施工技术与管理创新 7

北京工程管理科学学会 编

中国建筑工业出版社

图书在版编目（CIP）数据

重点建设工程施工技术与管理创新 7/北京工程管理科
学学会编. —北京：中国建筑工业出版社，2014.1
ISBN 978-7-112-16285-7

Ⅰ.①重⋯　Ⅱ.①北⋯　Ⅲ.①建筑工程-工程施工-施
工技术-文集②建筑工程-施工管理-文集　Ⅳ.①TU7-53

中国版本图书馆 CIP 数据核字（2013）第 312845 号

本书为北京工程管理科学学会推出的《重点建设工程施工技术与管理创新》系列的第 7 本。本册仍秉承实务创新的思想，向广大工程技术人员提供年度内最新工程项目施工技术与管理经验的总结。本书包括地基与基础工程论文 10 篇，地铁与市政工程论文 4 篇，工程管理论文 5 篇，结构工程论文 9 篇，绿色节能论文 4 篇，专业工程论文 4 篇，共 36 篇论文。本书可作为工程施工技术及管理人员的工作参考书，也可作为高等院校土木工程、工程管理等相关专业师生的学习参考用书。

责任编辑：刘　江　赵晓菲　郭雪芳
责任校对：王雪竹　陈晶晶

重点建设工程施工技术与管理创新 7
北京工程管理科学学会　编
*
中国建筑工业出版社出版、发行（北京西郊百万庄）
各地新华书店、建筑书店经销
北京红光制版公司制版
北京圣夫亚美印刷有限公司印刷
*
开本：787×1092 毫米　1/16　印张：18¾　字数：456 千字
2014 年 1 月第一版　　2014 年 1 月第一次印刷
定价：48.00 元
ISBN 978-7-112-16285-7
（25007）

编 委 会 成 员

序

　　为进一步推进施工企业员工自主创新，总结建筑施工技术和管理创新的成果，促进施工企业科技与管理进步，2013年，北京工程管理科学学会开展了青年优秀论文竞赛活动。各会员单位共上报学术论文52篇，经专家评选出优秀创新论文36篇，编成《重点建设工程施工技术与管理创新7》。其中包括地基与基础工程技术论文10篇、地铁与市政工程技术论文4篇、工程管理论文5篇、结构工程技术论文9篇、绿色节能技术论文4篇、专业工程技术论文4篇，全书总计40余万字。

　　《重点建设工程施工技术与管理创新7》展示了学会会员单位2013年度建设工程施工技术与管理自主创新的成果，希望对进一步推进新科研成果的传播和提高施工企业管理创新能力有一定的促进作用。

北京工程管理科学学会

理事长：丁传波

2013年11月8日

目　　录

地基与基础工程

旋喷锚桩在软土地区超大深基坑中的应用 ················ 周予启　刘卫未　刘　芳　1

隔振施工灌浆密实率控制方法浅谈 ················ 金忠有　周原正　姚付猛　11

深基坑开挖的非线性有限元分析 ················ 崔红波　马海燕　15

昌运宫办公楼(市政大厦)卵石层旋挖钻机成桩技术 ········ 李相凯　王得如　王大庆　19

土压平衡盾构在富含水砂层中加压开仓技术 ············ 施　笋　杨富强　王　坡　26

高水位环境外悬挑下沉庭院综合施工工艺的探讨

················ 王良波　林国潮　陈　量　刘庆宇　34

超大深基坑地基与基础施工技术 ············ 刘　伟　梅晓丽　黄　蕾　陈　杰　39

大面积浅基坑边坡土压控制变形施工技术

··········· 章亮亮　吴学军　郑华锋　胡志军　蒙海源　48

谈桩筏整体托换加固工程施工要点 ············ 韩振宇　郭保立　金凤城　56

桩梁式托换施工技术 ························ 韩振宇　刘庆宇　62

地铁与市政工程

地铁深基坑施工常见安全事故及防范措施 ········· 张立平　王云斌　马海燕　71

膨胀加强带取代后浇带在地铁车站工程中的应用 ············· 谢校亭　76

广渠路(跨五环路)桥梁桩基础施工中的质量控制 ············· 张立平　82

多点后方距离交会法在盾构隧道工程中的应用

················ 钱　新　吴　坤　黄雪梅　栾文伟　孙冬冬　87

工程管理

北京地铁丰台站 BIM 技术解决机电碰撞问题研究 ········· 张　军　马海燕　谢校亭　93

建筑工程施工资料管理方法探讨 ················ 郝学峰　杨　希　99

TFT-LCD 项目综合动力站三维建模软件的运用

·········· 朱寒玉　任　伟　肖伟锋　徐海涛　雷全勇　105

浅谈建设项目施工成本管理 ························ 叶春雨　113

关于建设"四心"监理企业文化的思考 ················ 肖楷华　陈　辉　118

结构工程

某生产实验楼塔吊"空中解体"拆除技术的应用

·············· 王继生　张志永　宋立艳　张　颖　122

探讨钢筋混凝土现浇楼板裂缝的原因及预防措施

·· 胡美瑜　141

住宅产业化工业化安装施工技术研究 ···························· 徐　扬　149

混凝土结构无损拆除技术在北京饭店二期——商业部分改造工程中的应用

······································· 焦　冉　刘　坤　石　颖　164

超高层建筑钢结构桁架避难层深化设计及施工 ·············· 谢中原　181

大跨度钢结构连廊整体拼装、同步提升技术在实际施工中的应用

·············· 黄俊富　李公璞　李松伟　黄孜宏　刘彦明　189

钢筋小桁架自承式楼板施工技术 ·········· 刘　佳　熊　壮　胡志军　周　沫　200

长阳半岛装配整体式剪力墙结构工业化住宅施工组织总结

·············· 李　浩　孔祥忠　李永敢　王召新　212

关于我国脚手架标准体系的建议 ···························· 陈　辉　陈　红　222

绿色节能

浅谈 HX 防火保温板外墙保温系统施工消防对策 ············ 陈　辉　王华北　235

浅谈老旧小区节能改造复合硬泡聚氨酯板外墙外保温工程施工质量的技术措施

·· 许振华　241

从推动绿色建筑发展角度——论述普通办公楼装修及节能改造工程实践

·· 李相凯　252

北京市既有老旧小区节能改造外墙施工做法 ···················· 许世宁　268

专业工程

浅谈民用建筑采暖系统的一些问题 ···························· 乔少武　273

北大国际医院超大型暖通中心设备群安装技术 ·········· 侯文端　郝继笑　葛　贝　277

浅谈线路中的电压降对施工设备正常使用的影响 ········· 王海江　张　明　王　琅　286

浅谈水环热泵 VRV 空调的运行调试

·············· 王培硕　赵志滨　冯熙鹏　李公璞　林　峰　290

旋喷锚桩在软土地区超大深基坑中的应用

周予启　刘卫未　刘　芳

（中建一局集团建设发展有限公司）

【摘　要】 天津嘉里中心基坑面积 $73011m^2$ ，开挖深度 17m。周边环境复杂（津滨轻轨地铁距离基坑 30m）。为满足项目开发进度需要，采用旋喷锚桩施工技术替代原设计中心岛法边撑。利用旋喷和搅拌工艺在软土地区中形成大直径锚固桩体，达到增加锚固体抗拔力的效果，并可以有效地改良土体，提高土体自身抗剪强度。通过数值模拟手段，制定了施工工艺参数，完善了施工流程。施工监测结果表明，旋喷锚桩技术的应用保证了地铁隧道的变形安全，成功解决了锚固技术在软土地区难以适用的难题，为软土地区超大深基坑工程的支护设计和施工提供了参考资料。

【关键词】 旋喷锚桩；软土；超大深基坑；数值模拟

1　工程概况

天津嘉里中心 I 期工程位于天津市河东区六纬路、六经路、海河东路、八经路围成的地块内，由 3 栋公寓、1 栋酒店和整体地下车库组成。基坑面积 $73011m^2$，基坑各侧边长均超过 200m，开挖深度大面约 17m，局部深坑达 23m，属于超大深基坑工程，场区平面布置如图 1 所示。基坑东北侧与津滨轻轨地铁的距离不足 30m，南侧靠近重要交通枢纽保

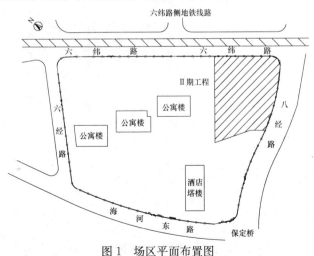

图 1　场区平面布置图

定桥，周边环境复杂，对基坑施工产生的变形量提出了较高的要求。场区内地下水位埋深较浅，约在自然地面以下 2m，土质为典型天津地区软土，以粉质黏土、淤泥质土、粉砂为主（具有高含水量、高灵敏性、高压缩性、低密度、低渗透性等特性）。

2 基坑支护方案

2.1 支护方案

基坑原设计方案采用中心岛法，即首先施工基坑周圈围护桩及止水帷幕，在基坑周边留设反压土台护坡，基坑中部放坡开挖到底，顺做施工基坑中部主体结构，待基坑中部主体结构施工至±0.00时，在基坑周边围护结构和中部主体结构间架设长度约 22m 的短撑，将反压土挖除，然后顺做施工基坑周圈主体结构，完成换撑后，将支撑拆除。基坑支护平面及剖面如图 2～图 4 所示。

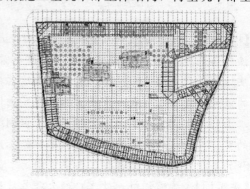

图 2　中心岛支护方案支撑平面布置图

2010 年 3 月，三个公寓楼以东靠近六纬路侧的中心岛结构已施工至首层，而公寓楼以西土方仍未开挖完成。由于业主开发进度调整，公寓楼以西的结构难以在短时间内完成，而此时六纬路侧地铁隧道盾构施工已基本完成，即将进入铺轨阶段。应业主要求，六纬路侧反压土台区域的地下室结构应当尽早完成以减小基坑二次施工对邻近地铁轨道的影响；另外结构设计要求中心岛地下室结构整体完工形成对撑之后才可以进行反压区的土方开挖。为了解决上述矛盾，在基坑部分区域采用原中心

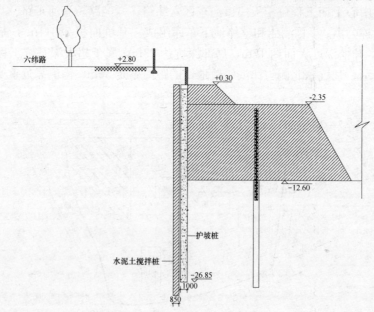

图 3　中心岛支护方案剖面图（1）

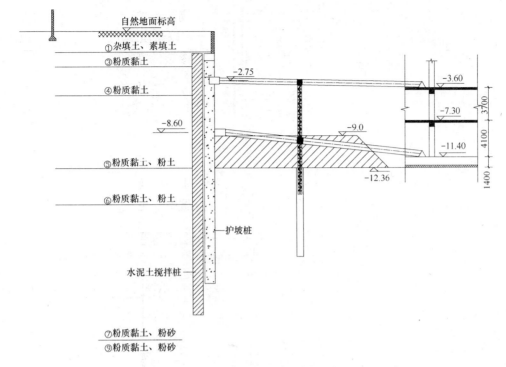

图 4　中心岛支护方案剖面图（2）

岛支护方案的同时，对六纬路侧和海河东路侧采用旋喷锚桩支护调整方案。

旋喷锚桩技术是通过高压旋喷和搅拌形成大直径的水泥土锚桩体，在旋喷搅拌的同时将钢绞线及锚锭板直接带入形成锚桩，根据需要还可以形成扩大头。此种技术可以改良土体，提高土层黏聚力和内摩擦角，达到增加锚固体抗拔力的效果。旋喷锚桩适用于各种地质，尤其是对深厚淤泥、软土、流砂、饱和流塑土层等更能发挥其优势，通过控制锚桩倾角可以部分发挥其横向承载能力，基本可解决软土地区使用预应力锚索的锚固力不足的难题。

本工程选取的锚桩直径为 $\phi500$，锚桩倾角 $15°\sim25°$，锚桩位置及长度通过计算确定，最短约 20m，最长达到 27m。锚桩内置钢绞线，单根钢绞线公称直径为 15.2mm，抗拉强度标准值为 1860MPa，设计值为 1320MPa。钢绞线端头采用 $\phi150\times10mm$ 钢板锚盘，进入旋喷桩底。注浆材料采用 P.O42.5 级普通硅酸盐水泥，水泥掺入量为 25%，水灰比为 0.7。

通过设计，在基坑六纬路侧采用 4 道旋喷锚桩＋1 道钢支撑＋$\phi1000@$ 1200mm 钻孔灌注桩＋$\phi850@600mm$ 三轴搅拌桩止水帷幕的支护形式，海河东路侧采用 6 道旋喷锚桩＋$\phi1000@$ 1200mm 钻孔灌注桩＋$\phi850@600mm$ 三轴搅拌桩止水帷幕的支护形式，如图5～图7所示。

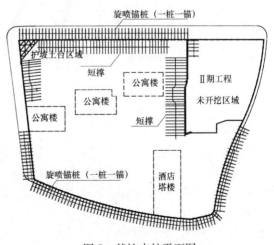

图 5　基坑支护平面图

3

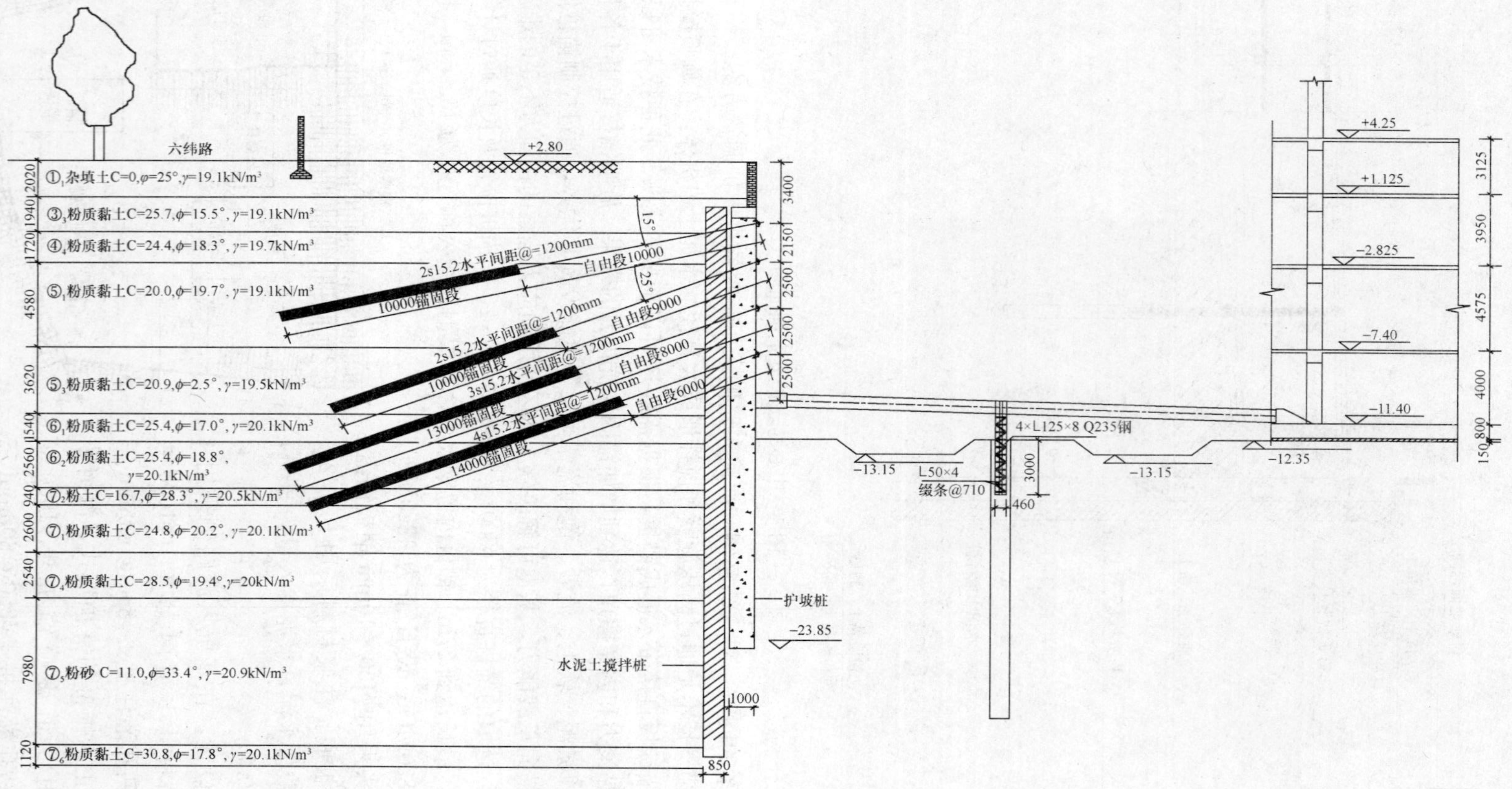

图 6 六纬路侧基坑支护剖面图

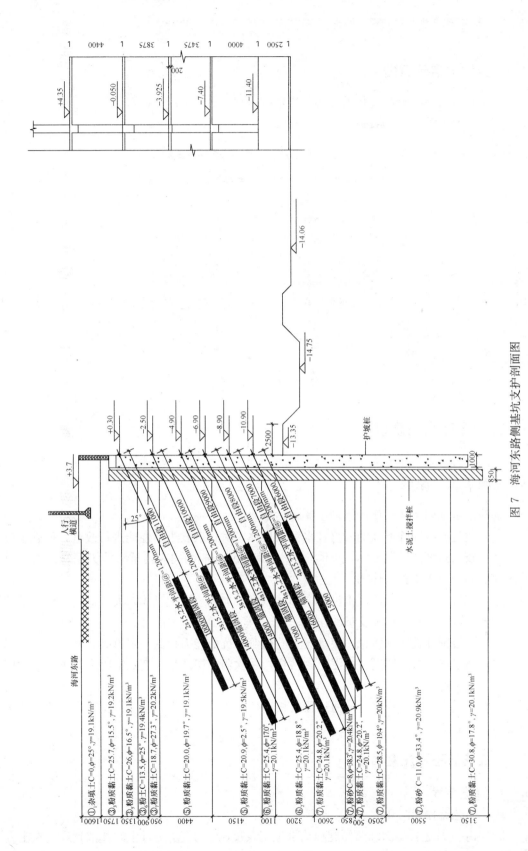

图 7 海河东侧路基坑支护剖面图

5

2.2 典型节点示意图

根据设计方案，旋喷锚桩的典型节点如图 8 所示。

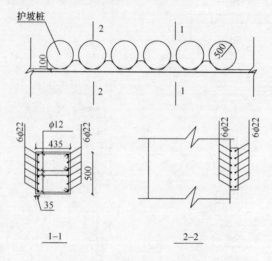

图 8 钢筋混凝土围檩节点示意图

3 工艺原理及注意事项

3.1 施工工艺原理

旋喷锚桩加固土体的作用原理主要包括：

（1）通过旋喷搅拌形成的大直径水泥土桩体，对松散软土的性能进行改善，使软土改变成具有较高强度的水泥土体，土体 c、φ 值都得到相应的提高，抗渗能力明显改善，具有超前加固、主动支护的作用。

（2）在形成的大直径水泥土桩体中加筋，形成加筋水泥土桩体，大大提高水泥土的抗弯、抗剪强度，起到了增强支护的作用。

（3）通过锚锭板和预张拉，使水泥土的抗弯和抗剪能力得到一定提高。

（4）通过锚锭板和锚筋与水泥土的粘合，在软弱土层产生较高的锚固力，可有效约束土体边坡的变形。

（5）通过设定多排锚桩，并通过腰梁相连，形成一个重力式挡土结构，可防止土体边坡滑移、隆起等。

3.2 工艺流程及注意事项

3.2.1 工艺流程

施工工艺流程如图 9 所示。

2010 年 3 月进行了六纬路侧旋喷锚桩施工及反压土开挖，7 月土方开挖到底。在土方开挖过程中，围护结构未发生过大变形；基坑开挖对地铁轨道的影响很小（小于 4mm）。

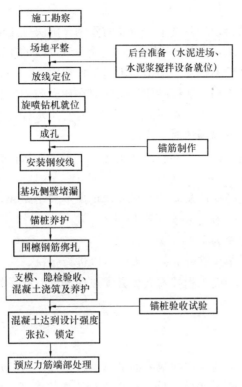

图 9　施工工艺流程

图 10、图 11 为施工过程中拍摄的实景照片。

图 10　旋喷锚桩施工过程照片——首道锚桩施工

图 11　旋喷锚桩施工过程照片——开挖至槽底

　　2010 年 7 月开始进行了海河东路侧土方开挖，于 2010 年 12 月初基坑开挖至槽底，土方开挖过程中钻孔灌注桩变形最大 50mm，基本满足设计要求。图 12、图 13 为施工过程中拍摄的实景照片。

图 12　旋喷锚桩施工过程照片——首道锚桩施工

图 13　旋喷锚桩施工完成照片——开挖至槽底

3.2.2 施工注意事项

（1）注浆过程中如果出现断浆现象，应及时停钻，解决施工问题后，重新进行注浆。

（2）钢绞线安放应注意：在放入钻孔前，应检查钢绞线的质量，确保钢绞线组装满足设计要求；在钢绞线安放后不得随意敲击，不得悬挂重物。

（3）注浆浆液应搅拌均匀，随搅随用，浆液应在初凝前用完，并严防石块、杂物混入浆液。注浆作业开始和中途停止较长时间，再作业时宜用水或稀水泥浆润滑注浆泵及注浆管口。浆体硬化后不能充满锚固体时，应进行补浆。

（4）搅拌工艺在砂层中施工，容易出现塌孔，宜采用一次性钻头或旋喷搅拌等工艺来解决塌孔的问题。

（5）布置灰浆制备系统应使灰浆的水平泵送距离不大于50m，确保注浆压力。泵口压力应保持在0.4～0.6MPa，防止压力过高或过小。

（6）旋喷搅拌的压力应为15～25MPa。

（7）旋喷锚桩注浆后至少需要养护7天才可以进行张拉。

（8）在施工过程中，相关工程技术人员必须在现场进行有序的指挥。

4 数值模拟

由前述，六纬路侧基坑与地铁的距离不足30m。为分析基坑开挖不同工况对邻近地铁的影响，采用FLAC软件对旋喷锚桩施工过程进行了数值模拟。建模原则如下：

（1）采用二维数值模型，考虑基坑开挖的施工过程影响，便于分析由于施工过程引起地表移动的时空效应问题。

（2）考虑旋喷锚桩的施工过程对周边环境的影响（对反压土台形成过程中的变形量进行了清零处理）。

（3）考虑基坑开挖对已有地铁盾构隧道的影响。

（4）土层厚度、土层力学参数等按照岩土工程勘察报告参数选取，土层厚度变化的，按照该土层在该位置附近的平均值选取。

（5）本次数值计算中，岩土物理力学性质参数没有考虑地层厚度及强度参数的空间离散与变异性。

基于上述原则，得到如图14～图16所示的结果。

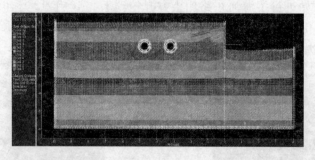

图14　基坑开挖至槽底的数值模型

通过对旋喷锚桩支护过程的数值模拟分析可见，基坑周边土体的应力分布较为均匀，

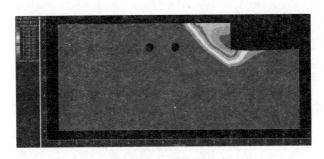

图 15　开挖至槽底的水平位移场

图 16　开挖至槽底，护坡桩新增水平变形最大值 1.96cm

未出现过大的突变，基坑围护结构变形也在较合理的范围内；另外，地铁隧道最大变形控制在 1.3mm。说明 4 道旋喷锚桩＋1 道支撑的方案在理论上对基坑和邻近的地铁都可以起到较好的保护作用。

5　现场监测

在基坑开挖过程中，对基坑的变形进行了持续而有针对性的监测，得到了大量的监测数据，其中水平位移和沉降的典型监测曲线如图 17、图 18 所示。

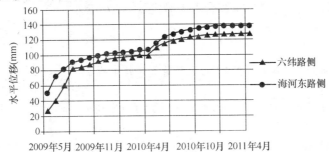

图 17　基坑水平位移典型监测曲线

六纬路侧基坑反压土的开挖时间为 2010 年 3 月，6 月挖至基坑底部。监测得到的基坑最大水平位移约 125mm。其中较大的变形量主要发生在反压土护坡形成及持续过程中，即 2010 年 3 月以前，约 100mm；而反压土开挖阶段，旋喷锚桩施工过程中发生的变形量相对较小，约 22mm（与数值模拟结果比较吻合）。反压土区域地下结构施工阶段，基坑变形增长值和增长速率都大大降低，变形曲线趋于收敛，且基坑变形规律与理论曲线较吻合，说明基坑达到稳定状态。

9

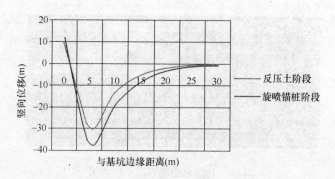

图 18　海河东路侧基坑沉降监测曲线

海河东路侧围护桩变形规律与六纬路侧类似，大部分变形主要集中在反压土护坡阶段。基坑变形最大值达到 150mm，而围护桩测斜最大值在 50mm 左右，分析原因主要是基坑上部 2.5m 采用了砖砌挡土墙，墙体刚度较差，变形较大，下部围护桩的实际变形较小。由于海河东路侧，基坑变形距离海河东路主干道距离不足 10m，因此对海河东路侧坑外地面沉降进行了监测，地面沉降基本在规范允许范围以内，大部分沉降主要发生在反压土护坡阶段。

6　结语

（1）旋喷锚桩在本工程中的应用达到了较好的支护效果，保证了基坑和邻近地铁的安全以及施工的顺利进行。

（2）通过监测得到的基坑围护结构上部变形值偏大，下部变形值合理。经分析是由于在基坑顶部 2.5～3.0m 高度内用砖砌挡土墙代替了护坡桩以降低工程造价，挡土墙的刚度较小，产生了较大的位移。因此在以后的工程中，挡土墙的高度宜适当降低。

（3）旋喷锚桩的应用成功解决了岩土锚固技术在软土地区的应用。在实际应用中还需结合场区条件和基坑周边环境要求综合考虑确定。

参考文献

［1］　中国建筑科学研究院．JGJ 120—99 建筑基坑支护技术规程［s］．北京：中国建筑工业出版社，1999．

［2］　中国建筑科学研究院．JGJ 79—2002 建筑地基处理技术规范［s］．北京：中国建筑工业出版社，2002．

［3］　北京交通大学隧道与岩土工程研究所．CECS 147—2004 加筋水泥土桩锚支护技术规程［s］．北京：中国建筑工业出版社，2004．

［4］　龚晓南．基坑工程实例［M］．北京：中国建筑工业出版社，2006．

［5］　刘波，韩彦辉．FLAC 原理、实例与应用指南［M］．北京：人民交通出版社，2005．

［6］　周予启，刘卫未．软土地区超大深基坑中心岛支护方案设计与施工［J］．施工技术，2011，5：52-58．

［7］　周予启，秘志伟．天津第一高楼津塔基坑数值模拟分析和施工监测［J］．天津建设科技，2011，2：24-27．

［8］　崔江余，贺长俊等．旋喷自带钢绞线锚杆现场试验研究．岩土工程学报，2009，12．

隔振施工灌浆密实率控制方法浅谈

金忠有　周原正　姚付猛

（中国建筑第五工程局有限公司）

【摘　要】　住宅采用隔振施工工艺，固定铅芯橡胶隔振垫的预埋板与其下部混凝土支墩间 5cm 高度内采用 C60 自密实灌浆料灌注使用，以保证预埋板下面的混凝土结构表面密实率达到 95％以上，以满足承载和减振对其的强度要求。但由于灌浆料材料内部自身含有的气泡、搅拌中产生的气泡以及灌浆速度和方法的问题导致部分气泡无法排除，很容易使得预埋板下面的灌浆料表面形成大量直径大于 2mm 甚至较为密集、连续的气泡，这样的混凝土表面的承载力将会大大下降，无法满足隔振垫安装所需的要求，所以在隔振施工前对隔振垫预埋板下部灌浆料孔隙率的控制将是隔振施工的一个重点和前提。故本文通过对灌浆料配合比的调整分析、灌浆料搅拌及静定时间的确定、灌浆顺序及方法的对比，结合最终取得的效果，对隔振垫预埋板底部灌浆工艺进行了相关探讨。

【关键词】　隔振垫；密实率；气泡；灌浆

1　前言

中建五局北京万筑金域缇香项目 7 号楼工程总建筑面积 7800.54m²，地上面积 7393.54m²，地下 407m²，地上 18 层，地下 1 层，采用产业化装配式施工，地下室采用隔振技术，隔振层位于基础筏板与地下一层之间，共含隔振支座 32 个。

隔振由铅芯橡胶支座和配套预埋板组成，橡胶支座固定在与下部混凝土支墩（图 1）浇筑在一起的配套预埋板上，预埋板与混凝土支墩间自密实混凝土的密实率决定了下部支

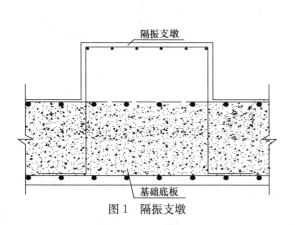

图 1　隔振支墩

图 2　预埋板灌浆后效果

墩的承载力,也直接决定了隔振减振工艺的成败及使用效果,是隔振工艺的技术关键点和难点,同时由于预埋板底部的灌浆密实率及孔隙率具有不可测量性,成熟可靠的施工工艺方法是隔振施工的技术保证和前提条件。本隔振工程预埋板底部混凝土密实率设计要求为95%以上。

本文通过对项目6次自密实混凝土密实度灌浆过程及结果的分析研究,结合过程失败结果与最终成功结果在材料、操作工艺等方面的阐述,浅谈一下隔振施工灌浆密实率控制方法(图2)。

2 实验部分及对比分析

首次灌注时,砂浆加水量为15%,初始流动度为310mm,30min流动度为290mm;砂浆使用机械高速搅拌,搅拌后没有进行慢搅消泡及静置消泡,搅拌完成后即开始灌浆,灌浆后第2天将表面玻璃板揭开,其下砂浆表层出现很多直径2mm以上的豆泡,如图3所示。

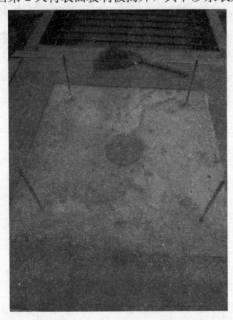

图3 第1次灌浆效果图

原因分析如下:

高速搅拌后没有进行慢搅及静置的消泡过程便开始灌浆,灌浆完成后,砂浆在消泡组分的作用下,仍在释放内部的气泡,使其聚集到砂浆表面,形成较大气泡。

灌注时没有控制灌注速度,在灌注时由于灌注速度过快,使气体随浆料一起进入玻璃板下,聚集成较大气泡。

砂浆本身消泡时间过长,在完成灌注过程后,砂浆中的气泡仍在缓慢释放,聚集在玻璃板下形成较大气泡。

第2次灌注时,对砂浆配方进行了调整,砂浆加水量为14.5%,初始流动度为320mm,30min流动度为270mm,砂浆流动度损失较大,且灌注时气温较高、风力较大,更加快了砂浆的流动度损失,并由于搅拌设备所限,没有实现连续灌浆,故依靠重力灌浆未能将样板灌满。后更换第1次所使用的砂浆重新灌注,灌注时调整施工工艺,砂浆搅拌完成后慢搅3min左右,静置1min左右进行消泡,而后连续灌浆,一次将样板灌注完成。灌注后玻璃板下的砂浆表层仍有较多气泡,如图4所示。

原因分析如下:

砂浆本身消泡时间过长,在完成灌注过程后,砂浆中的气泡仍在缓慢释放,聚集在玻璃板下形成较大气泡。

慢搅及静置时间与砂浆性能不匹配,消泡过程时间不够。

玻璃板润湿过度,灌注时玻璃板上仍有部分明水,灌注时砂浆将此部分明水聚集包裹,在水分蒸发后形成气泡。

第3次灌浆时,再次对砂浆配方进行调整,并制定与砂浆性能相匹配的施工工艺,灌注时，砂浆加水量为 15％，初始流动度为 340mm，30min 流动度为 330mm，搅拌完成后人工慢搅约 15min，静置 1min 左右，待砂浆表面不再返气泡时进行灌注，并一次性完成灌浆过程，玻璃板在灌注时提前清理干净，灌注时玻璃板为干燥状态，只对样板基层进行润湿，灌注后样板效果较好，基本无 2mm 以上气泡，如图 5 所示。

图 4　第 2 次灌浆效果图

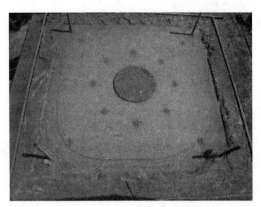
图 5　第 3 次灌浆效果图

3　隔振施工灌浆密实率控制工艺结论总结

根据三次样板灌浆操作以及实验室内多次模拟灌浆试验，现总结如下几点灌浆时的注意事项，以供读者参考：

灌浆前基层清理十分重要，首先需将基层清理干净，并进行充分润湿，润湿基层主要有三点目的：（1）降低基层温度，以避免因基层温度过高而使砂浆流动度损失变大，造成砂浆流不动、灌不满的现象；（2）使基层吸水达到饱和，以避免基层在吸水时置换出气泡，聚集到砂浆表面形成较大气泡；（3）湿润而无明水的基层有助于砂浆的流动性。

盖板表层须平整、干净、无明水。盖板表层若不平整或有杂物，会妨碍砂浆的流动，容易在此部位包裹进气泡。若有明水，则会将水分聚集、包裹，待水分蒸发后便形成较大气泡。

砂浆搅拌时须严格按规定加水量使用机械搅拌，灌注所用砂浆应根据灌注体积进行计算，一次搅拌完成，搅拌须均匀。

搅拌完成的砂浆须即时进行慢搅消泡，慢搅时间以 8min 为宜，中间不许停顿，若环境温度较高或风力较大，可适当缩短慢搅时间，但不宜低于 5min。

慢搅完成后应静置 1min 左右，观察砂浆表面基本不返气泡后，再开始灌浆。

灌浆时应持续、缓慢地进行灌注，不宜停顿，灌注时应注意灌浆的高度与速度，应尽可能地避免灌注过程中裹进气泡。

当模具灌满，砂浆与盖板完全接触后，应继续灌注部分砂浆，以保证盖板下裹住的气泡能够从盖板四周排出。

灌浆时建议做一个导流板，通过导流板灌浆，可避免灌注时引入过多的气泡，但使用导流板灌浆时应注意导流板放置的角度，角度太大会影响灌浆速度，致使砂浆流动度损失过大，灌浆不饱满。

灌浆完成后，待砂浆表面触干时应及时使用棉布或草帘进行覆盖，在棉布或草帘上浇水养护，养护期为 3～7 天，棉布或草帘表面不宜见干。

参考文献

[1] 谢奇，沈中林，张雄．高性能无收缩水泥基灌浆料的研制．上海：同济大学建筑材料研究所，2000.

深基坑开挖的非线性有限元分析

崔红波　马海燕

（北京城乡建设集团紫荆市政分公司）

【摘　要】 本文通过建立有限元模型，计算分析了在基坑开挖过程中地表水平位移、地表沉降和钢支撑轴力等数据，验证了方案的可行性；同时指出基坑围护结构施工中薄弱的受力环节，为现场施工提供依据。

【关键词】 围护结构；有限元分析；监控量测

1　工程概况

北京地铁西局站为地下三层三跨岛式车站，车站主体结构采用三层三跨钢筋混凝土矩形框架结构，车站全长 203.9m，标准段总宽度 23.1m。车站采用明挖顺做法施工，基坑深约 25m，围护结构采用 $\phi1000$ 钻孔灌注桩＋四道 $\phi600$ 钢管支撑的支护方案，桩长 31.5m，基坑中设临时立柱，临时立柱基础采用 $\phi800$ 钻孔桩，立柱采用钢管，联系钢采用 I45a 工字钢。

本段线路土层分布较为稳定，自上而下依次为：人工填土、新近沉积土层、第四纪晚更新世冲洪积地层、第三纪黏土质砂岩。根据岩土工程勘察报告，本区段围岩分类属 II 级。

2　模型建立

2.1　计算模型建立

模型尺寸：基坑开挖影响深度为开挖深度的 2～4 倍，影响宽度为开挖深度的 3～4 倍，根据工程实际情况，最终确定模型长为 340m，宽为 160m，高为 90m。

边界条件：地表面为自由面，模型四周约束法向、水平方向位移，底面约束（x、y、z）3 个方向位移。

本构关系：本构模型采用 Mahr-coulomb 屈服准则。

单元选型：土体采用实体单元，腰梁及支撑采用梁单元，基坑支护采用板单元，基坑支护与土体间施加 Goodman 接触单元（图 1）。

2.2　模拟工况

在模拟开挖过程中，需考虑钢支撑架设前支护结构的变形，各道支撑架设前后要分为

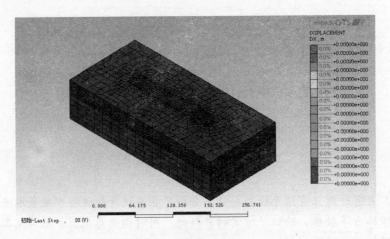

图 1　有限元模型建立

不同工况。

工况一：建立初始地应力场，并使位移归零；

工况二：施加基坑外部超载和支护桩体；

工况三：开挖至第一道支撑中心位置下 1m 位置；

工况四：施加开挖部分第一道钢支撑，并开挖至第二道支撑中心位置下 1m 位置；

工况五：施加开挖部分第二道钢支撑，并开挖至第三道支撑中心位置下 1m 位置；

工况六：施加开挖部分第三道钢支撑，并开挖至第三道支撑中心位置下 1m 位置；

工况七：施加开挖部分第四道钢支撑，并开挖至第四道支撑中心位置下 1m 位置；

工况八：开挖第四道支撑下部土体到设计高程位置。

3　分析计算结果

根据不同工况计算结果对比，工况八为最不利工况，即四道钢支撑全部架设完毕，开挖到基底标高。

3.1　地表水平位移

（1）从图 2 中可以看出，基坑拐角处存在显著的空间效应，抑制了邻近区域的位移发

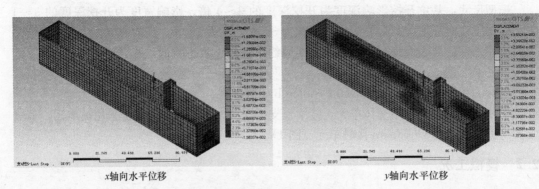

x轴向水平位移　　　　　　　　　　　　　y轴向水平位移

图 2　地表水平位移值

展，随着离基坑拐角距离的增加，空间效应逐渐减弱，同一深度下支护结构最大水平位移在基坑各边的中部。

（2）开挖初期，由于基坑上部土体自稳能力较强，位移较小，在桩和钢支撑预加轴力的共同作用下使地表附近靠近桩顶处土体的水平位移值为负值，即土体向坑外产生了位移。随着开挖深度的增加，主动土压力也随之增大，且基坑下部土体受湿陷性影响，强度迅速减小，位移急剧增大，又由于桩入土部分对底部位移的约束作用，导致水平位移曲线从上至下呈中间大两头小的"弓"形，最大值约在 $2/3H$ 深度（约 15m）处，短端（x 方向）最大值为 11.7mm，长端（y 方向）最大值为 26.4mm，均未超过警戒值 30mm。

3.2　地表沉降

地表沉降值（图 3）随开挖进行先增大再减小，最终呈"勺"形，最大沉降值在离基坑边缘约 10m 处，最大值为 12.1mm，受支护桩水平位移影响，沉降最大断面出现在对应的支护桩最大水平位移的断面位置。

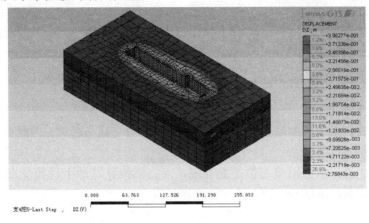

图 3　地表沉降值

3.3　支撑轴力

从图 4 中可以看出，第二、三、四道钢支撑轴力值较大，说明第二、第三道支撑在整个支护结构中发挥作用较大。各道支撑轴力经历了从下降到增加的内力重分布的波动过程，但总量上是增加的。各道支撑轴力值在底板铺设之后趋于稳定。

4　结论

（1）基坑位移受其几何尺寸影响很大，即基坑变形存在显著的三维空间效应，所以对基坑工程进行三维分析是很有必要的。

（2）地表水平位移最大值为 26.4mm，未超过警戒值 30mm；地表沉降最大值为 12.1mm，未超过警戒值 20mm；满足一级基坑地表水平位移、地表沉降值的要求。

（3）从支撑轴力图中可以看出，随着基坑开挖深度的增加，支撑轴力不断增加。开挖至指定深度位置而未及时架设钢支撑，相邻上道支撑轴力值达到最大值，此时也是最危险

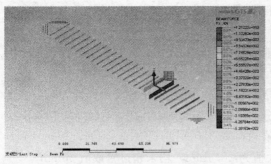

第一道支撑轴力值

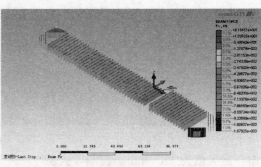

第二道支撑轴力值

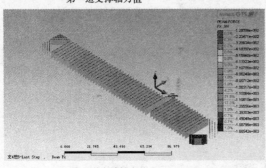

第三道支撑轴力值

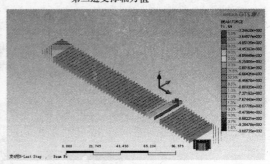

第四道支撑轴力值

图 4　钢支撑轴力值

的，支撑架设后，由于预加轴力的作用，上道支撑轴力有减小趋势。因此更要求钢支撑随挖随施加，减小基坑风险。

（4）不足之处：由于模型模拟工况有限，未能模拟计算地下管线变形、地下水位动态、基坑周边建筑物沉降等，需在这些方面加强研究。

参考文献

［1］　李围．隧道及地下工程 ANSYS 实例分析［M］．北京：中国水利水电出版社，2008，1．

［2］　李俊，张小平．某基坑位移、沉降和内力实测结果及预警值讨论［J］．岩土力学，2008，（4）．

［3］　张志飞．基坑开挖的有限元数值模拟分析［J］．南京：东南大学，2008．

［4］　葛桂琼，赵旭．深基坑支护结构的非线性有限元分析［J］．城市建设理论研究．2012，（37）．

［5］　周峰．基坑工程中空间琵琶撑结构支护作用的有限元分析［J］．建筑施工．2008，（8）．

［6］　王岭，刘添俊．有限元分析软件在基坑设计中的应用［J］．山西建筑．2007，（21）．

［7］　陈博浪．软土地基多道支撑基坑稳定性的强度参数折减有限元分析［D］．浙江大学．2011．

［8］　杜习磊，花雷．深基坑开挖有限元模拟分析［J］．山西建筑．2011，（24）．

［9］　张良斌，雷学文．深基坑预应力锚杆结合注浆花管支护的有限元分析［J］．土工基础，2007，（1）．

昌运宫办公楼（市政大厦）卵石层旋挖钻机成桩技术

李相凯　王得如　王大庆

（北京城乡建设集团工程承包总部）

【摘　要】　本文以昌运宫办公楼（市政大厦）护坡桩施工为例，主要介绍钻孔灌注桩在卵石层中的施工工艺以及在卵石层中跟管钻进预应力锚杆的施工方法。经过本工程实践，在卵石地层中采用泥浆护壁、旋挖钻机成孔，严格把关混凝土的浇筑，可以减少塌孔、断桩等问题的产生，同时采用跟管钻进锚杆技术可以有效地保证护坡桩的最终质量。

【关键词】　卵石层；旋挖钻机；施工工艺

1　工程概况

拟建昌运宫办公楼由北京市政建设集团有限责任公司投资。拟建场区位于北京市海淀区紫竹桥西南侧。建筑包括办公楼、地下车库，拟建建筑物建筑面积 33345m²，地下三层，地上十五层。基底标高−13.10m。场区四周紧邻红线，基本无放坡操作面。基坑周边环境复杂，东北侧为昌运宫小区，西侧为航医医院。

2　工程地质条件

拟建场地地形平坦，地面标高介于 51.09～52.04m 之间。

根据本工程岩土工程勘察报告，拟建场区在 30.0m 深度范围内揭露地基土，根据其沉积年代及地层岩性可分为 7 层，第 1 层为人工填土，第 2～3 层为新近沉积层，第 4～7 层为一般第四系沉积层，现从上至下分别描述如下：

2.1　人工填土层

第 1 层：黏质粉土素填土：黄褐色，湿，稍密，含少量碎石、砖屑、白灰渣、植物根等。局部夹 1-1 层杂填土。本层层厚约 1.40～3.70m，层底标高介于 47.50～50.08m 之间。

第 1-1 层杂填土：杂色，稍湿，稍密，以灰渣、砖块为主。

2.2　新近沉积层

第 2 层：砂质粉土、黏质粉土：褐黄—灰褐色，湿，稍密，含氧化铁、云母、砂颗粒及贝壳等。本层局部缺失，土质不均。局部夹（2-1）层粉质黏土、重粉质黏土。本层层厚 2.40～5.10m，层底标高介于 44.29～46.91m 之间。

第 2-1 层粉质黏土、重粉质黏土：褐色，湿，可塑，含氧化铁、云母、贝壳等。

第 3 层：细砂、粉砂：褐黄色，湿，中密，含石英、云母等。本层局部缺失。本层层厚 0.0～2.8m，层底标高介于 43.09～45.08m 之间。

2.3 一般第四系沉积层

第 4 层：卵石、圆砾：杂色，稍湿，中密，卵石、圆砾颗粒以沉积岩为主，混有火成岩，磨圆度较好，呈亚圆形，中风化，级配连续，卵石最大粒径 10cm，一般粒径 1～3cm，充填物为砂约占 30%。局部夹 4-1 层细砂。本层部分钻孔未钻穿，可见层厚 5.20～7.30m，可见层底标高介于 37.43～39.34m 之间。

第 4-1 层细砂：褐黄色，湿，中密，含石英、云母等。

第 5 层：卵石：杂色，稍湿，中密～密实，卵石颗粒以沉积岩为主，混有火成岩，磨圆度较好，呈亚圆形，中风化，级配连续，卵石最大粒径 12cm，一般粒径 2～4cm，充填物为砂约占 30%。局部夹 5-1 层细砂。本层部分钻孔未钻穿，可见层厚 3.90～5.90m，可见层底标高介于 32.29～33.53m 之间。

结构图纸要求采用天然地基，基底持力层为 4 层卵石、圆砾，地基承载力标准值为 300kPa。基坑深度为 12m，基坑深度范围内约有 6～7m 厚卵石、圆砾层，机械成孔的难度较大。护坡桩直径 800mm，间距 1600mm，数量为 201 根。

3 方案选择

针对卵石层中成孔的难题，我们反复研究，提出了三种方案进行比较。

(1) 冲击钻机成孔，适用性强，但本工程处于居民楼群中，由于其噪声大扰民，不可行。

(2) 人工挖孔桩，噪声小，对周边居民影响小，但施工速度慢，安全隐患大。

(3) 旋挖钻机，成孔速度快，能在较小粒径卵石层中成孔，但有一定噪声，需控制其施工时间段。

由于现场空间条件十分有限，考虑到场地空间条件以及地层性质，拟采用锚杆护坡桩联合进行支护的设计与施工工艺。第 4 层土卵石最大粒径 10cm，粒径不大，经过讨论决定采用旋挖钻机进行成孔，靠近围墙等机械不易靠近部位做人工挖孔桩。另外，卵石层中小型螺旋锚杆钻机不易成孔，本工程采用宝峨-科莱姆 KR805-2 多功能全液压钻机进行跟管钻进式锚孔留设（图 1）。

4 施工工艺

4.1 护坡桩施工工艺

本工程 φ800 护坡桩施工采用旋挖钻机成孔，水下灌注混凝土成桩施工工艺，如图 2 所示。

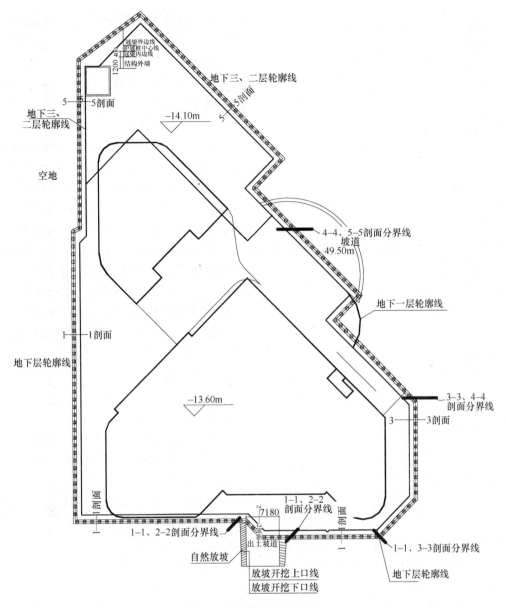

图 1　护坡桩平面布置图

4.1.1　护坡桩成孔

（1）测量放线

以水准点及测量控制网进行引测，在轴线的延长线上建立控制网，在工程桩施工过程中应对现场测量控制点进行校核，并做好有效保护。

（2）泥浆池设置

场地平整及泥浆池的设置。根据图纸上的位置及标高清除钻孔桩范围内的混凝土块、杂物、软土，整平做好施工准备，保证旋挖钻机底座场地平整、密实。

泥浆循环系统置于基坑开挖线内侧，间距约为30m，泥浆池采取全挖方式设置，长6m、宽4m、深2～4m。一边为泥浆池，一边为沉淀池。泥浆池的容积不应小于正在施工

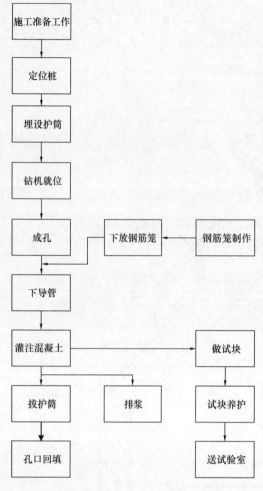

施工准备工作

定位桩

埋设护筒

钻机就位

成孔 → 下放钢筋笼 ← 钢筋笼制作

下导管

灌注混凝土 → 做试块

拔护筒   排浆   试块养护

孔口回填   送试验室

图2 护坡桩工艺流程

的桩孔实际体积的 1.5～2 倍，泥浆循环系统位置要保证钻孔的正常进行和后续工程不受其影响，同时必须确保桩孔在灌注混凝土时浆液不致外溢。合理设置泥浆池、沉淀池和钻孔出渣排污路线。

（3）泥浆调制

泥浆具有防止孔壁坍塌、抑制地下水、悬浮钻渣等作用，且该段地基岩土中夹有细砂土层、粉土层，调制出各项性能指标良好的泥浆尤为重要，也是保证孔壁稳定的重要因素。搅浆材料采用黏土粉或膨润土，施工过程中试验员随时检测泥浆的各项性能指标，将泥浆指标控制在泥浆相对密度：1.02～1.10，黏度：18～22s，砂率≤4％，泥皮厚度＜2mm，pH 值：大于 7 范围之内，确保泥浆对孔壁的撑护作用，避免发生施工事故。

（4）埋设护筒

埋设护筒时，护筒中心轴线对正测定的桩位中心，严格保持护筒的垂直度。

护筒固定在正确位置后，用黏土分层回填夯实，以保证其垂直度及防止泥浆流失及位移、掉落。

如果护筒底土层不是黏性土，应挖深或换土，在坑底回填夯实 300～500mm 厚度的黏土后，再安放护筒，以免护筒底口处渗漏塌方。

护筒上口应绑扎木方或钢管对称吊紧，防止下窜。

（5）设备安装

钻机就位前，须将路基垫平填实，钻机按指定位置就位，并须在技术人员指导下，调整桅杆及钻杆的角度。

钻机安装就位后，应精心调平，确保施工中不发生倾斜、移位。

（6）成孔

采用筒式钻斗，钻机就位后，调整钻杆垂直度，注入调制好的泥浆，然后进行钻孔。当钻头下降到预定深度后，旋转钻斗并施加压力，将土挤入钻斗内，仪表自动显示筒满时，钻斗底部关闭，提升钻斗将土卸于堆放地点。

钻机施工过程中保证泥浆面始终不得低于护筒底部，保证孔壁稳定性。通过钻斗的旋转、削土、提升、卸土和泥浆撑护孔壁，反复循环直至成孔。

接近设计孔深时，准确地控制好钻进速度，钻进过程中，做好钻进记录并核对钻进土质是否与地质报告土质一致，如不一致时，及时通知项目工程师以便采取相应措施。

钻进过程中，边钻边注入泥浆，使泥浆面始终位于护筒口下 0.5m 左右，同时，经常测定泥浆密度及沉渣厚度，沉渣厚度不大于 10cm，如有超标必须进行换浆清孔。

使用垂球法检查沉渣厚度。垂球法是利用重约 1kg 的钢球锥体作为垂球，顶端系上测绳，把垂球慢慢沉入孔内，施工孔深与测量孔深之差即为沉渣厚度。

成孔后及时通知监理人员进行成孔验收。钻孔达到设计深度且验收合格后立即进行钢筋笼的吊放。

在施工第一根桩时，要慢速运转，掌握地层对钻机的影响情况，以确定在该地层条件下的钻进参数。

在钻进过程中，不可进尺太快。

在钻进过程中，一定要保持水平，要经常检查钻斗尺寸（可根据试钻情况决定其大小）。

施工过程中如发现地质情况与原钻探资料不符应立即通知设计监理等部门及时处理（图3）。

图 3　旋挖钻机施工

4.1.2　钢筋笼吊放

（1）起吊点位置设置在笼两端的 1/4 处，以防钢筋笼起吊变形过大。

（2）吊放钢筋笼时，注意主筋方向，钢筋笼绑扎时要在钢筋笼同一侧涂有明显标志。钢筋笼要求垂直入孔，不得碰孔壁。

4.1.3　安装导管

灌注混凝土时采用 $\phi250\sim\phi300$ 以上钢管，各节导管以插入方式连接，连接处设置密封橡胶圈，防止泥浆渗入。

导管使用前要做闭水试验并试验隔水塞，闭水试验是在导管满水密封状态下用压力泵加压至 1MPa 无渗水为合格。

4.1.4　混凝土灌注

（1）开始灌注前要认真检查孔底沉渣，沉渣厚度应不大于 10cm。

（2）吊挂隔水塞

在灌注首批混凝土前必须先在导管内吊挂隔水塞，隔水塞要用橡胶胆塞，球胆大小要合适，安装要正，不能漏浆。

（3）整个灌注过程中应认真做好各项记录，包括灌注起止时间、停待料时间、天气及灌注中的非正常因素等，记录要完整、准确、及时。

（4）混凝土采用导管水下灌注工艺浇灌，导管密封良好，防止泥浆进入导管内，影响成桩质量，导管底距孔底保持 0.3～0.5m 高度，以便灌注顺利进行，首次混凝土灌入量保证导管埋深不小于 1.0m。

（5）混凝土坍落度要控制在 18～22cm 之间，并具备良好的流动性及和易性。

（6）首批混凝土灌入正常后，要连续灌注混凝土，严禁中途停工。满足导管埋入混凝土中不少于 2m 不大于 6m，拆下的导管立即冲洗干净。

（7）混凝土灌注必须连续不间断，并保证单桩灌入量，保证充盈系数大于 1。

（8）为防止钢筋骨架上浮，当灌注的混凝土顶面距钢筋骨架底部 1m 左右时，应降低混凝土的灌注速度。当混凝土上升到骨架底口 4m 以上时，提升导管，使其底口高于骨架底部 2m 以上即可恢复正常灌注速度。

（9）在灌注过程中，当导管内混凝土不满含有空气时，后序的混凝土宜徐徐灌入漏斗和导管，不得将混凝土整斗从上面倾倒入管内，以免在导管内形成高压气囊，挤出导管中的橡胶垫而使导管发生渗漏。

（10）混凝土灌注到桩孔上部 4m 以内时，可不再提升导管直至灌注到设计标高后一次提出。

（11）最后一批混凝土灌注时，应考虑到存在一层与混凝土接触的浮浆层需要凿除，混凝土超灌 0.5m 的量，以便在混凝土硬化后查明强度情况，桩基开挖后将设计标高以上的部分用风镐凿去。

4.2 锚索施工工艺

本工程采用德国宝峨-克莱姆多功能小直径工程钻机，该钻机可以在砂卵石、破碎岩层等难以成孔的地层进行跟管钻进，效率高、油耗低，相对于传统钻机具有非常明显的优势，所以我方经过比选决定采用该钻机成孔。该机械可以跟管钻进的方式成孔，在卵石层中成孔质量有保障。

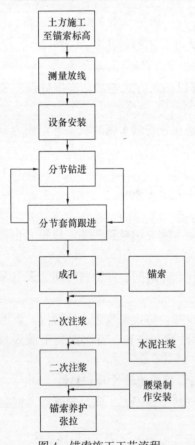

图 4　锚索施工工艺流程

4.2.1　工艺流程

其工艺流程如图 4 所示。

4.2.2　技术要求

（1）本工程地层以砂卵石层为主，为保证施工质量，锚杆孔施工用跟管钻进施工方法，全程下套管。

（2）锚杆杆体安置

1）钢绞线的种类、规格尺寸应符合设计要求；进料时必须索取产品合格证，并对原材料进行抽样检验。

2）定位器的安设必须符合设计要求，间距 2m。

3）自由段必须采取 $\phi65$ 塑料管套封，并将下口封紧，以防自由段内渗入水泥浆，与锚固段分开。

4）锚索制作完毕，必须放置于预定位置，在进入锚孔之前。不得染土、染油或染上泥浆。加工成型的杆体经成批自检，并通过监理验收后，码放于指定场地待用。

5）插入的锚索应处于锚孔中心，并控制好锚头或钢绞线出露在孔外的尺寸。

6）插入的锚索遇有不顺畅时，应及时提出，待处理好锚孔后再插入，不得强行插入或扭曲。

（3）注浆：水泥采用 P.O42.5，水灰比为 0.45～0.65，清孔完后将一次注浆管插至孔底，用注浆泵进行一次注浆。注浆应慢速连续，直至钻孔内的水及杂质被完全置换出孔口，孔口流出水泥浓浆为止，随即将一次注浆管拔出。

二次补浆：一次注浆完成进行补浆，注浆压力不小于 0.5MPa。

干作业时，可采用一组孔（3～5 个）集中灌注的方法，但成孔与灌注间隔不宜过长。

湿作业时，成孔后要立即灌注，尽可能在灌注前先用清水冲孔，随后进行灌浆作业。

（4）锚索张拉锁定：当锚索腰梁安装完毕和锚固体强度达 15MPa 后，对锚索进行张拉、锁定。锚索张位采用 600kN 级穿心千斤顶，张拉设备在锚索张拉前须经计量部门进行标定，锁定荷载按设计进行（图5）。

图 5　跟管钻进锚杆机施工

5　结论与建议

（1）合理选取机械设备。应结合砂卵层的钻入难度选择钻杆力度相应的机型，防止机型选择不合适造成窝工、影响进度。

（2）现场需准备套筒钻头，遇有较大卵石时方便取出。如遇更大直径石头，需用冲击钻头处理。

（3）由于旋挖钻机工效高，施工现场要配备的钻机数量要与钢筋笼焊接、混凝土浇筑班组相匹配。

（4）旋挖钻成孔无法通过浆液循环进行排渣，清孔工作量较大，但一定要保证沉渣厚度不大于 10cm。

（5）钢筋笼吊装完成后要对其位置进行校正，保证钢筋笼的中心与桩位中心重合。

（6）套筒锚杆钻机施工时，由于其需要大量清水，基坑周围的水源线路要提前考虑。另外，坑内作业面附近要提前挖好集水坑，及时抽走余水，防止积水过多影响施工。

（7）锚索伸入与注浆及套管抽取要衔接有序，防止塌孔。

（8）旋挖钻机及跟管钻进锚杆钻机施工中均有一定的噪声，在楼群中施工要控制好作业时间，防止扰民。

参考文献

［1］　徐小娥．旋挖钻机灌注桩在高架桥工程中的应用［J］．科技创新导报，2010，（18）．
［2］　宋勇，蒙星运．旋挖钻机在砂卵石地质层中的应用［C］．2009 中国城市地下空间开发高峰论坛论文集，2009．
［3］　张涛，董波，万雨帆．旋挖钻机穿越大粒径卵石层的工程实践［J］．山东交通科技，2007，（2）．

土压平衡盾构在富含水砂层中加压开仓技术

施 笋 杨富强 王 坡

（北京住总市政工程有限责任公司）

【摘 要】 本文以北京地铁 15 号线南法信站～石门站盾构区间右线为工程背景，分析了选择加压开仓技术的理由，提出了加压开仓的气压、泥膜和人员等为控制重点要素，阐述了加压开仓的原理和工作流程，根据承压水细中砂地层特点配置适合的泥浆，运用静止土压力理论考虑了土压和水压设定开仓气压，经过一定的流程形成了掌子面及周边密封的泥膜，通过在人仓内一定速率的加压和减压，最终完成了加压开仓检查刀盘的工作。实践证明，工程中制作的泥膜，设定的压力，有效地控制了土仓内的压力，保证了掌子面的稳定和地面沉降稳定，并且人员的选择、工艺的安排很大程度上提高了工作效率，缩短了工期，节省了成本，大大显现了加压开仓的优点。此类案例的成功实施，在同类施工中值得借鉴。

【关键词】 刀盘；加压开仓；气压；泥膜；密封

1 前言

在轨道交通迅速发展的今天，盾构法施工是区间隧道普遍使用的工法，由于地下工程的复杂性和盾构施工的特殊性，盾构刀盘和刀具的磨损成了盾构施工中需要克服的问题，在隧道中间位置如何检查刀盘和更换刀具成了盾构施工中一项重要的技术。

北京地铁 15 号线南法信站—石门站区间右线隧道长为 2456.15m（约 2074 环），盾构拼装完成 1910 环后，再掘进时的盾构推力和扭矩增大，泡沫剂使用量增多，但掘进速度反而降低，盾构无法推进，根据刀盘图纸及实际情况判断，中心回转处泡沫管接头渗漏至土仓内并未到达刀盘前方，泥饼已经将刀盘开口部位堵住，为确保盾构顺利完成接收端掘进，盾构在里程为 K40＋810 处需进行刀盘检查。

2 问题的提出

南法信站～石门站盾构区间右线拟检查刀盘位置的地层为细中砂层，主要受层间水的影响，地下水位位于盾构刀盘以上 1m，呈微承压性（水头 0～1m），根据地勘报告显示，盾构停机位置细中砂层自稳能力极差，易坍塌。盾构机停机位置地质剖面图及地层力学参数如图 1 和表 1 所示。

盾构停机上方为顺义府前西街南侧辅路人行步道砖的位置，临近学校门口，停机位置上方及周边管线主要是通信、燃气、电力及热力管线，周围环境如图2所示。

地层力学参数 表1

土层	密度（kN/m³）	黏聚力（kPa）	摩擦角（°）	孔隙率	厚度
素填土①	16	5	8		1.03m
杂填土①$_1$	16	0	8		0.53m
粉土黏土②$_1$	19.6	20	11	0.429	2.21m
粉细砂②$_2$	20.5	0	12	0.25	1.91m
粉土黏土②$_1$	19.6	20	11	0.429	1.94m
细中砂②$_3$	20.5	0	15	0.25	0.9m
粉土②	20.1	15	19	0.36	1.5m
细中砂②$_3$	20.5	0	15	0.25	7.3m
粉土④$_2$	20.7	17	25	0.372	2.8m

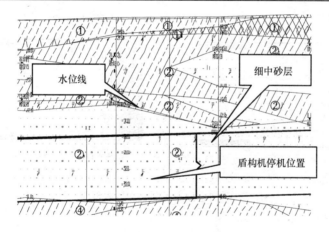

图1 盾构停机位置地质剖面图

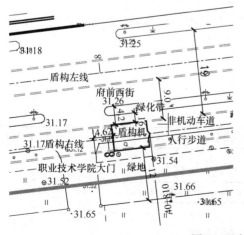

图2 开仓位置地表环境

对于以上地面环境复杂，交通流量大，特别是在富含水不稳定的砂层中来说选择合理的检查方法是能否顺利工作，保证安全、快捷、经济的关键。

本文从南石区间的工程背景出发，一方面研究盾构刀盘检查的方法，提出区间工程选择加压开仓技术的理由，研究加压开仓的原理；另一方面全面阐述在富含水不稳定的砂层中加压开仓的方法和工作流程，特别是加压开仓期间掌子面的稳定技术。

3 刀盘检查方法研究

3.1 加压开仓工作原理

利用某种浆液封闭掌子面土体孔隙和周边的空隙，将盾构土仓形成一个密封的大容器，土仓内装满土体，保证大容器侧壁的稳定，但为了人能进入土仓工作，需排除一部分土体提供操作空间，这样势必造成侧壁的土压和水压不平衡，通过补充气压来补充压力从而维持侧壁的稳定，盾构开仓原理图如图3所示。

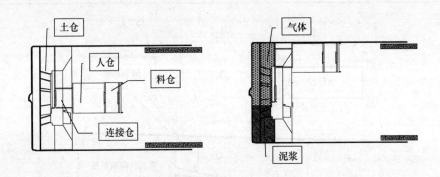

图 3 盾构仓位平面图和加压原理图

3.2 加压开仓工作流程

每台盾构中的人闸仓位不尽相同，但加压开仓的基本原理相同，加压开仓的工作流程如图4所示。

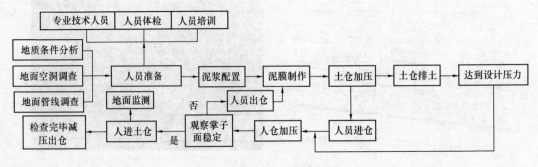

图 4 加压开仓工作流程图

4 加压开仓施工

4.1 加压开仓前的准备

加压开仓前的准备主要是确定加压开仓泥浆配制的密度和加压开仓压力的设定。

（1）泥浆的配置

针对区间的承压水细中砂地层，能否形成质量合格的泥膜是保证掌子面稳定的第一步，且泥浆的质量是直接关系到刀盘前能否形成泥膜的直接原因。根据砂层孔隙率小且存在微承压水的特点，泥浆配置除了使用膨润土与水混合外还加入了特制的制浆剂，以增加泥浆的黏度和韧性，泥浆渗入地层且能承受微承压水的水压，泥浆配合比经过实验室多次试验得出，密度控制在 $1.02 \sim 1.05 \mathrm{kg/m^3}$，配合比见表2所列。

泥浆配置表 表2

材料	膨润土	水	特制制浆剂（1/2/3）
数量	80kg	1000kg	5/10/10kg

（2）压力控制

土仓内泥膜形成后，土仓内气体的压力用以支撑掌子面土体的土压和水压，压力控制值为静止土压力，过高一方面对人员进仓不利，一方面泥膜易破裂，压力过低掌子面不稳定，易形成塌方。

对于区间隧道压力设定依据开仓位置的地质条件，主要设定过程如下：

$$P = (\Sigma\gamma_{si}h_i + \Sigma(\gamma_{sj}\gamma_w)h_j) \times 开口率 + \gamma_w h_j + (10 \sim 20) \mathrm{kPa}$$

根据图3地质勘查报告及地质参数刀盘前的上部和排土的位置土压，计算排土之后气压设定值 $P_{2/3}$ 为 $0.11 \sim 0.12 \mathrm{MPa}$，气压设定值为在保压期间地面监测数据稳定之后的数值。

4.2 加压开仓过程施工

（1）泥浆拌制

拌制膨润土浆液搅拌均匀，不少于 $30 \mathrm{m^3}$（根据土仓的体积及现状土仓内需置换土体的体积确定）。拌制膨润土共需加入三种外加剂，外加剂1和外加剂3需要在拌制膨润土的同时加入，每灌浆液需加入外加剂1（2.25kg）、外加剂3（4.5kg），外加剂2在向土仓内加注膨润前再加入并拌制均匀，每灌浆液加入外加剂2（4.5kg）。膨润土浆液密度控制在 $1.02 \sim 1.05 \mathrm{g/L}$，拌制完的泥浆如图5

图5 拌制完成的浆液

所示。

（2）泥膜的制作

泥膜制作主要原理是通过一定的气压使泥浆浆液充分地渗入到土颗粒的空隙中，填充空隙，以达到形成密封的目的，区间隧道由于受到存在承压水的影响，制作泥膜时，气压高于工作压力的 0.3~0.5bar，使泥浆能充分地代替砂层空隙中的地下水，连接砂层颗粒为一整体，主要工作流程如图 6 所示。

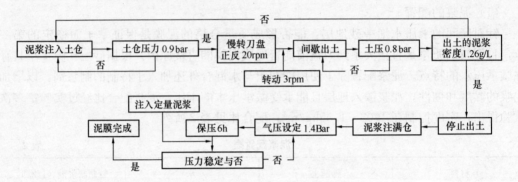

图 6　泥膜制作流程图

（3）加压开仓

土仓内压力稳定后，进行排土，降低土仓内压力和土仓内的液面，保证人操作的空间，此工程液面降至刀盘中心以下 1m，具体控制如图 7 所示。

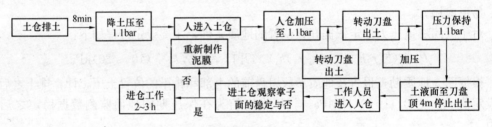

图 7　加压进仓工作流程

4.3　人员出仓工作

人闸外控制人员打开仓外的排气阀，使人闸内减压，速率可控制在 0.08bar/min 左右。当人闸内的压力降至 0.2~0.3bar 左右时，为防止肺气压伤，需放慢减压速率至 0.03bar/min，人仓内压力表上气压降至 0bar 时，人员出仓。减压情况具体见表 3 所列。

人仓减压情况表　　　　　　　　　　　　　　　　　　　　　　　　表 3

气压设定值（bar）	减压时间（min）	减压速度（bar/min）
0.3~1.1	0~10	0.08
0~0.3	10~20	0.03

5 开仓效果分析

5.1 土仓内气压稳定

开仓过程中，通过气压控制来保证土仓内的压力控制，土仓内压力控制统计如图 8 所示，现场控制仪表如图 9 所示。

从曲线图可以看出，平均气压控制在 1.05bar 以上，经过 4h 后，压力控制平稳，表明土仓内的泥膜有效地保证了土仓内压力的稳定，计算压力值与设定压力值基本一致。

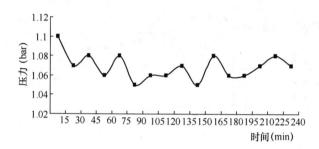

图 8　平均压力控制曲线

图 9　盾构现场控制仪表

5.2 地面沉降监测

开仓时土仓内主要以气压控制为主，为了保证开仓过程中地面的稳定以及检测气压设定的合理性，在开仓刀盘上方地面增设相应的监测点，监测点布置如图 10 所示。

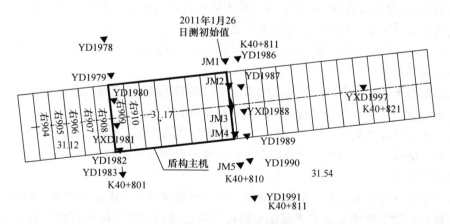

图 10　开仓位置监测点布置图

地面沉降分析主要分析盾构停机时（或测初始数据开始）至开仓后两天（其中开仓时间周期 2 天）的数据，盾构刀盘上方监测点沉降情况如图 11 所示。

从曲线图可以看出：

刀盘后方 10m 位置，开仓前进行了充足的注浆，盾尾密实，曲线稳定，无变化。

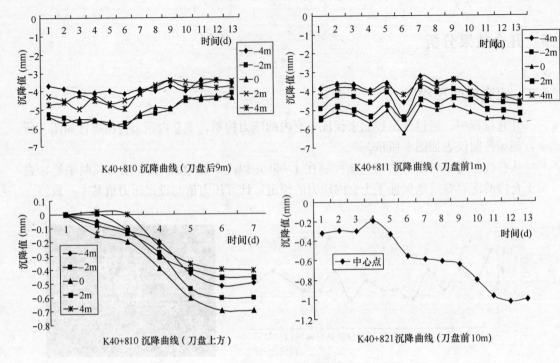

图 11　地面沉降曲线

前方 1m、10m 以及刀盘上方位置，沉降值变化在 0.3mm 左右变化，曲线平稳，充分地表明舱内气压设定合理，涂仓密封性好，泥膜质量合格。

6　结语

针对 15 号线南法信站—石门站右线盾构区间面板式土压平衡盾构在富含水砂层中加压开仓技术成功实施，对加压开仓技术形成结论如下：

（1）土仓内的压力设定值根据土仓内拟控制的土体液面高度、静止土压力计算，并考虑到刀盘的开口率。

（2）根据承压水细中砂层的特点配置泥浆、制作泥膜，有效地保持了开仓过程中土仓内气压的稳定，保证了刀盘前掌子面的稳定和地面的安全。

（3）对于地面环境复杂，不能采取任何加固措施的情况，通过合理的组织，运用加压开仓作业，能够在全断面富含水砂层中达到检查刀盘的情况的目的，且大大节约了时间，提高了工作效率。

（4）加压开仓技术具有一定的危险性，掌子面泥膜的形成质量及持续的时间是保证掌子面土体稳定的重要环节，掌子面压力的设定值是关系地面沉降的直接因素，北京地铁 15 号线南法信站—石门站盾构区间加压开仓的成功实施案例，值得在类似工程盾构施工中借鉴。

参考文献

［1］　郑石．广州地铁 2 号线延线泥水加压盾构隧道施工泥饼形成机理与防治措施［J］．地下工程建设

与环境和谐发展：528-535.

[2] 马云新.复合地层盾构施工中压力开仓技术［J］.2010，(06)：61-63.

[3] 田华军.泥水盾构水下带压进仓技术实例［J］.工程机械，2008，39：51-53.

[4] 黄学军，孟海峰.泥水盾构带压进仓气密性分析［J］.西部探矿工程，2011，(7)：202-205.

[5] 宫秀滨，徐永杰，韩静玉.隧道盾构法施工土压力的计算与选择［J］.隧道机械与施工技术，2007：46-48.

[6] 周文波.盾构法施工技术及应用［M］.北京：中国建筑工业出版社，2004.

高水位环境外悬挑下沉庭院综合施工工艺的探讨

王良波　林国潮　陈　量　刘庆宇

（1. 中建三局第二建设工程有限责任公司；2. 中建三局第三建设工程有限责任公司）

【摘　要】　针对地下室高水位环境外悬挑下沉庭院施工的难点进行了分析，重点介绍了该综合施工工艺的优点和施工方法，证明了该工艺可行性和推广性。

【关键词】　高水位；悬挑结构；级配砂石回填；钢渣混凝土

1　引言

随着现代建筑的快速发展，各种施工难点都不会简单的单一出现，常常一个部位的施工伴随着多种复杂的施工工艺。

地下悬挑结构的处理和高水位的地下室结构施工都是比较复杂的工艺，施工过程中存在两方面难题，一是设计悬挑部分的防水施工、回填土密度、悬挑部位与主体同步沉降时对下部回填土的影响，二是高水位高水压条件下的地下室结构的悬挑抗浮设计、防水耐久性、细部构造的防水做法以及细部构造等易渗漏点的防水处理。本工法针对高水位、环境地下外悬挑结构特点，采取了合理的施工工序、先进的节点做法等综合处理措施，很好地解决了此类结构的施工困难，并取得了较好的效果。

2　工程概况

中国农业银行北方数据中心工程位于北京市海淀区中关村创新园，整个用地东西长约410m，南北长约410m，本项目用地由C6-05、C6-06两个地块组成，占地面积为130559.276m²，建筑高度18m，地下2层，地上4层，工程地下水位为－2m，基坑开挖深度－10.6m。本工程结构类型为框架结构，基础为筏板＋抗浮桩/钢渣混凝土，抗浮设防水位按相对标高－2.0m考虑。地下一层有外悬挑下沉庭院结构（图1）。

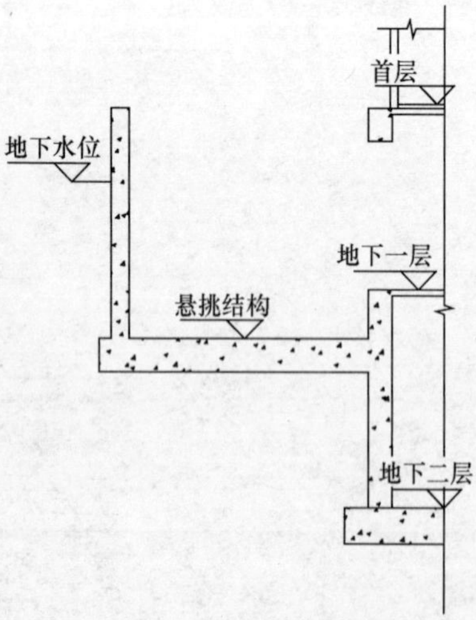

图1　地下外悬挑结构剖面示意图

3　工艺特点分析

本工艺通过实践很好地解决了工程中地下室高水位环境结构施工和地下室外悬挑结构施工同时发生难

以按时保质完成施工任务的问题,相对传统施工工艺,其具体有以下优点:

3.1 回填土回填密实

该工艺相对传统工艺,省掉了搭设悬挑结构支撑架的步骤,先进行回填施工,再进行结构施工,顺利解决了悬挑结构下部的回填土回填无法密实的问题。

3.2 防水效果好

在悬挑结构层与回填层之间增设弹性缓冲层,解决了悬挑结构下部回填层与主体结构基础沉降不同的问题,避免了防水卷材的破坏,保证了防水施工质量。

3.3 节省工期

在悬挑结构施工的同时,其他主体结构能同步施工,缩短了施工周期。

3.4 施工方便

针对高水位环境施工结构的抗浮设计要求,本工法采用了浇筑高密度钢渣混凝土施工以起到对建筑物的抗浮和保持平衡,相对传统的抗浮桩施工,施工操作简单。

4 施工工艺

4.1 工艺原理

(1)地下室外悬挑以下的结构施工完后,留下悬挑结构作为后施结构,需注意原结构与悬挑结构之间的施工缝以及防水层位置的留设,其他部位正常往上施工不受影响。

(2)主体结构的模板拆除之后,开始进行悬挑结构下部的级配砂石回填施工,施工至悬挑结构板底-300mm 处,做 100mm 厚混凝土垫层施工,在垫层上进行防水层施工,防水层侧面上卷 200mm,并与原结构防水层重叠 250mm。在防水层上铺设 100mm 厚聚苯板作为防水保护层,利用聚苯板轻质有弹性的特点已解决悬挑结构与原结构沉降不同带来的影响。悬挑结构与原结构之间的施工缝之间需设置止水带。

(3)地下室外悬挑结构的抗浮设计原理:在悬挑结构施工完成后,在结构面施工钢渣混凝土,以起到对建筑物的抗浮和保持平衡作用,由于水位较高,钢渣混凝土的设计密度需在 3000kg/m³ 以上。钢渣混凝土相对传统抗浮桩设

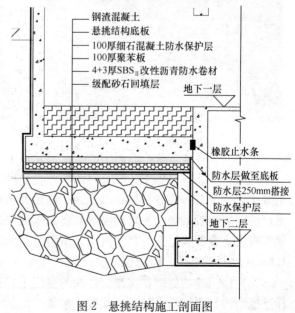

图 2 悬挑结构施工剖面图

(图中标注)
钢渣混凝土
悬挑结构底板
100厚细石混凝土防水保护层
100厚聚苯板
4+3厚SBS$_{II}$改性沥青防水卷材
级配砂石回填层
地下一层
橡胶止水条
防水层做至底板
防水层250mm搭接
防水保护层
地下二层

计，成本造价较低，施工操作方便（图2）。

4.2 施工工艺流程

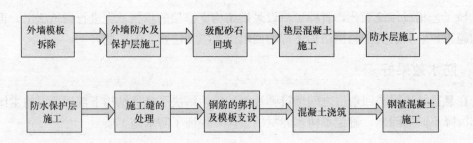

外墙模板拆除 → 外墙防水及保护层施工 → 级配砂石回填 → 垫层混凝土施工 → 防水层施工 →

防水保护层施工 → 施工缝的处理 → 钢筋的绑扎及模板支设 → 混凝土浇筑 → 钢渣混凝土施工

4.3 施工要点

（1）级配砂石回填：悬挑结构下面的地下室外墙模板拆除后开始级配砂石的回填，将基层杂物清理干净，级配砂石分层铺设，分层夯实，设置控制桩，控制分层铺设的厚度，采用机械和人工结合的方式进行夯实。

（2）混凝土垫层：当级配砂石回填至-300mm标高时，在上面进行100mm厚的垫层混凝土浇筑，表面压平抹光（图3）。

（3）防水层施工：悬挑结构防水做法为3mm+3mm SBS防水卷材。在大面积滚刷冷底子油界面剂前在阴阳角、管根等复杂部位用油漆毛刷涂刷，要涂刷均匀，不得漏刷或漏底。底板及外墙采用热熔满粘法施工，悬挑结构的底板卷材与原结构卷材搭接不小于250mm，并且上翻200mm（图4）。

图3　悬挑结构的混凝土垫层浇筑

图4　悬挑结构底板防水卷材施工

（4）防水保护层施工：在卷材面层铺设100mm厚的聚苯板，聚苯板与防水层之间不用做任何处理直接错缝拼接，如果为了避免聚苯板在后续施工过程中发生走位影响整体施工，可以使用胶粘剂（如玻璃胶等）将聚苯板与砂浆层做个假性贴合，粘贴只需配合挤塑聚苯板大小在砂浆层上点粘或圈涂，不需要全面涂饰。聚苯板铺设完后，便可在上面浇筑100mm厚的混凝土，作为保护层。

（5）施工缝的处理：将预留结构的混凝土界面清理干净，剔凿至全部露出混凝土后，在悬挑结构与原结构之间填嵌橡胶止水条。

（6）钢筋的绑扎和模板的支设：将原来预留的钢筋进行除锈、调直，采用焊接连接的方式进行钢筋连接，并进行钢筋绑扎。模板验收合格后，方能进行混凝土浇筑。

（7）钢渣混凝土施工：钢渣回填前将基层清理干净，回填钢渣混凝土要分层铺摊，交接处应填成阶梯形，上下层错缝。每层铺摊厚度不超过300mm，每层铺摊后随之耙平并适当浇水（不宜过多），防止"水夯"。回填钢渣混凝土每层至少夯打三遍，打夯应一夯压半夯，夯夯相接，行行相连，纵横交叉。边缘、转角及靠近外墙150mm范围要加强夯实。回填全部完成后，应进行表面拉线找坡1‰（图5）。

（8）钢渣混凝土的密度试验：回填钢渣混凝土每层夯实后，按规范规定采用灌砂法每600m³取一组做密度试验，进行环刀取样，测出钢渣混凝土的质量密度，达到设计要求后，再进行上一层的钢渣混凝土铺设。回填取样必须在见证人的监督下取样，取出的钢渣混凝土样应立即放入密封的盒或者袋中（图6）。

图5 钢渣混凝土的浇筑效果　　　　　图6 现场进行灌砂法试验

4.4 质量控制

（1）级配砂石回填工程应分层填土压实，每层都应测定压实系数，符合设计要求后才能铺摊上层土，未达到设计要求部位应有处理方法和复验结果。

（2）施工中要配备专职测量工进行质量控制。要及时控制回填标高。施工前，应做好水平标志，以控制回填土的厚度。回填土时，应注意保护好现场轴线桩、标高桩。

（3）回填前，应组织相关单位检验结构及基槽清理情况，包括轴线尺寸、水平标高，以及有无积水等情况，办完隐检手续。

（4）预留甩头的卷材应保留隔离膜，并虚铺二皮砖保护卷材做临时保护。在后续施工时，揭除隔离膜后进行卷材粘结。底板钢筋绑扎时注意轻放，做好对底板侧壁卷材的保护。

（5）SBS防水卷材作业时，基层应充分干燥，卷材铺贴均匀压实，若铺贴时排气不彻底也易窝气而产生空鼓。

（6）施工中尤其要注意挑板下部墙梁上的防水层叠合部位的范围并将卷材压实，不得有张嘴、翘边、折皱等现象。钢筋施工重点控制好后浇板预留钢筋位置，挑板施工时认真做好焊接连接。

（7）钢筋绑扎完后设专人看护。闲杂人员不得入内损坏钢筋，浇筑时派专人看筋，发现破坏及时修整。

（8）钢渣混凝土必须有出厂合格证，检验合格后方可进场使用。且在现场施工时，除按要求在回填部位洒水外，不得随意掺合其他材料。

（9）回填配重的厚度要严格控制，每层厚度不超过 500mm，打夯时不得漏振。填到最上层时，进行加密打夯，增加钢渣混凝土的强度和压实度。洒水要求钢渣混凝土达到湿润但不能流水，使水能够均匀地洒在表面。

4.5 安全措施

（1）在级配回填时，各种机械和各工种应遵守操作规程，注意相互间的安全距离，配备专人指挥车辆。回填期间应设置专人观测边坡情况，有险情的话随时喊话和通报。

（2）防水卷材及辅助材料层易燃品严禁与明火接触。施工过程配备灭火器。

（3）卸料处用方木标识停车位，防止车辆颠覆。有专人指挥卸料，特别注意卸料时下沉庭院内施工人员的安全，严格按照现场标识及项目部指挥人员的指挥行驶。

（4）打夯机的施工安全措施严格依照工长的安全技术交底。严禁一人操作，必须两人操作，一人持打夯机，一人拉电缆线。严禁电缆缠绕、扭结和打夯机跨越。打夯员必须戴好绝缘手套，穿好绝缘胶鞋。

4.6 环保措施

（1）施工中的级配砂石应集中堆放，用密目网覆盖，避免因大风天气引起扬尘。

（2）现场出入口道路硬化，在大门处设冲洗坑，将出场车辆冲洗干净，不得带泥上路。每天 24 小时派 2 人将出入道路冲洗干净。

（3）装卸溶剂的容器，不准猛推猛撞，使用容器后，容器盖应盖严密。下班清洗工具，未用完的溶剂必须装入容器，并将盖子盖严密。

5 结语

采用本工艺施工，顺利解决了地下室高水位环境外悬挑结构施工涉及的地下防水、回填密实度、悬挑结构回填土与主体结构基础同步沉降等问题的影响，保证了悬挑结构的防水施工质量和混凝土结构的安全性，避免了此类结构以往由于混凝土裂缝加固、防水渗漏修补返工所造成的经济损失。与传统施工相比，本工法保证了在悬挑结构施工的同时其他部位施工的正常进行，大大缩短了工期，并且省去了悬挑部位底板支撑架的搭设，无论是对工期还是材料都有了较大的节省。

随着城市建设的加速，个性化建筑的不断涌现，如何解决随之而来的施工难点考验着工程师的智慧。本工艺针对地下室高水位环境中的外悬挑结构施工中普遍存在的难点进行了全面的经验总结，提出了创新的工艺，并通过现场实践验证取得了较好的综合效益，证明了该工艺的可行性和推广性。

超大深基坑地基与基础施工技术

刘 伟 梅晓丽 黄 蕾 陈 杰

（中建一局集团第三建筑有限公司）

【摘 要】 地下空间是城市发展的必然产物，如何施工超大深基坑地基与基础工程是土木工程人必须面对的课题。本文以泛海国际SOHO城宗地12项目为例，探讨在地下空间的施工过程中，地基与基础工程重点、难点的施工技术管理。

【关键词】 深基坑；内支撑施工与拆除；塔吊布置；基坑降水

1 工程概况

泛海国际SOHO城位于武汉CBD核心区内，是武汉市首个超大型SOHO项目，定位为世界级全新商务办公空间。本工程为商务核心区内宗地12项目，建筑面积32.3万 m²，地上24.7万 m²、地下7.6万 m²；其中6号楼148.9m，3号、4号和5号楼99.4m，基坑最大挖深21m。地基与基础施工是工程施工的重、难点，本工程三层地下室，基坑总面积约2.7万 m²，总延长米约为641m，基坑围护体采用钻孔灌注桩结合外侧三轴水泥土搅拌桩止水帷幕，竖向设置三道混凝土支撑。

2 工程重、难点分析

（1）本工程基坑总面积达2.7万余 m²，土方量约43万余 m³，基坑内支撑和结构施工工程量大。而施工工期短，短期内将会产生庞大的劳动力、材料和机械设备的需求。

（2）本工程潜水含水层的稳定水位埋深为0.5~2.6m，承压水头绝对标高约为17.0~18.2m（埋深4.48~3.28m）。二层为赋存于砂土层中的承压水，与长江有一定的水力联系，其水位变化受长江水位变化影响，水量较丰富；潜水层与承压含水层连通，基坑开挖面位于含水层内，基坑降水是本工程的重点。

（3）内支撑设计复杂，基坑开挖顺序对支撑（梁板）传力系统要求较高，施工顺序和技术间歇直接影响着基坑整体稳定性，因此，合理安排地下土方开挖、内支撑和地下结构施工工序，确保基坑安全具有特别重要的意义。

（4）内支撑的拆除是影响基础工程工期的关键因素。内支撑采取爆破的方式拆除，拆除顺序、废料清理、主体施工的介入、换撑的施工等是地下室施工阶段的重点、难点。

（5）基底坑中坑区域形式复杂，存在施工质量与安全隐患。

3 应对技术措施

3.1 群塔施工方案

根据施工需求，本工程共需布置 6 台塔吊，其具体布置方案如图 1 所示。

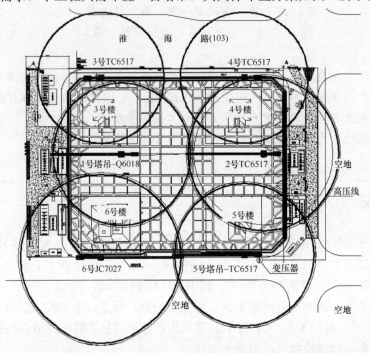

图 1 塔吊布置图

因地下室占地面积较大，采用传统的塔吊基础结构形式则须待地下室顶板浇筑完成后才能使用塔吊，而这会增加前期内支撑施工、清槽、垫层、防水、底板等工序施工过程中的人力物力的投入，并对进度有不利影响。为了缓解地基与基础施工阶段垂直运输设备的压力，避免由于材料倒运影响内支撑、地下室底板施工进度，我们对 1 号、2 号塔吊采用钢格构柱与钻孔灌注桩组合式塔吊基础，3 号、6 号塔吊采用钻孔灌注桩与混凝土承台组合式塔吊基础。在土方开挖前，完成 1～6 号塔吊基础施工。在内支撑施工前，完成 1 号、2 号塔吊安装，用于基坑的内支撑施工材料运输；在土方开挖至基底前，完成 3～6 号塔吊安装，用于基底垫层、防水、结构等施工材料的运输。1 号、2 号塔吊基础立面如图 2 所示，3～6 号塔吊基础立面如图 3 所示。

3.2 降水施工

本工程基坑周边设置了止水帷幕，采用深管井进行坑内降水，在基坑内布设降水井 52 口，并在坑外布设 8 口观测井 BG1～BG8，坑内布设 1 口观测井 G1。坑内外观测井兼做备用井，降水井单井出水量为 65～80 m^3/h。通过合理的布置降水井位置，使降水井井管避开地下室结构梁、内支撑梁与栈桥板，避免井管对结构造成影响。同时绘制土方开挖

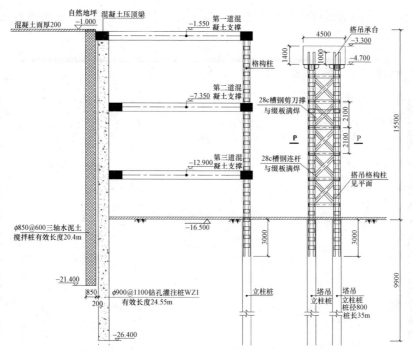

图 2　1号、2号塔吊基础立面图

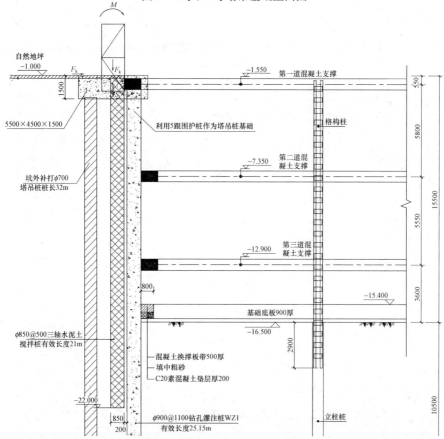

图 3　3～6号塔吊基础立面图

水位等值线，确保降水能够满足施工需求。降水井布置如图4所示，土方开挖水位等值线如图5、图6所示。

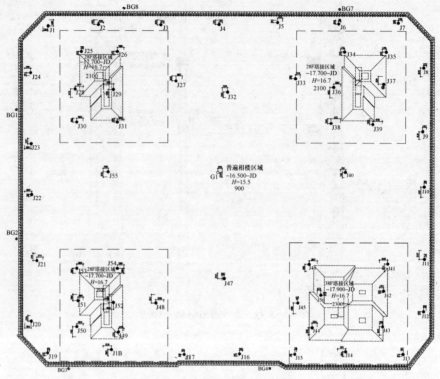

图4 降水井平面布置图

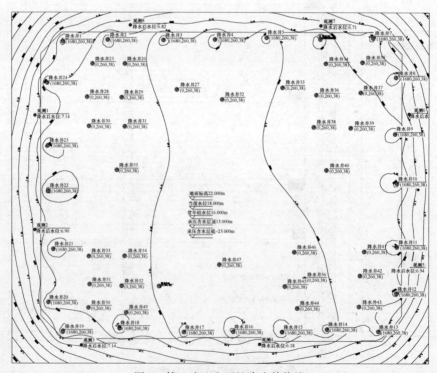

图5 第三步土方开挖降水等值线

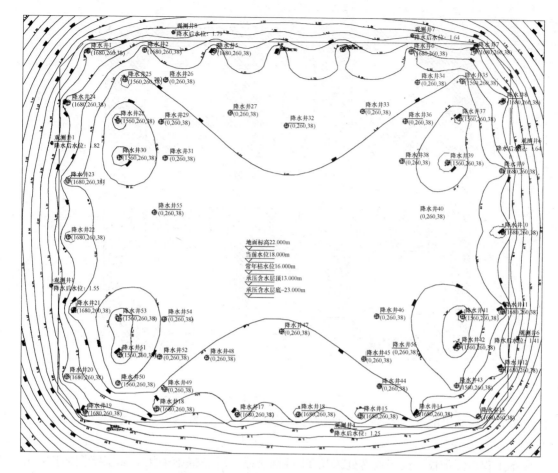

图 6 土方开挖至坑中坑降水等值线

3.3 土方开挖与内支撑施工

（1）开挖原则及要求：土方开挖施工为盆式开挖，遵循先撑后挖、分段分层开挖、留土护壁、对称开挖的原则。土方开挖过程中，尽量缩短基坑无支撑暴露时间，严格控制基坑变形；配合内支撑施工，优先开挖内支撑区域，在开挖支撑位置时，应快挖快撑，使土方开挖与内支撑能够形成流水，并使基坑尽快形成支护；按既定的监测方案对基坑及周边的环境进行监测，反馈信息指导开挖及支护。

（2）内支撑施工：基坑竖向设置三道临时钢筋混凝土支撑，采用对撑角撑桁架支撑体系。依照先对撑、后角撑的原则，三道内支撑施工顺序如图 7 所示。

施工顺序：A（A-1、A-2、A-3、A-4）→ B（B-1、B-2）→C（C-1、C-2）→D（D-1、D-2、D-3、D-4）。

3.4 换撑、拆撑施工

（1）换撑是让支护桩因内支撑拆除所产生的部分应力通过传力构件传递给具有足够承载能力的第三者，从而达到新的受力平衡。深基坑工程中的换撑，是在特定的条件下采取一定的技术措施来逐步取代发挥临时支撑作用的内支撑结构体系，从而保证临时性内支撑

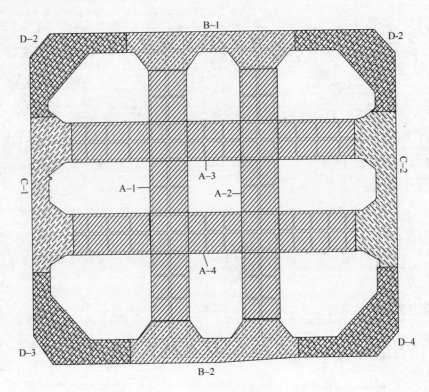

图 7　土方开挖顺序图

拆除后，工程施工能继续安全顺利地进行，其实质是应力的安全有序的调整、转移和再分配。

本工程后浇带板、汽车坡道处采用 H 型钢换撑，后浇带梁采用 32a 工字钢换撑，外墙与围护桩间采用钢筋混凝土换撑。

（2）支撑体系拆除过程是支撑的"倒换"过程，即把由横撑所承受的侧土压力转至永久支护结构或其他临时支护结构。支撑体系的拆除施工应特别注意：拆除时应分级释放轴力，避免瞬间预加应力释放过大而导致结构局部变形、开裂，同时对桩顶位移、桩心侧压力进行监测。

根据工程实际，主楼部分施工时不考虑拆支撑的影响。当底板完成后，优先施工主楼区域，则框架柱与支撑梁相交位置冲突的地方，可提前将支撑梁机械破除。

主楼区域外每层支撑均采用分段分批进行爆破拆除。每层支撑分四次进行拆除，拆撑原则为换撑板带相应部位形成换撑条件后拆除相应的对撑及角撑。每次拆撑均在该范围撑下顶板浇筑混凝土完毕，且换撑后进行施工。根据拆撑顺序及分区要求，每层拆撑的原则及先后顺序相同，拆撑顺序如图 8～图 10 所示。

3.5　坑中坑施工方案

本工程普遍区域开挖深度为 16.4m，基底主楼核心筒处最大开挖深度达 21m。此施工范围为坑中坑，标高形式复杂。基底坑中坑区域超挖、错挖、塌方都会影响工期并造成经济损失。为保护坑体边坡稳定，我方对坑中坑边坡采用砌砖胎膜＋喷锚的加固措施，如图 11 所示。

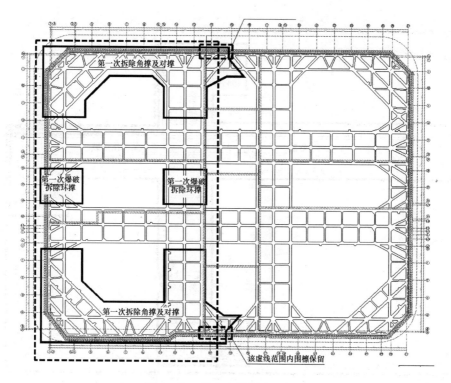

图8　第一道内支撑拆除示意图

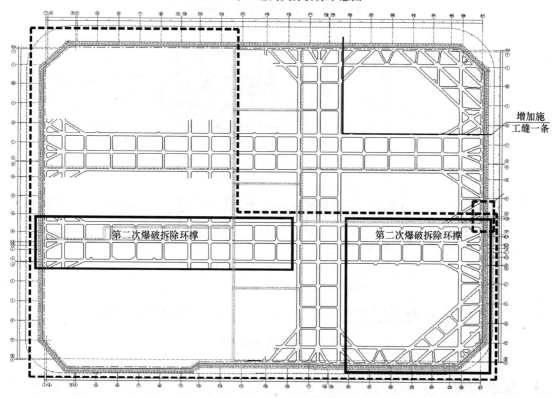

图9　第二道内支撑拆除示意图

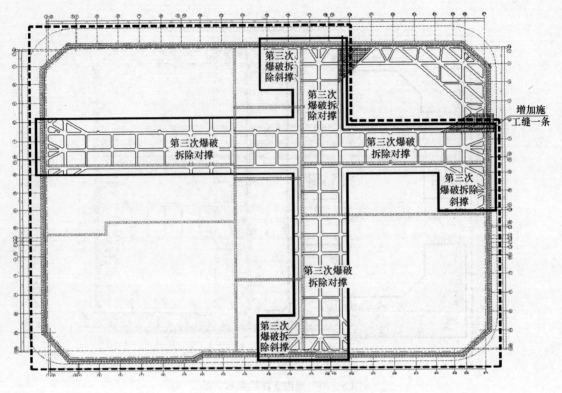

图10　第三道内支撑拆除示意图

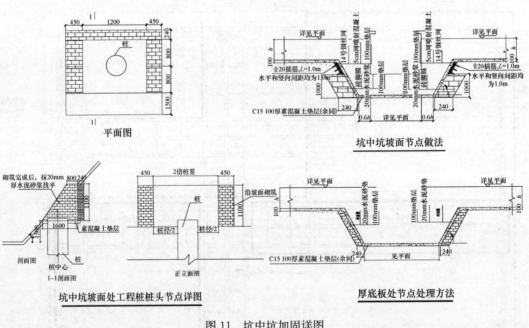

图11　坑中坑加固详图

4　实施效果

本工程自 2011 年 7 月 4 日土方开挖至 2012 年 4 月 30 日地下室结构封顶，历时 302

天，完成了地基与基础工程施工。工程达到了规范及设计要求，并且一次性通过结构验收。

5 结语

本工程依照规范及设计要求，合理运用科学施工方法，完成了超大深基坑的土方开挖、降水、塔吊基础、内支撑等施工。在土方开挖及内支撑施工阶段，通过合理安排塔吊工程，缓解物料运输压力，减少了施工间歇，提高了效率；监测成果显示，在深基坑及地下室结构施工过程中，基坑变形、沉降、降水等在允许值内；坑中坑方案切实可行，坑中坑区域未出现不良施工状况。同时我们总结了施工管理过程中的经验成果，为类似工程的施工提供了参考。

参考文献

[1] 方永兴．建筑工程中深基坑支护施工技术的探讨［J］．城市建设理论研究，2012，12：306-308.
[2] 刘安朗．建筑工程中深基坑支护的施工技术及安全预防措施［J］．建材与装饰，2011，11：117-118.
[3] 中国建筑科学研究院．JGJ 120—2012 建筑基坑支护技术规程［S］．北京：中国建筑工业出版社，2012.
[4] 山东省建设厅．GB 50497—2009 建筑基坑工程监测技术规范［S］．北京：中国计划出版社，2009.
[5] 李丰琳．深基坑支护开挖的质量控制探讨［J］．城市建设理论研究，2012，12：586-588.
[6] 苏亚森．探讨某深基坑工程的施工技术及措施［J］．广东科技，2008，24：16.
[7] 黄迪，李新亮．深基坑的特点及其施工技术研究［J］．中国新技术新产品，2010，12：11.

大面积浅基坑边坡土压控制变形施工技术

章亮亮 吴学军 郑华锋 胡志军 蒙海源
（中建一局五公司）

【摘　要】　本文介绍了大面积采用基坑内部预留土土压辅助控制基坑变形的施工技术，可有效地降低基坑支护的造价，同时又不会对工程的整体工期造成影响。

【关键词】　大面积基坑；预留土土压；斜撑；基坑变形；传力带

针对一些开挖面积大、深度不大的淤泥质基坑，采用基坑内满布水平内支撑设计会大大增加基坑的支护成本。利用基坑内部的预留土体及斜撑辅助进行基坑的设计及施工，可降低支护成本。

1　工程概况

杭政储出【2006】46 号地块基坑工程位于杭州市滨江区滨安路与西兴路交叉口，由 8 栋住宅和一个整体地下车库组成，基坑呈长方形，挖深 9.25m，设计主要采用钻孔灌注桩和一道钢筋混凝土水平内支撑（局部斜向钢支撑），止水帷幕采用直径 850mm 的三轴水泥搅拌桩，钻孔灌注桩长 20.7m，基坑东西长约 225.9m，南北长约 223.5m（图 1）。

基底土质情况：①₁ 杂填土：杂色，湿，松散状，含较多砖瓦碎块、混凝土碎块、碎块石等建筑垃圾，以粉质黏土充填。①₂ 素填土：灰黄色，湿，松散，含有机质、腐殖物及少量碎砖砾石，砂质粉土性。②₁ 粉质黏土：灰黄—灰色，饱和，软可塑，含少量氧化铁及云母屑，局部夹较多粉土。无摇振反应，切面较光滑，无光泽反应，干强度高，韧性中等。②₂ 黏质粉土夹粉质黏土：黄灰色，湿，稍密（软塑），含少量氧化铁及云母屑，以黏质粉土为主。摇振反应中等，切面粗糙，无光泽反应，干强度中等，韧性中等。③₁ 淤泥质黏土：灰色，饱和，流塑，含有机质，少量腐殖物及云母屑，具高灵敏度，局部夹粉土薄层。无摇振反应，切面光滑，光泽反应强，干强度中等，韧性中等。

工程土质情况表　　　　　　　　　　　　　　　　表1

土层	含水量 （%）	湿重度 （kN/m²）	相对密度	凝聚力 （kPa）	内摩擦角 （°）	渗透系数 （cm/s）	土层厚度 （m）
杂填土		18		8.0	18.0	2.0×10⁻⁴	1.3
素填土		17.5		12.0	15.0	5.0×10⁻⁵	1.3
粉质黏土	27.8	19.5	2.71	16.0	22.0	1.1×10⁻⁶	0.9
黏质粉土夹粉质黏土	29.2	19.2	2.71	8.0	24.0	4.4×10⁻⁶	3.0
淤泥质黏土	46.7	17.4	2.74	11.0	12.5	6.0×10⁻⁸	5.3

注：地下水位标高为－0.5m。

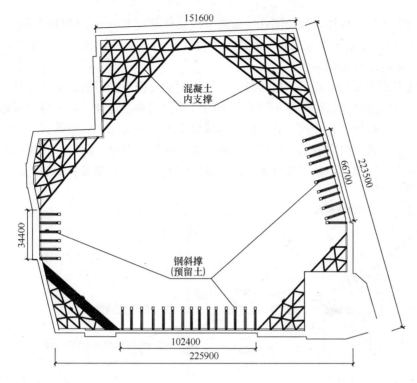

图1　基坑平面图

针对面积较大的基坑，如果采用满布钢筋混凝土内支撑体系，将大大增加基坑围护工程的造价，而开发商为了充分利用土地，基坑四周预留空间将被大大压缩，所以往往也无法采用放坡方式。为解决这一问题，在进行大面积基坑开挖时，在条件允许的条件下，采用基坑内预留土的方式进行基坑设计及施工是一种经济合理的方式。

2　基坑边坡土压控制设计及施工概况

基坑边坡土压控制原理：基坑内部的预留土方对围护桩进行支撑，利用预留土的自重及本身具有一定的强度及抵抗变形的能力来达到减少基坑位移的目的。然后采用斜撑进行支撑后再进行预留土的开挖及后续结构施工。该种方法可以将预留土部位通过后浇带的方式进行结构预留，而不会影响主楼结构施工，所以对整个工程的工期能有保证。

本工程设计及施工概况：

（1）预留土方参数为：高度5m，长度12.5m，剖面呈三角形预留，坡度1：2；预留土方四周设置后浇带以保证其余部位结构施工。

（2）由于本工程土质为淤泥质土，流塑性强，为保证预留土体稳定性，采用如下措施对预留土进行加固：1）加大放坡坡度，按照1：2比例进行放坡。2）增加护坡喷锚厚度至8cm及内置ϕ6.5@300×300钢筋网片。3）坡角处增加块石压底及松木桩固定，可有效增强坡角稳定性。

（3）土压部位围护体系设计变形值：测斜管，报警值：最大位移为4.5cm，或连续三天变形超过3mm/d；基坑周边沉降监测点，监测报警值：累计沉降超过20mm；水位监测点，监测报警值：坑外水位监测孔一天内水位变化超过80cm；支撑轴力测点，报警值：支撑轴力4500kN。基坑开挖期间一般情况下每天观测一次，如遇位移、沉降及其变化速率较大时，则应增加监测频次。

（4）施工预留土部位地下一层楼板时，楼板相应支撑范围留洞。在设计时，在计算允许的情况下应保证斜撑留洞部位不影响主梁，以确保结构稳定性及后续传力带施工。

（5）施工：基坑土方开挖应针对杭州地区软土的特性应用"时空效应"理论。基坑开挖、支撑及垫层施工时应遵循"分层、分块、留土保壁、对称、限时、先撑后挖"的总原则，利用时空效应原理，减少基坑无支撑的暴露时间，严格控制基坑变形。土方开挖面的

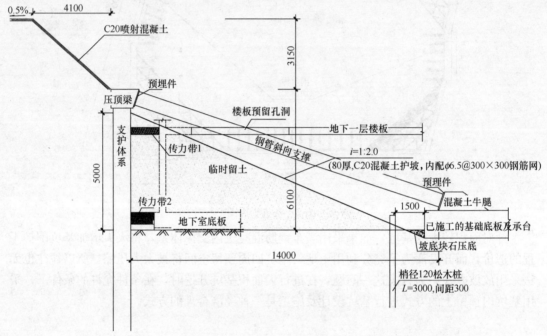

图2　预留土部位支护体系图（1）

图3　预留土部位支护体系图（2）

高差应控制在 1.5m 以内，按不大于 1：1.5 放坡。最后 30cm 土方应人工开挖，严禁超挖。

（6）地下室底板部位的后浇带预留钢筋需进行防锈处理。

3 主要施工方法

3.1 工艺流程

基坑土压控制变形施工，首先必须根据要求确定预留土方的体量，然后配合结构后浇带进行预留，待底板上的牛腿施工完毕并达到强度后，再进行斜撑的安装，最后施工预留部位结构及传力带，达到强度后拆除斜撑。具体流程如下：

土方开挖 → 压顶及牛腿施工 → 斜撑施工 → 预留土开挖 → 结构及传力带施工 → 斜撑拆除及预留洞口封堵

3.2 操作要点

3.2.1 土方开挖

（1）第一步土方开挖至压顶梁处，待压顶梁施工完毕后达到 80％强度，方可继续进行下一步土方开挖，土方开挖过程中，严格确保不扰动预留土体，同时安排专业人员进行预留土部位的喷锚施工，确保随挖随喷，喷锚过程中确保质量，同时预埋 $\phi50PVC@3000$ 排水孔，呈梅花形布置，后置滤水纱布及碎石。

（2）由于本工程基坑挖深 9.25m，且基坑底部主要为淤泥质土，为防止基坑开挖完成后底部的坑底隆起，在土方开挖完成 24 小时内须完成混凝土垫层的施工，素混凝土垫层应延伸至围护体系边，并抓紧施工承台及基础底板，以确保基坑稳定性。

（3）开挖完成后，首先按要求进行松木桩的施工，然后再在预留土坡角位置增加块石压底，防止因土质差而造成土体滑动（图4）。

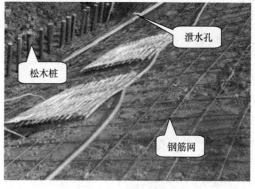

图 4　放坡面做法

3.2.2 压顶及牛腿施工

（1）压顶梁施工过程中，预埋件的定位必须准确，按照 5mm 控制。针对压顶梁现场施工过程中有可能造成预埋件的相对较大偏位，所以在后续牛腿的施工过程中，要求测放人员根据压顶梁预埋件的位置来定位牛腿的相对位置，以保证压顶梁中的预埋件与牛腿保持正对状态。

（2）为增加牛腿抗剪切力，设计增加 H 型钢预埋，具体做法如图5、图6所示。

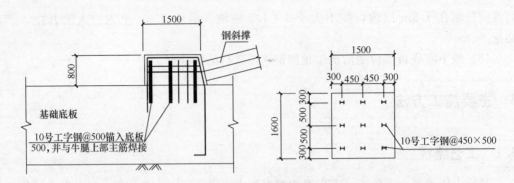

图 5　底板混凝土牛腿做法图（1）

图 6　底板混凝土牛腿做法图（2）

3.2.3　钢斜撑施工

待地下室底板及牛腿达到设计强度后，可进行双拼 609 钢管支撑安装。测量钢支撑安装标高及水平位置，将预埋钢板上的混凝土浮浆清理干净，测量压顶梁与底板混凝土牛腿间预埋钢板的净间距，调整拼装的支撑长度。经复验无误后，再将钢斜撑架设到牛腿上，进行焊接施工。

为保证基坑稳定性，应由最薄弱点进行安装，即自斜撑中间部位向两侧进行焊接施工。

3.2.4　预留土开挖

土方开挖面的高差应控制在 1.5m 以内，按不大于 1∶1.5 放坡。最后 30cm 土方应人工开挖，严禁超挖。

受斜撑的影响，土方开挖时整个操作面将受到一定的限制，现场宜采用小型挖机逐一进行掏挖的方式进行施工，并配合小型土方车辆。由于其余地下室已基本完成，故开挖的土方可以利用已完成的地下室的坡道进行出土。土方开挖完成后必须在 24 小时内完成垫层施工，防止坑底隆起。

3.2.5　结构及传力带施工

传力带设计基本位于底板及地下室一层板部位，在施工过程中采用与结构一起整浇的做法施工。

（1）传力带的厚度必须满足换撑验算，若小于底板厚度，为减少混凝土工程量，可以在下部采用回填砂的方法，上部采用素混凝土传力带。同时增加隔离层，以应对主体结构沉降问题（图 7）。

（2）地下一层传力带宽度较小时，可直接采取悬挑做法进行整浇；若宽度较大，则必须采用吊筋进行加固（图8）。

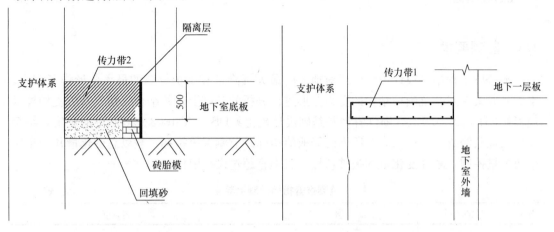

图7　底板传力带做法　　　　　　　　图8　地下一层传力带做法

（3）按照要求，传力带强度必须达到设计强度的80%后，方可拆除斜撑。

（4）由于斜撑穿过地下一层板，故在结构施工过程中应进行洞口的预留，大小为4.0m×2.0m（具体可按斜撑大小适当留设），洞口四周按照后浇带做法执行（图9）。

图9　预留洞口做法

3.2.6　钢撑拆除

地下二层结构及传力带施工结束且达到80%设计强度后，才可拆除支撑。拆撑期间，监测单位应加强对围护体和周围建筑物的监测。钢管采用气焊切割拆除，需要先在切割部位下方搭设脚手架，塔吊就位吊住切割端，然后由气焊切割拆除，随后用塔吊将切除的钢管下放至地下室底板上。

拆除过程中注意基坑的监测数值，发现出现位移过大或其他异常情况，应立即停止拆除作业，待查明原因后再做下一步处理。

3.2.7　结构预留洞口封堵

（1）待钢支撑拆除完毕后，立刻准备对预留洞口进行封堵。

（2）洞口封堵采用高一个强度等级的微膨胀混凝土进行浇筑即可。

4 监测信息

4.1 监测要求

本基坑工程中，设计单位已经对地表的最大沉降量和围护桩墙的最大变形作了规定。本监测方案在对基坑围护结构的受力变形进行分析的基础上，并结合《建筑基坑支护技术规程》JGJ 120—2012、《浙江省地基基础设计规范》DB33/T 1008—2000 中的规定，结合以往工程监测成果，按照表 2 所列的警戒值指标。监测报警指标一般以总变化量和变化速率两个量控制，累计变化量的报警指标一般不宜超过设计限值。

监测报警指标及观测频度　　　　　　　　　　　　表 2

序号	监测项目	报 警 指 标	观测频度
1	深层水平位移（墙后土体）	最大值：累计 30mm（CX1～CX5） 最大值：累计 45mm（其余范围） 速率：连续 3 天>3mm/d	正常情况：坑深>2m 挖土期间每天 1 次，其余可间隔 1～3 天 1 次； 异常情况：每天 2～3 次
2	支撑轴力	报警值：4500kN	正常情况：坑深>2m 挖土期间每天 1 次，其余可间隔 1～7 天 1 次； 异常情况：每天 2 次
3	坑外地下水位	变化幅度：80cm/d	正常情况：坑深>2m，挖土期间每天 1 次，其余可间隔 1～3 天 1 次； 异常情况：每天 2～3 次
4	立柱桩隆沉	最大位移：20mm	开挖期间：7 天 1 次； 异常情况：1 天 1 次； 停挖期间：15 天 1 次
5	坡顶沉降	最大沉降：20mm	开挖期间：3 天 1 次； 异常情况：1 天 1 次； 停挖期间：7 天 1 次
6	坡顶水平位移	最大位移：30～45mm	开挖期间：3 天 1 次； 异常情况：1 天 1 次； 停挖期间：7 天 1 次

4.2 监测分析

在施工过程中，重点监测了两个阶段的基坑变形数据：土方开挖至预留土完成阶段的位移增量及预留土开始挖土至开挖完成阶段的位移增量，两阶段的位移增量如图 10 所示，两阶段的位移总增量分别为 4.71mm 及 10.92mm，小于设计要求及《建筑基坑工程监测技术规范》GB 50497—2009 要求；支撑轴力、坡顶沉降及水平位移等各项监测项目均在设计及规范报警值范围之内。

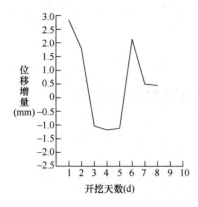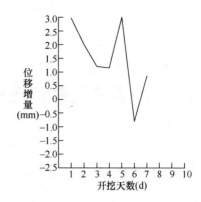

（a）土方开挖至预留土完成阶段位移增量　　　（b）预留土开挖至完成阶段位移增量

图10　两阶段位移增量

注：1. 由于本工程土质为淤泥质土，现场基坑位移出现部分位移不规律现象；

　　2. 负数为向基坑外位移

5　结语

　　针对基坑面积较大而采用满布内支撑不经济的基坑，在条件允许的情况下，采用基坑边坡土压控制进行围护设计及施工能大大节省基坑整体造价，并能满足工期要求，取得较好的效果。但预留土部位的斜撑会对后续结构施工造成一定的施工困难，如后浇带部位钢筋的保护、结构预留洞口的预留及后期封堵、对结构的损伤等。同时在斜撑设计过程中必须确保斜撑避开结构主梁位置，以确保主体结构安全及后续的传力带施工。

　　现阶段采用基坑土压力控制基坑变形的研究相对较少，具体预留土的体量等具体数据还无法精确验算，设计人员常以经验对预留土体量进行估算，也缺少相应的规范可循，同时预留土部位后续的结构施工也存在一定的困难。本工程的实践对该种体系的设计及施工具有重要的参考价值。

参考文献

［1］　中国建筑科学研究院．JGJ 120—2012 建筑基坑支护技术规程［S］．北京：中国建筑工业出版社，2012.

［2］　郑刚，陈红庆，雷扬，刘畅．基坑开挖反压土作用机制及简化分析方法研究［J］．岩土力学，2007，6：1161-1166.

［3］　GB 50497—2009 建筑基坑工程检测技术规范［S］．北京：中国计划出版社，2009.

谈桩筏整体托换加固工程施工要点

韩振宇[1]　郭保立[2]　金凤城[3]

（1. 中铁建设集团有限公司北京分公司；2. 北京矿建建筑安装有限责任公司 ）

【摘　要】 本文通过某工程桩筏整体托换的加固工程实例，结合桩筏托换结构体系的原理和设计要点，分析了桩筏整体托换加固工程的施工控制要点及相应的控制措施。

【关键词】 桩筏基础；整体托换；上部建筑；施工要点；控制措施

1　前言

近年来，有较多的混凝土建筑物因出现功能性改变，如接建、增加荷载等，或出现质量问题，如桩基质量缺陷无法满足上部结构的承载力等，需要进行加固。加固工程不仅呈现日益增多的趋势，而且加固工程的设计方案及现场情况越来越多样化、复杂化。作为施工企业，如何确保加固工程施工质量，更好地让施工成型效果符合加固设计的意图，已成为了施工技术的一个攻关难题。

本文以某桩基加固工程为例，结合桩筏整体托换结构体系的原理及设计要点，分析了桩筏整体托换工程施工质量控制要点及相应的控制措施，与大家共同探讨。

2　工程实例

某工程的基础形式为桩基础，该工程所在地点的原始地貌为冲沟位置，主要为田地、水塘和冲沟。在进行土方回填时，采用的是高抛填，未分层碾压夯实且抛填土方主要为块石或大粒径岩石。在填方 15m 后进行的桩基础施工，采用的是旋挖钻孔灌注桩施工工艺。该工程在主体施工完成后，正在进行装修施工时发现底部几层的梁端出现了细小裂缝，较严重的楼栋有个别桩身混凝土出现了断裂。经检测单位检测确定该建筑物是因桩身质量缺陷造成桩身承载力无法满足上部结构的要求而引起的建筑物沉降开裂，需进行结构加固处理。

在该工程的基础加固设计中，为保证基础加固的可靠性，不考虑原有桩的承载力，上部荷载全部由新增加的桩承担，即基础整体托换方式。新增加的桩全部采用人工挖孔桩，然后增加整体筏板托换上部建筑（图1）。并在原竖向构件与新增筏板连接处设置扩大墩基础（图2），墩基础顶部标高同原桩顶和承台、地梁的顶标高，这样通过扩大墩基础和原桩顶节点（图3）将原上部结构荷载通过新增筏板传递到新增桩基上。

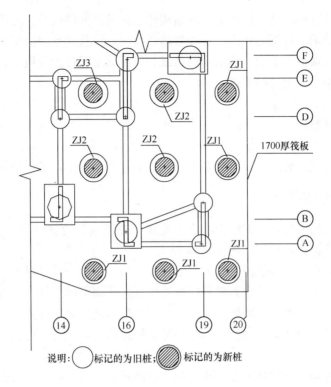

图 1 增加挖孔桩及筏板布置图

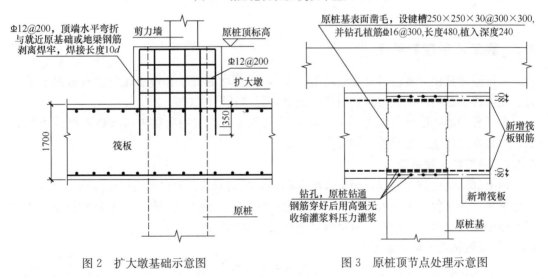

图 2 扩大墩基础示意图

图 3 原桩顶节点处理示意图

3 结构体系原理及设计要点

桩筏式托换结构体系是将原建筑物各柱下桩基通过在承台间后浇一整体筏板把原独立桩基连成一个桩筏式整体基础。该工程在结构加固设计中,不考虑原有桩基的承载力,用新增加的桩基础和筏板组成新的桩筏式整体基础来替代原有的桩基,即桩筏式整体托换结构体系。

在托换结构体系中，转换层承受上部结构传来的荷载并将这些荷载传递给下部托换桩基，在力学上起到承上启下的作用。桩筏整体托换中，筏板就是转换层，建筑物的荷载是通过筏板传递到新增桩基上的，建筑物的荷载如何有效地传递到筏板上，是实现桩筏整体托换的关键，也是工程设计的要点。

4 施工要点分析

该加固工程施工的要点主要有两个方面：一个是施工安全，另一个就是施工质量。

4.1 施工安全控制要点

（1）桩筏加固施工时，上部结构已施工完成，桩筏施工的空间较小，空气流通不畅，且桩全是人工挖孔桩，桩孔深度均在 15m 以上。

（2）局部区域存在软塑状粉质黏土（淤泥土）层，桩基开挖过程中有可能因为淤泥土流动导致桩基开挖困难，并导致相邻旋挖桩的下沉，从而引起主体结构的变形。

（3）从图 1 中可看到，新增桩基较密，全面开挖易造成原桩持力层扰动，而且新增人工挖孔桩有的离原桩太近，特别是桩端扩大头易造成原桩持力层扰动，危及上部结构稳定。

（4）从图 3 可知，原桩顶需要钻孔穿筋，而原桩上双向钻孔横切面积损失达原桩截面积的 46% 左右，原桩截面将减少一半的承载力，给主体结构和施工人员带来很大的安全隐患。

4.2 施工质量控制要点

桩筏整体托换工程的设计要点就是"托"，即新增的桩基和筏板代替原有桩基的承载力。如何将建筑物的荷载传递到新增筏板上，是"托"的关键。

本工程的加固设计从以下三个方面着手实现了将建筑物荷载传递到新增筏板上的目的，也是本工程施工质量控制的要点、难点。

4.2.1 设置扩大墩基础

因上部结构已施工完成，而扩大墩基础顶标高同原桩、承台和地梁顶标高，操作空间十分狭小（净高仅有 1.2m），扩大墩基础是独立的，且现场不能使用垂直运输设备，扩大墩混凝土浇筑是施工的难点，也是混凝土浇筑质量的控制要点。

4.2.2 原桩钻孔穿筋并灌浆

（1）筏板钢筋穿过桩身钻孔后应让钢筋中心线在一条直线上，以便保证机械连接的可靠性，但因原桩间距较小，一根钢筋会穿过多根桩，如何保证孔位的准确就很重要。

（2）原桩身截面很不规则，水钻施工困难。

（3）因筏板钢筋较密，如何在原钻孔桩上钻孔完成筏板钢筋的布置是一大难点。

（4）穿筋后的压力灌浆是施工质量控制的要点。

4.2.3 新旧混凝土接触面

（1）原混凝土面凿毛，旋挖桩施工时，自然地坪有的高于桩顶标高（采用的原槽浇灌），有的低于桩顶标高（采用的砖胎膜接桩），原桩顶部的桩身外形不规则，凿毛难度大。

（2）在新旧混凝土接触面进行钻孔植筋，钢筋直径 16mm，钢筋长度 480mm，植入深度 240mm，间距 300～400mm，呈梅花形布置。

5 施工要点控制措施

5.1 施工安全

（1）当桩孔深度大于 10m 时，每日开工前必须检测井下是否有有毒有害气体，并配置专门的送风设备向井下送风，加强空气对流。必要时输送氧气，防止有毒气体的危害。每次下井前先向孔内通风，通风时间不少于 30min。操作时上下人员轮换作业，桩孔上人员密切注视观察桩孔下人员的情况，互相呼应，切实预防安全事故的发生。

（2）加强上部结构及原桩的沉降、倾斜位移、裂缝发展的观测，若发现异常及时上报，必要时，立即停工，施工人员撤离施工现场，等待监测单位的异常报告后再确定后续施工安排。

（3）若存在新增人工挖孔桩离原桩太近的，特别是有桩端扩大头，易造成原桩持力层扰动，危及上部结构稳定，图纸会审时必须建议设计单位调整桩位，加大新桩与原桩间距，尽可能用增大桩身嵌固长度来代替桩端扩大头，要特别注意必须满足刚性角要求。

（4）在开挖桩时遇到淤泥土层时，必须增加钢套筒以保证土层的稳定性，防止淤泥土挤出。

（5）新增人工挖孔桩开挖时必须分两批跳开开挖，必须等相邻桩孔浇灌混凝土并凝固（混凝土强度≥80%）后，方可开挖另一桩孔。项目部应绘制桩孔跳挖分批布置图，经监理单位确认后，严格执行跳挖。

（6）在原桩上钻孔应分步单向钻孔，穿筋灌注砂浆封闭后，再施工另一方向钻孔。即待上层上排孔内穿入钢筋并灌浆完成后，再进行下层下排的穿筋注浆，待下层下排完成后，再进行上层下排的穿筋注浆，待上层下排完成后，最后进行下层上排的穿筋注浆。

5.2 施工要点质量控制措施

（1）扩大墩基础混凝土浇筑时，因操作空间小且扩大墩与扩大墩之间的距离较小，故将泵管末端架设成可转动的"蛇头"形，如图 4 所示，"蛇头"转动一圈可覆盖其周围的扩大墩，其周围扩大墩混凝土浇筑完成后，再移位重新架设"蛇头"泵管。

（2）原桩钻孔

1）钻孔定位：钻孔前首先放出轴线作为控制线，然后对原桩范围内的筏板钢筋进行放线定位，在桩上确

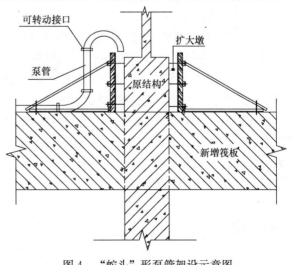

图 4 "蛇头"形泵管架设示意图

定好钻孔的位置。

2）钻孔前还应对原钻孔桩钢筋进行扫描，尽量避免钻孔伤及原桩主筋。

3）在钻孔时以轴线为控制线调整水钻角度，保证钻孔过程中孔心线始终平行于轴线，从而保证同排钻孔同心。

4）先对施钻部位不规则的原桩表面进行凿打，然后用膨胀螺栓将加工好的方钢管支架固定在原桩上，再用普通螺栓将水钻固定在方钢管支架上，保证在施钻时水钻不晃动，钻头水平、不倾斜，从而确保成孔的质量。

（3）原桩钻孔后穿筋

1）钻孔完毕，检查孔位准确、孔径合格后将孔内粉尘用压缩空气吹出，然后用毛刷、棉布将孔壁刷净，再次压缩空气吹孔，应反复进行 3～5 次，直至孔内无灰尘碎屑，将孔口临时封闭。

2）穿筋：将筏板基础主筋穿入孔内，并尽量使钢筋在孔内居中放置，以保证注浆的效果。由于筏板基础钢筋连接采用直螺纹套筒连接，为保证筏板钢筋可靠连接，故应在同排原桩范围内筏板钢筋通长连接好后再对钻孔进行注浆，这样又给钢筋调整预留一定的空间。

（4）穿筋后的注浆

1）孔口封闭：采用环氧树脂胶粘剂对孔口进行封闭，注浆一端留两个 $\phi 10$ 孔分别作为排气孔和注浆孔使用。孔口封闭应保证严密，在灌浆过程中不得出现漏浆现象。

2）制浆：材料必须准确称量，误差应小于 5％；掌握浆液性能，做到随用随制；浆液应进行充分搅拌，并坚持注浆前不断搅拌，防止再次沉淀，影响浆液质量。使用搅拌机搅拌时，将称量好的水置于搅拌机内，缓慢地加入灌浆料。必须保证连续搅拌 5min 以确保灌浆材料达到均匀的稠度。

3）注浆：在注浆孔内插入注浆管，用注浆泵压入 M40 灌浆料，压力 0.2～0.3MPa。

4）封孔：待排气孔流出浆液时，同时将注浆孔及排气孔采用柔性材料封堵严密。严禁在灌浆料中掺入任何外加剂或外掺料。

5）养护：灌浆完毕后应立即覆盖塑料薄膜并加盖棉被阴湿养护 3～7d。

（5）新旧混凝土接触面处理

1）凿毛：对原构件混凝土存在的缺陷清理至密实部位，将表面凿毛，并将被包的混凝土棱角打掉，同时应除去浮渣、尘土。原混凝土表面的砖胎膜、浮块、碎渣、粉末必须清理干净，并用压力水冲洗干净，如构件表面凹处有积水，应用抹布吸去。凿毛严禁使用风镐、电镐等大型机具，以免对混凝土结构造成扰动。

2）植筋：新旧混凝土接触面植筋是抗剪钢筋，植筋质量的好坏也将对实现桩筏托换产生影响。植筋钻孔采用专用电钻施工，钻孔直径 D 应与植筋直径 d 匹配，成孔后用空压机将孔内粉末及灰尘吹净，孔口应干燥，无积水。植筋采用专用植筋胶，植筋胶灌注应饱满密实以保证植筋效果。

6 结束语

（1）桩筏整体托换加固工程的施工要点就是施工安全和施工质量，施工安全即确保施工人员的人身安全和工程本体的结构安全；施工质量即实现加固方案的设计意图。整体托换加固设计最关键的是"托"，如何实现"托"也是施工技术人员理解设计意图和确保施工质量的难点。

（2）地下土质情况和原桩受力情况都比较复杂，加强上部结构及原桩的沉降、倾斜位移、裂缝发展的观测，并采取必要的预防措施，是确保施工安全的保障。

（3）新增桩基、筏板及扩大墩的施工质量是实现桩基加固设计的基础。

（4）新增筏板钢筋穿过原桩的钻孔、穿筋、注浆及新旧混凝土接触面的凿毛、植筋是实现加固设计中"托"的主要节点。

参考文献

［1］ 毛桂平，黄小许. 桩梁和桩筏式托换结构体系设计探讨［J］. 工业建筑，2005，（5）.
［2］ 谷伟平，李国雄. 广州市地铁一号线基础托换工程的理论分析与设计［J］. 岩土工程学报，2000，1.
［3］ 房树田，张英，仲文昭. 新旧混凝土界面抗剪承载力试验研究［J］. 低温建筑技术，2012，（4）.

桩梁式托换施工技术

韩振宇[1]　刘庆宇[2]

(1. 中铁建设集团有限公司北京分公司；2. 中建三局第三建设工程股份)

【摘　要】　本文以某住宅小区地下车库桩梁式托换加固工程为例，介绍了桩梁式托换施工技术，重点对基础加固施工的各重点环节和关键部位进行了阐述，与大家共同学习探讨。

【关键词】　基础加固；桩梁式托换；托换梁；桩梁连接

1　工程实例

某住宅小区车库为单层全埋地下车库，钢筋混凝土框架结构，基础形式为灌注桩基础。在车库顶板覆土和绿化施工完成之后，发现车库顶板及梁端出现了细小裂缝，后经权威检测单位检测得出结论：框架梁斜裂缝主要因车库顶板超载引起，未发现由地基基础不均匀沉降引起的裂缝形态。经建设、设计等参建单位协商确定，在完全不考虑原桩基承载力的前提下，对车库基础进行加固设计，桩基加固采用桩梁式加固结构体系。

2　结构体系原理及设计概况

2.1　桩梁式托换结构体系原理

桩梁式托换结构是指用于托换建筑物的桩基，由若干托换桩和托换梁组成的托换结构体系。托换梁通过新旧混凝土接触面与被托换建筑物的结构相连，新旧混凝土接触面需承受并传递全部的托换荷载。

2.2　设计概况

桩基加固采用新增桩基对原桩基进行置换，采用新基梁通过原桩抬框架柱、新基梁下另设桩基的方式，如图1、图2所示，新基梁与原桩的桩梁连接节点如图3所示。

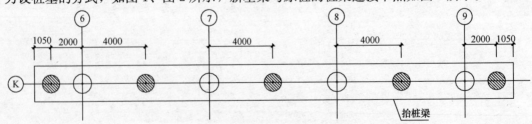

图1　新增桩基及抬桩梁平面布置图

▨表示新增桩基；⊕表示原桩基

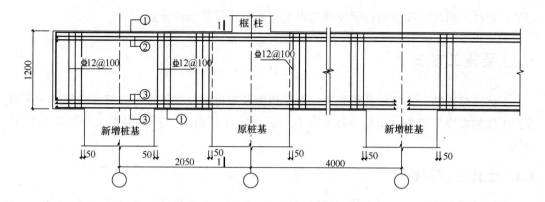

图2　托换结构体系平面布置及剖面图

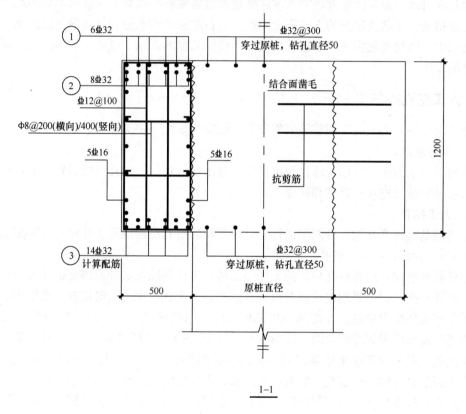

图3　1-1桩梁连接节点剖面图

3　工程重难点分析

（1）该住宅小区内的业主已入住，加固施工只能在车库内进行，车库最大净高为3.0m，施工操作空间高度有限是本工程施工的一大难题。

（2）加固工程施工时正处雨季，该位置原始地貌为冲沟，是雨水到地下后汇集的区域，地下水位高，如何解决地下水的影响是本工程施工的又一大难题。

（3）本工程桩基加固是通过新增托换结构体系与托换建筑物的结构相连来实现桩基加

固的，原桩与新增托换梁的桩梁连接是本工程施工质量控制的重点。

4 主要施工方法

土体注浆固结→人工挖孔桩施工→车库地面及原桩间拉梁拆除→局部基坑开挖→新旧混凝土接触面原桩凿毛、植筋→原桩钻孔、穿筋、注浆封闭→托换梁施工→回填并恢复原貌。

4.1 土体注浆固结

新增桩基深度较深，而土体回填时间较短，为防止桩孔塌孔，减少地下水的影响，对车库地基进行水泥灌浆固结处理。水泥注浆是通过灌浆管、压浆泵等将水泥均匀地注入土体，经过挤密、渗透及填充的方式将土颗粒、岩石裂隙中的水分、气体等挤压出来，并填充在裂隙中，经过硬化实现将岩土胶结成一个整体的目的，减少或防止不均匀的沉降及渗透现象的发生。

4.2 人工挖孔桩施工

测量定位→人工挖孔→钢筋笼制作安装→混凝土灌注→桩头剔凿。

4.2.1 测量定位

根据桩位平面图，使用经纬仪测定桩位，做出明显标记，在孔口处设置四个桩心控制点，以便随时检查挖孔垂直度和孔深。

4.2.2 人工挖孔

新增桩基应跳开开挖，分两批进行，必须等相邻桩孔浇灌混凝土并硬化（混凝土强度≥80%后），方可开挖另一桩孔。

在桩孔开挖前，现将桩孔位置的车库地面进行破碎拆除，破碎范围是桩孔大小加护壁厚度。桩孔开挖过程中采用电动提升机提升渣土，渣土在车库内临时堆放，集中用小型渣土车运往车库外指定地点。开挖到一块模板高度时吊线锤支模，浇筑 C25 早强混凝土护壁。当遇到流动性淤泥或流砂时，应减少每节护壁的高度（可取 0.3～0.5m）。采用此方法仍无法施工时，应迅速用砂浆回填桩孔到能控制塌孔为止，对易塌方段要求随挖随护壁，必要时加钢套筒支护开挖。随着挖孔加深，需安装通风、照明、通信等设备，并设置潜水泵排水，排水量要适当控制以防止塌孔。必须保证桩嵌入中风化基岩（持力层）深度满足设计要求。

由设计单位根据地勘资料确定合理位置布置足够数量的截水井，并在截水井内设置大功率的污水泵 24 小时不间断抽水排往市政管道，来控制地下水位的高度，且根据桩孔内水量大小设置一台或两台小型污水泵配合开挖进度进行抽水，以解决地下水位高的难题，便于桩孔开挖。

4.2.3 钢筋笼制作安装

受车库净高的限制，场地操作空间高度有限，桩钢筋笼每段长度取为 2.2m，这就导致桩主筋接头增多，为保证桩主筋连接质量，桩主筋连接采用双面焊，焊接长度为 10d，并按 50% 接头率错开。

车库顶板不能凿洞，小型机械只能放在车库内。小型机械选用一台卷扬机（图 4）用于吊放钢筋笼，钢筋笼采用在现场加工，人工配合小型机械进行吊装，以解决操作空间高度有限的难题，如图 5 所示。卷扬机选用吊重 2t 即可，立柱高度要小于 2.8m，且要尽量轻以偏于施工周转。

4.2.4 混凝土灌注

钢筋笼安装完毕，进行混凝土灌注，混凝土灌注采用人工配合卷扬机（图 4）进行，以解决施工空间高度有限的难题，如图 6 所示。当从孔底及孔壁渗入的地下水量小于 $1m^3/h$ 时，将水抽干后，采用直升导管法灌注混凝土。当孔内渗水量超过 $1m^3/h$ 且无法抽干时，采用导管法灌注水下混凝土。混凝土边灌注边捣实，采用加长插入式振动器与人工捣实相结合的方法，混凝土灌注一次连续完成。导管法灌注水下混凝土时，大料斗受现场空间高度限制其容量需控制在 $0.4m^3$ 左右（由厂家定

图 4 卷扬机

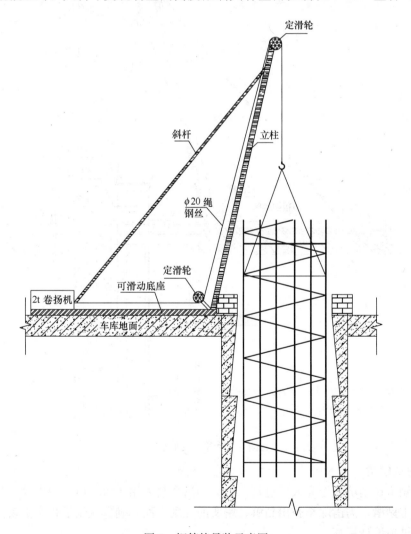

图 5 钢筋笼吊装示意图

尺加工），为确保将管内积水一次排除干净，在第一斗放料时应同时往料斗内泵送混凝土，并控制料斗内的和新泵送的混凝土连续下落。

桩身混凝土浇筑采用水下混凝土灌注工艺的控制关键在：（1）导管密封性，导管密封不好，管内进水，影响混凝土质量。（2）导管长度，根据规范要求，导管底部距坑底30～50cm，在下管过程中，根据孔深，预先进行配管，并记录每节导管长度。（3）第一斗混凝土的浇筑，导管下入井内后，管内充满积水，所以第一次放料的混凝土重力必须大于管内积水浮力，将管内积水一次排除干净且混凝土必须连续浇筑。（4）每次拔管不能将管拔出混凝土面，管底距混凝土面需有60～70cm。（5）混凝土浇筑高度，水下混凝土灌注，产生浮浆较多，混凝土顶标高至少需高出设计要求50cm。

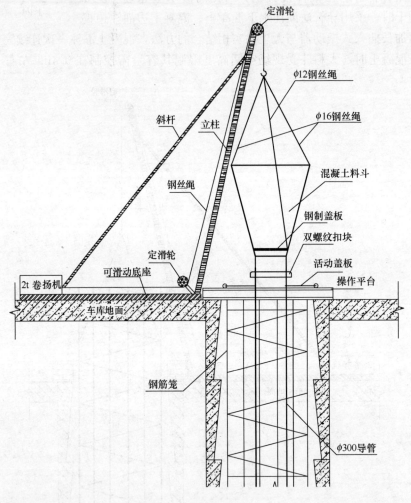

图6　导管吊装示意图

4.2.5　桩头剔凿

桩头剔凿在基坑开挖完成后进行。桩头剔凿严禁采用风镐、电镐等电动工具进行，必须采用人工剔凿，需凿除至露出新鲜、密实的混凝土面，确保剔凿后桩头上表面水平、平整，达到桩顶设计标高。

4.3 车库地面及原桩间拉梁拆除

因人工挖孔桩和托换梁施工，且加固完成后托换梁替代了原有的桩间拉梁，故需将车库地面及原桩间拉梁与抬桩梁重合部分进行拆除（图7），拆除前要根据施工需要进行测量放样，圈出破除范围，本着"宁少勿多，安全第一"、"严禁对原结构造成损伤和破坏，空间够用即可"的原则进行破除。在施工期间对车库状态加强观测。

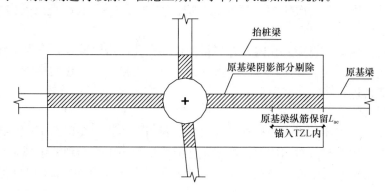

图 7　抬桩梁与原基梁重合范围处理大样

4.4 局部基坑开挖

新增托换梁梁底距原地面约1.8m，需将基坑放坡开挖到托换梁底，放坡比例为1：0.5，经验收合格后方可进行下一道工序的施工。

4.5 新旧混凝土接触面原桩凿毛、植筋

4.5.1 原桩凿毛

应对原构件混凝土存在的缺陷清理至密实部位，并将表面凿毛或打成横向或斜向沟槽，被包的混凝土棱角应打掉，同时应除去浮渣、尘土。清理原混凝土表面的浮块、碎渣、粉末，并用压力水冲洗干净，如构件表面凹处有积水，应用抹布吸去。

4.5.2 植筋

抬桩梁包裹的原桩四周环向钻孔植入抗剪钢筋，钢筋采用$\phi16$，钢筋长度480mm，植入深度为240mm，间距400mm，呈梅花形布置。

（1）用$\phi22$冲击钻头钻孔，钻孔一定要平直，以便植筋与托换梁钢筋平顺连接。

（2）钻孔完成后，用高压风吹孔，并用毛刷旋转刷孔，反复5次，清除孔内灰尘。

（3）植筋胶置于专用注射器中，用注射器从孔底向外均匀填孔，然后将经过除锈处理后的$\Phi16$钢筋旋转插入注满植筋胶的孔内锚固。

4.6 原桩钻孔、穿筋、注浆封闭

4.6.1 钻孔

定位：放出轴线作为控制线，并对抬桩梁穿入原桩范围内的钢筋进行放线定位。

确定钻孔顺序：抬桩梁穿原桩的纵筋是双层单排，分层对梁纵筋位置进行编号，首先进行上层偶数编号的钢筋位置孔口的施钻，待上层偶数编号的孔口内穿入钢筋并注浆完成

后，再分批进行下层偶数编号、上层奇数编号和下层奇数编号钢筋位置孔位的施钻。

钻孔：采用$\phi50$水钻成孔，在钻孔时以轴线为控制线调整水钻角度，保证钻孔过程中孔心线始终平行于轴线，从而保证同排钻孔同心。钻孔前还应对原钻孔桩钢筋进行扫描，尽量避免钻孔伤及原桩主筋。

4.6.2 穿筋

清孔：钻孔完毕，检查孔位准确、孔径合格后将孔内粉尘用压缩空气吹出，然后用毛刷、棉布将孔壁刷净，再次压缩空气吹孔，应反复进行3～5次，直至孔内无灰尘碎屑，将孔口临时封闭。

穿筋：将抬桩梁主筋穿入孔内，并尽量使钢筋在孔内居中放置，以保证注浆效果。由于抬桩梁钢筋采用直螺纹套筒连接，为保证钢筋可靠连接，故应在同排原桩范围内钢筋全部连接完成后再进行孔内注浆。

4.6.3 注浆封闭

孔口封闭：采用环氧树脂胶粘剂对孔口进行封闭，注浆一端留两个$\phi10$孔分别作为排气孔和注浆孔使用。孔口封闭应保证严密，在灌浆过程中不得出现漏浆现象。

制浆：严格按照使用说明书进行灌浆料的配置，应连续搅拌5min以确保灌浆材料达到均匀的稠度。

注浆：在注浆孔内插入注浆管，用注浆泵压入M40灌浆料，压力0.2～0.3MPa。待排气孔流出浆液时，同时将注浆孔及排气孔采用柔性材料封堵严密。严禁在灌浆料中掺入任何外加剂或外掺料。

养护：灌浆完毕后应立即覆盖塑料薄膜并加盖棉被阴湿养护5～7d。

4.7 托换梁施工

在托换梁钢筋、模板验收合格后进行混凝土浇筑。混凝土浇筑受空间高度的限制，采用将泵管平铺到待浇筑的抬桩梁前，从远端开始浇筑，过程中采用拆卸一节泵管的方法移动泵管的出浆口来进行整个抬桩梁的混凝土浇筑。

浇筑混凝土前，桩梁连接位置的原混凝土表面应以界面剂进行处理。

4.8 回填并恢复原貌

在桩梁连接完成后，回填土方并恢复原貌。

4.9 施工中的监测

托换施工前，对地下车库进行安全检测，并在整个加固施工过程中，对地下车库的沉降、沉降速率、裂缝和扩展情况进行监测和观察，借以判定建筑物的安全状态，确保施工安全。

5 基础加固后新、旧桩基应力监测情况

5.1 监测原理

在新增桩基和原有桩基中预埋应变片，每根桩布设2～3个测点，应变片通过钢弦传

递给读数装置，即可测出被测结构物内部的应变量和埋设点的温度值，对读出的应变进行温度修正，然后便可计算出应力数据。测试在施工过程中和使用荷载完成后的应力应变情况，从而获取新旧桩的实际受力情况。

修正后的应变 $\qquad \varepsilon_{\text{修}}=\varepsilon-(T-T_0)(F-F_0)$

其中：ε 为测量应变，单位 $\mu\varepsilon$；测量温度为 T，初读数时温度为 T_0；一般情况下混凝土的线膨胀系数 $F=10\mu\varepsilon/℃$，钢弦的线膨胀系数 $F_0=12.2\mu\varepsilon/℃$。

应力 $\sigma=E\times\varepsilon_{\text{修}}$，其中：C30 混凝土的弹性模量 $E=3.0\times10^4 \text{N/mm}^2$。

5.2 监测数据

每根桩的应变以 2～3 个测点的均值表示，通过温度修正后计算出的应力数据见表 1 所列。

监 测 数 据

表 1

测点编号	4-16	4-19	4-22	4-28	5-16	6-10
	$\Delta\sigma$（MPa）	$\Delta\sigma$（MPa）	$\Delta\sigma$（MPa）	$\Delta\sigma$（MPa）	$\Delta\sigma$（MPa）	$\Delta\sigma$（MPa）
1-新	0.0	0.02	0.06	0.17	−0.05	−0.02
2-旧	0.0	−0.01	−0.08	−0.06	−0.015	−0.04
3-旧	0.0	0.01	0.02	0.03	−0.08	−0.07
4-新	0.0	−0.01	0.05	0.01	−0.07	−0.01
5-旧	0.0	−0.06	−0.06	0.03	−0.04	−0.03
6-新	0.0	−0.10	−0.15	−0.20	−0.19	−0.22
7-新	0.0	0	−0.03	−0.04	−0.15	−0.14
8-旧	0.0	0.01	−0.01	0.08	0.06	0.20
9-新	0.0	0.01	0.08	0.07	0.04	0.03
10-新	0.0	0.08	−0.09	−0.04	−0.10	−0.07

注：表中数据为与 4 月 16 日相对差值，负值为受压；在 4 月 16 日桩身混凝土已浇筑完成 28d，但抬桩梁未浇筑混凝土；4 月 19 日完成的抬桩梁混凝土浇筑。

5.3 监测数据分析

从监测数据来看，实现了桩基加固的设计意图。

6 总结

（1）施工前的土体注浆固结能防止桩孔塌孔，减少地下水的影响，是解决高回填区人工挖孔桩施工安全隐患大的有效措施。

（2）地下水排泄是桩基施工期间需要注意的问题，不能做好地下水排泄工作不仅会影响整个加固施工出现安全隐患，而且会影响人工挖孔桩的施工质量。截水井的位置和数量需由设计单位根据地勘资料进行确定，一旦降水无效，参建各方应立即协商确定处理方案。

（3）车库内垂直运输机械的选择不仅直接影响工程进度，而且会给桩身混凝土成型质量带来影响。

（4）水下混凝土浇筑是解决在水位高的桩孔内保证桩身混凝土成型质量的一个好的施工工艺，应严格按照工艺要求进行施工，做好旁站工作。

（5）新增抬桩梁与原桩的桩梁连接是施工阶段实现桩梁式加固的关键部位，原桩凿毛、抗剪钢筋植筋及原桩的钻孔、穿筋、注浆必须严格按照设计及规范要求进行施工。

参考文献

[1] 黄小许，朱英俊. 桩梁式托换结构设计方法及其应用 [J]. 华南理工大学学报（自然科学版），2004，1.

[2] 宋小玲. 浅谈水泥注浆地基加固技术在实践中的应用 [J]. 城市建设理论研究，2012，5.

地铁深基坑施工常见安全事故及防范措施

张立平　王云斌　马海燕

（北京城乡建设集团紫荆市政分公司）

【摘　要】　随着城市化进程的加快，交通流量的增加及人口的不断膨胀，人们不得不向地下拓展空间，建设城市的地下轨道交通是缓解地面交通压力的主要措施之一。然而，近年来在地铁工程施工中，基坑坍塌事故时有发生，通过对所发生的一些安全事故的调查，分析阐述了地铁深基坑施工中常见安全事故的诱因，总结这些事故所带来的教训，提出切实可行的防范措施，希望能够引起人们的重视，并为今后地铁工程施工提供一些有益的借鉴。

【关键词】　地铁深基坑；安全事故；防范措施

1　前言

世界经济的迅猛发展加快了城市化建设的速度，随着城市人口的不断膨胀和高层建筑的不断增加，地面可利用的空间越来越小，致使交通拥堵越来越严重。因此，发展地下轨道交通已成为各大城市解决地面交通压力的主要办法之一。然而在地铁建设施工中，由于深基坑开挖支护结构失稳等原因造成的安全事故屡见不鲜，有些深基坑事故的损失达到数亿元，甚至造成人员伤亡，致使工期拖延数年，不但造成巨大的经济损失，还给城市建设以及企业形象带来不良影响，也引起了社会各界的广泛关注。

2　地铁深基坑施工常见事故分析

一般来说，深基坑是指开挖深度超过 5m（含 5m）或地下室三层以上（含三层），或深度虽未超过 5m，但地质条件和周边环境及地下管线特别复杂的工程。

地铁深基坑主要是指明挖车站、明挖区间施工时开挖的基坑，由地下车站，区间规模等诸多因素决定基坑的深度，一般为开挖深度大于 10m。

通过对地铁深基坑常见安全事故的调查分析，造成事故的原因可以概括为以下几个方面：围护结构过大的内倾位移，内撑或锚索围护结构失稳发生较大向内变形，边坡失稳，基底隆起，渗流破坏，坑底突涌，周围地面沉降及其他因设计、施工或不可抗力而造成的事故。

2.1 围护结构过大的内倾位移

地铁深基坑围护结构一般采用钻孔灌注桩＋桩间网喷混凝土的结构形式，土压力的计算是围护结构设计的核心，但是实际的土压力在从基坑开挖到地下结构完工的过程中是不

断变化的，易造成实际的主动土压力大于设计值，使得围护结构产生过大的内倾位移。图1为围护结构产生较大位移导致破坏的实例图。

（1）地铁施工周期一般较长，会经历多个雨季和冬季，雨期施工时由于雨水的降落加之周围地下管道的渗漏等都会导致地下水位的上升，土的黏聚力和内摩擦角降低，基坑侧壁的土压力增大，造成基坑支护结构严重变形甚至破坏。

图1　围护结构产生较大位移导致破坏的实例图

（2）由于施工场地限制，挖出的土方以及大量的钢筋、水泥、石子等建筑材料堆放在基坑边，造成基坑周围地面严重超载，侧土压力增大，使基坑支护结构变形。

（3）违反有关安全规程作业，如大型挖土机工作时、汽车吊吊装钢支撑时离围护结构太近，使支护桩承受很大的侧向力引起严重变形。

2.2 内撑或锚索围护结构失稳

一般认为：对于狭长基坑采用围护桩＋内撑的支撑方式较为经济，地铁车站或区间的明挖施工多采用此种支撑方式，图2为某地铁车站基坑施工三层钢支撑布置图。

另一方面，若基坑周边环境及地质条件许可，为有利于基坑的开挖施工，也可采用围护桩＋锚索的支撑方式，图3为深基坑锚索支护图。

图2　基坑施工三层钢支撑布置图　　　　图3　深基坑锚索支护图

内撑或锚索围护结构失稳的主要原因是结构设计不合理或施工不满足要求，表现在以下几个方面：

内撑或锚索设计的位置、间距不当，使支护结构的抗力不足，引起支护结构大变形。

内撑的支点数少，连接不牢固，使支撑杆下挠，产生弯曲变形，达到一定程度后，丧失支撑作用。

当基坑较宽时，由于钢管支撑压曲变形，使支护结构产生较大位移。

锚索的长度不足，不能阻挡基坑的整体滑移。

由于地面排水措施不完善，大量雨水下渗，或地下水管渗漏，使地基土的黏聚力和内摩擦角下降，锚索的锚固力降低，导致锚索失效，围护结构破坏。

由于地基土的冻胀作用，使锚索的锚固力下降。

2.3　边坡失稳

边坡失稳也是地铁深基坑施工中常见事故，分析原因有：

支护结构插入坑底土体的深度不够，被动土压力不足，使支护结构的稳定性差，甚至导致基坑坡脚滑动，坑底土体大面积隆起，引起整体滑动。

在饱和粉细砂场地的基坑内降水，土体会因坑底的管涌而失稳。图4为基坑边坡失稳引起的周围建筑物塌方。

图4　基坑边坡失稳图

2.4　基底隆起

基坑土方开挖后，等于对地基卸载，会使基坑底向上隆起。基底隆起和基坑有否积水、底部有无较大水压力的滞水层，基坑暴露的时间、开挖顺序、开挖速度以及所选用的施工机具等因素有关。随着基坑内的基础与结构和上部结构的施工，结构荷载的增加，这时地基将产生竖向再压缩变形。但对深基坑，应考虑基坑的回弹变形和再压缩变形的影响。如果不注意处理，将影响基坑围护结构的安全，同时也会造成地板上凸、开裂、围护桩上拔、断裂，柱子标高错位和上部主体结构后期的较大沉降变形。

2.5　渗流、基底突涌

由于基坑开挖减小承压含水层上覆不透水层的厚度，产生渗流破坏，当承压水压力较大致使承压水顶裂或冲毁基坑底板，进入基坑，产生突涌现象。其不仅给基坑施工带来困难，而且降低了地基的强度，危及围护结构的安全。图5为基坑底部发生涌水和涌沙，引起地面下沉破坏。

图5　基坑底部涌水和涌沙的实例图

2.6　其他因素

由于设计、施工不当或恶性竞争不合理的压低工程造价或缺乏科学态度编制不合理的工期安排等都可能导致严重的安全事故，造成重大的经济损失及带来恶劣的影响。

上述每个原因，只是造成某个深基坑事故的一个主要方面。一般说来，每起深基坑事故都是由许多不利因素共同作用的结果，这与深基坑工程的设计、施工、工程监测及工程管理密切相关，不能以简单的方式处理复杂的深基坑事故。

3 安全防范措施

深基坑施工之前必须具备完整的岩土工程勘察资料及工程附近管线、建筑物、构筑物和其他公共设施的构造情况，必要时应做施工勘察和调查以确保基坑及邻近建筑物的安全。

3.1 围护桩施工安全防范措施

对于不同的深基坑围护桩选型要准确，要对土压力、桩体嵌固深度、桩身内力及配筋、桩身位移等进行计算。

施工要求：

桩位偏差，轴线和垂直轴线方向均不宜超过50mm，垂直度偏差不宜大于1.0%。

围护桩施工宜采取隔桩施工，并应在灌注混凝土24h后再进行邻桩成孔施工。

冠梁施工前，应将围护桩桩顶浮浆凿除清理干净，桩顶以上露出的钢筋长度应达到设计要求。

非均匀配筋的钢筋笼在绑扎、吊桩和埋设时，应保证钢筋笼的安放方向与设计方向一致。

对于围护结构的钻孔灌注桩桩底沉渣不应超过150mm。

3.2 内撑或锚索结构施工安全防范措施

内撑或锚索结构施工要进行支撑构件的轴向内力、剪力及弯矩计算，支撑结构截面承载力、变形、稳定性验算及节点强度验算；拆除支撑时，换撑体系的计算，侧向岩土压力计算，支护结构内力计算及整体性分析。

施工要求：

支撑结构的安装与拆除顺序，应同基坑支护结构的设计计算工况相一致，必须严格遵守"先支撑后开挖"的原则。

钢支撑端头应设置厚度不小于10mm的钢板作封头端板，端板与支撑杆件满焊，焊缝厚度及长度能承受全部支撑力或与支撑等强度，必要时增设加劲肋板。

钢支撑端面与支撑轴线不垂直时，可在冠梁和围檩上设置预埋铁件或采取其他构造措施以承受支撑与冠梁或围檩的剪力。

锚索钻孔水平方向孔距在垂直方向误差不应大于100mm，偏斜度不应大于2°。

注浆管应与锚索杆体绑扎在一起，一次注浆管距孔底宜为100~200mm，二次注浆管的出浆孔应进行可灌密封处理。

二次注浆的注浆压力宜控制在2.5~5.0MPa之间，注浆时间可根据注浆工艺实验确定或一次注浆锚固体强度达到5MPa后进行。

3.3 施工降、排水防范措施

地下水、雨水是地铁深基坑施工的最不利因素之一，施工前做好勘察工作，采取必要的降、排水措施。

排水沟和集水井宜布置在基坑底部距围护结构净距 0.4m 以上，排水沟边缘离开边坡坡脚不宜小于 0.3m，在基坑四角或每隔 30～40m 应设一集水井。

排水沟底面应比挖土面低 0.3～0.4m，集水井底面应比沟底面低 0.5m 以上。

降水井宜在基坑外缘采用封闭式布置，在地下水补给方向应适当加密；当基坑面积较大、开挖深度较深时，也可在基坑内设置降水井。

降水井的深度应根据设计降水深度、含水层的埋藏分布和降水井的出水能力确定，设计降水深度在基坑范围内不宜小于基坑底面以下 0.5m。

3.4 提高施工管理水平、完善施工方案

安全生产工作是一个复杂的系统工程，对影响安全生产的人员素质、设备和管理等基本因素进行有效控制，使之达到"可控和在控"。

认真落实各级人员安全生产责任制，特别是安全第一责任人。安全生产责任制是搞好安全工作的重要组织措施。

完善安全保证体系和安全监察体系，使之充分发挥作用。企业的安全生产是由安全保证体系和安全监察体系共同完成的，不论哪个体系在系统运作过程中出现问题，都会影响安全生产的正常运转，因此要不断完善安全保证体系和安全监察体系。

积极开展安全性评价和风险评估工作，即对一个单位安全基础的现状和水平进行正确的评价，对各方面危险因素的多少及严重程度进行评价，实现超前控制，减少和消灭事故。

加强安全技术教育、培训工作，提高人员素质和安全意识。提高安全管理水平可通过对理论、规范、标准的学习而获得，也可从身边所发生的事故中得到经验和教训。

根据建设部的有关文件，地铁深基坑施工的方案必须召开专家论证会，认真听取专家意见，经专家论证后，根据专家意见进一步修改和完善深基坑施工方案，并确保各项安全措施落实到位。

要加强施工现场的安全管理工作，认真细致、真实有效地做好监控量测工作。密切注意环境的变化并及时果断地采取相应的措施，以确保施工安全。

4 结论

在深基坑施工过程中，必须采取足够的安全措施，留有足够的安全储备，建立完整有效的事故预测、预报系统，并编制事故发生应急预案，保证施工过程的顺利进行。同时保证在事故发生后，在第一时间内采取及时有效的措施，使损失控制在最小的程度。

安全生产是企业的头等大事，而企业的管理者围绕"安全生产"的主题应做的工作很多，既要抓主要矛盾，又不能留下丝毫安全隐患。

参考文献

[1] 肖华. 地铁深基坑施工事故原因分析及对策[J]. 建筑与工程，2008，7：98～100.
[2] 龚晓南. 21 世纪岩土工程发展展望[J]. 岩土工程学报，2000，3(2)：238～242.

膨胀加强带取代后浇带在地铁车站工程中的应用

谢校亭

（北京城乡建设集团有限责任公司）

【摘　要】　本文通过分析工程实例，主要就膨胀加强带取代后浇带在地铁车站工程中的应用进行了阐述，并提出了注意事项及控制措施。

【关键词】　加强膨胀带；地铁车站；应用

1　绪论

　　钢筋混凝土结构长度超过规范规定的伸缩缝最大间距时，为防止混凝土受温度应力和干缩应力而引起开裂，目前通常采用设置后浇带的方法处理。一般每隔 30～50m 设一道后浇带，规范要求在 42 天或 60 天左右方可再后浇膨胀混凝土，这样施工不仅影响工期，增大了成本，而且后浇带部位的清理十分麻烦，模板支设困难，且后浇带混凝土的干缩极易在新老混凝土的连接处产生裂缝。地铁丰台站主体结构施工中采用以膨胀混凝土加强带取代后浇带的连续浇筑无缝施工方案，改善了混凝土结构整体性，增强抗渗性，同时缩短了工期，效益显著。

2　工程概况

　　地铁 10 号线丰台站采用明挖顺做法施工，主体结构为现浇混凝土纵梁框架结构，为地下两层三柱四跨，局部为四柱五跨结构。主体结构长度为 224.0m，宽度为 39.1m（五跨部分为 49.9m），负一层高 8.5m，负二层高 8.9m。板厚为 500mm、900mm 和 1000mm；柱为 1000mm×1000mm 方柱和 φ1200 圆柱两种；负一层外墙厚度为 800mm，负二层外墙厚度为 1000mm。柱混凝土强度主要为 C50，板及墙体混凝土强度等级主要为 C40。

　　丰台站由于开工时间较晚，距离通车时间仅 12 个月，为满足车站铺轨时间节点要求，必须将原设计的后浇带调整为加强膨胀带，实现合理缩短主体结构工期的目的。

3　用加强带代替后浇带的原理分析

　　膨胀混凝土在凝结硬化过程中产生适当膨胀，在钢筋和邻位的约束下，在混凝土中建立起一定的自应力（约 0.2～0.7MPa），其自应力值按下式计算：

$$\sigma_c = \rho E_s \cdot \varepsilon_P$$

式中　σ_c——混凝土自应力（MPa）；

　　　ρ——截面的配筋率（%）；

　　　E_s——钢筋的弹性模量（MPa）；

　　　ε_P——钢筋的限制膨胀率（%）。

从公式中可以看出：在配筋率和钢筋弹性模量确定的情况下，膨胀混凝土自应力与膨胀率成正比。这样膨胀加强带部位的自应力增大，对温度收缩应力补偿能力增大，防止超长结构开裂。由于加强带部位储存较大自由应力（或膨胀力）对其进行补偿，使其应力降低，随后随长度增加重新增长，但最终结构中部最大应力值小于混凝土的抗拉强度标准值，即 $\sigma \leqslant f_{tk}$，保证超长混凝土结构不开裂，所以加强膨胀带可以代替后浇带起到抗裂作用。

4　后浇带及加强膨胀带的设置要求

在原设计中混凝土属于超长、大体积混凝土，要求在结构外墙、内体、底板、中板、顶板等间隔 50m 左右设置一道后浇带，带宽 0.8m，并在首期浇筑混凝土完成 2 个月后的合适温度区段内（10～20℃的温度区间）对后浇带进行封闭。

为加快结构施工速度，丰台站主体结构采用两条膨胀加强带替代原设计后浇带，第一条膨胀加强带中心线位于 A-10 轴线向南 3000mm 处，第二条膨胀加强带中心线位于 A-20 轴向北 3000mm 处。膨胀加强带宽 2000mm（图 1）。

5　用膨胀加强带代替后浇带的施工技术措施

5.1　结构主体及膨胀加强带混凝土的设计

（1）结构主体混凝土

在保证混凝土良好工作性能的情况下，尽可能地降低混凝土的单位用水量，在配合比设计时采用三低（低砂率、低坍落度、低水胶比）、二掺（掺高效减水剂和高效引气剂）、一高（高粉煤灰掺量）的设计准则，并降低含泥量与杂质含量。对外墙、主体结构负一层顶梁板及基础梁板等在混凝土配合比设计时应添加纤维，以提高混凝土分散裂缝的能力，从而控制有害裂缝的产生，添加纤维以尽可能减少对混凝土工作性能的影响。

（2）膨胀加强带混凝土

膨胀加强带混凝土比主体结构混凝土提高一个强度等级（C45），限制膨胀率 0.03%。施工单位与搅拌站进行试配膨胀加强带混凝土，严格控制混凝土限制膨胀率和水化热。膨胀加强带混凝土浇筑时间要求如下：底板待两侧混凝土浇筑 28d 后，侧墙及中板待两侧混凝土浇筑 7d 后，顶板待两侧混凝土浇筑 14d 后进行混凝土浇筑；膨胀加强带防水做法参照后浇带防水做法。

5.2　膨胀加强带的具体做法

膨胀加强带的设置和做法如图 2 所示，在加强带两侧设置快易收口网＋钢板止水带，

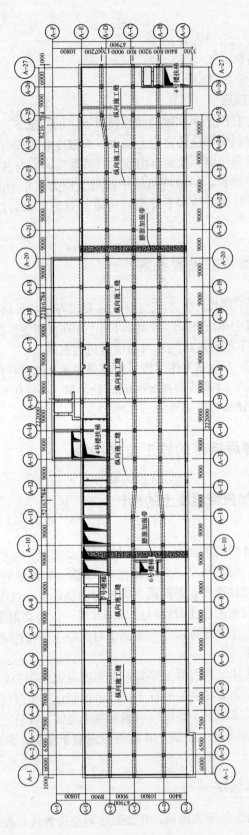

图 1　丰台站主体结构膨胀加强带平面布置图

交叉部位采用十字钢板止水带，并辅以遇水膨胀止水胶。紧贴收口网位置以 200 ～ 300mm 为间隔设一根竖向 $\phi25$ 的钢筋固定在上下两层主筋（板或墙）间，不得松动，以免浇筑混凝土时被冲开，同时其上下均应留出不小于 4cm 的混凝土保护层厚度，有利于两种混凝土的混合。

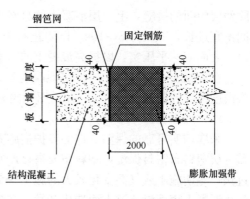

图 2　膨胀加强带节点图

6　实际施工应用中的管理要点

在实际工程施工中，严格控制以下几个方面：

（1）在非膨胀加强带部位的混凝土中添加聚丙烯纤维，掺入标准为 0.9kg/m³。

聚丙烯是一种结构规整的结晶型聚合物，几乎不吸水，与大多数化学品如酸、碱、盐不发生作用，物理机械性能良好，抗拉强度为 3.3×10^7～4.14×10^7Pa，抗压强度为 4.14×10^7～5.51×10^7Pa，伸长率为 200%～700%。由于聚丙烯纤维的掺入，均匀散布的纤维在混凝土中呈现三维网络结构，起到了支撑集料的作用，阻止了粗、细骨料的下沉，抑制了新拌混凝土的泌水和离析，从而改善了混凝土拌合物的和易性。

混凝土的塑性收缩及干缩裂缝，主要是由于混凝土内部因为收缩而出现的拉应变超过了混凝土的极限应变值所致。混凝土的极限拉伸率相当低，一般仅为 0.01%～0.20%，而聚丙烯纤维的极限拉伸率高达 15%～18%，当数千万根聚丙烯单丝纤维均匀散布于混凝土当中时，即可承受因混凝土收缩而产生的拉应变，延缓或阻止混凝土内部微裂缝及表面宏观裂缝的发生发展。根据相关资料统计，聚丙烯纤维的掺入能使混凝土的非结构裂缝减少 50%～90%。

（2）严格控制进场原材料的质量。

通过提前与搅拌站签订技术质量协议书，确保商品混凝土所用水泥、砂、石子、水及外加剂等原材料质量符合要求。

混凝土进场后严格检查质量文件，测试坍落度，做好测温记录，确保复合膨胀加强带质量要求。

（3）混凝土浇筑要求。

预先检查加强带节点处收口网和止水带等安装质量，确定合格后方可继续浇筑。

混凝土最低浇筑温度应不低于 5℃；夏期施工一般不宜超过 35℃。

根据现有预拌混凝土供应能力、初凝时间（不少于 4h）来综合确定混凝土浇筑速度，且保证在初凝前实施混凝土的第二次浇筑，以确保新旧混凝土无接槎、无施工缝。

加强带的 C45 混凝土与带外两侧的 C40 混凝土应基本同时浇注，高程一致后再同时振捣。

（4）混凝土的振捣要求。

插入式振动棒采用垂直振捣，行列式排列，做到"快插慢拔"。由于泵送混凝土的自由流淌，形成混凝土的分层浇筑。在振捣上一层时，应插入下一层中 50～100mm，以消除两层中间的接缝，上一层混凝土的自然形成厚度不能超过振动棒长的1.25倍。振捣时间不宜过长，一般为8～10s，以防止石子下沉造成混凝土结构不均匀。混凝土浇到面层时，表面应抹平压实，以提高混凝土的密实度。

在混凝土浇筑过程中应控制混凝浇筑、养护时中心与外表面的温差不超过25℃，且将温度梯度控制在1.5℃/d，并采用二次振捣措施。

（5）加强养护

采取切实可靠的保温、保湿养护措施养护7d以上；混凝土浇筑完毕收水后应及时覆盖一层塑料布密封保湿，塑料布要搭接严密不得有混凝土裸露现象，防止混凝土早期失水过快，冬期施工或气温变化较大的施工季节，为保证混凝土保持一定的硬化膨胀速度，或防止混凝土表面温差过大而造成开裂，在塑料布上覆盖两层草袋进行保湿养护，保证混凝土表面温度大于0℃。

混凝土侧墙采用塑料布和草袋覆盖保湿养护，草袋要与侧模固定严密，以使形成不透风的养护层。每日定期喷水保证足够的湿度，侧墙板拆模时间保证不少于5d，拆模后应继续定期喷水，不得对侧墙板施加任何形式的外力。

混凝土顶板下部和塑料布难以覆盖处，喷洒二次养护剂进行养护。

7 实施效果

7.1 工程质量

丰台站主体结构已经完工9个月，并于2013年5月已投入运营，目前结构混凝土无明显裂缝，无渗漏水现象。

7.2 工期对比

按常规设计要求，每50m设一道后浇带，并在60天后方可再后浇膨胀混凝土。在采用加强带代替后浇带后，混凝土虽然未连续浇筑施工，但在两侧混凝土浇筑完成一定时间（底板、侧墙和顶板不同）后浇筑加强带混凝土，对整体工期影响非常小，满足铺轨条件的时间比原设计工况提前了32天，封顶时间提前了46天。

8 结语

对于地铁地下车站这样的超长、大体积混凝土工程来讲，为了保证混凝土结构质量和功能，往往需要设置变形缝、后浇带，但由于变形缝对于地铁车站结构影响很大，需要在变形缝两侧设置双柱，增加工程施工难度和空间效果；后浇带施工则需要将工期延后42～60天。而通过在丰台站采用加强膨胀带代替后浇带，合理利用工序的交接时间，使两侧混凝土的释放变形后再采用加强膨胀带消除收缩变形，避免出现变形缝和后浇带这两种处理方式带来的不足，对类似工程有一定的借鉴作用。

参考文献

[1] 叶平洋. 超长混凝土结构无缝施工中膨胀加强带的设置 [J]. 山西建筑，2009，35（3）：159-160.

[2] 陆庆. 钢筋混凝土结构裂缝的控制和研究 [J]. 山西建筑，2007，33 (5)：81-82.

[3] 俞晓春. 膨胀加强带取代后浇带在地下室工程中的应用 [J]. 大众科技，2006，7.

[4] 黄为洋. 超长混凝土底板取消后浇带的计算及工程实例 [J]. 商品混凝土，2010，10：53-54.

[5] 赵顺增，游宝坤. 补偿收缩混凝土应用技术规程实施指南 [M]. 北京：中国建筑工业出版设，2009.

广渠路（跨五环路）桥梁桩基础施工中的质量控制

张立平

（北京城乡建设集团紫荆市政分公司）

【摘　要】　本文结合广渠路市政工程7标段跨越五环路桥梁桩基础施工的实例，详细论证了桥梁桩基础施工质量的控制，建立了质量控制的因果分析图，并针对桥梁桩基础施工的质量问题，如：塌孔、断桩、桩位偏移，详细分析了产生这些问题的原因及对策。还结合施工现场的实际情况，对混凝土的初灌数量、漏斗提升高度进行了计算。

【关键词】　桥梁工程；桩基；质量

　　正在建设中的广渠路道路工程是一条平行于京通路及京沈高速路的城市快速路。广渠路道路工程，起点位于朝阳区东四环路的大郊亭桥，向东跨越五环路、机场二通道，终点至通州区的怡乐西路。广渠路道路工程第7标段，主要包括跨越五环立交桥的东半部分及道路工程，如图1所示，全长1003.88m。桥梁工程主要包括主线桥及匝道桥。下部结构采用桩基础接承台和墩柱形式。广渠路跨越五环路桥梁桩基础是桥梁工程中极为重要的工程部位，其施工质量的好与差，不但直接影响广渠路建成通车后的行车安全，同时也关系到桥梁的使用寿命。因此，对其施工质量必须给予高度的重视。

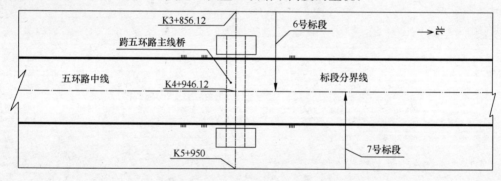

图1　6、7标段分界示意图

　　由于跨越五环路主线桥桩基础位于五环路两侧，并属于两个不同的中标单位施工。因此，对相互配合、测量定线、施工质量提出了更高的要求。特别是桥梁桩基础的施工是桥梁施工的关键一步，如何控制其质量是桥梁施工中的重要的一环。

1　影响桥梁桩基础施工质量的因素分析及对策

　　（1）建立桩基础施工质量因果分析图。

首先，结合地质勘察报告对主桥下 $D=1500$mm 的基础桩进行分析，明确列出影响成桩质量的因素，建立因果分析图。同时，确定在正式施工之前必须进行试成孔，以便进一步完善有关技术质量措施，不断提高成桩质量。因果分析图中将塌孔、断桩列为成桩的主要质量问题，如图 2 所示。

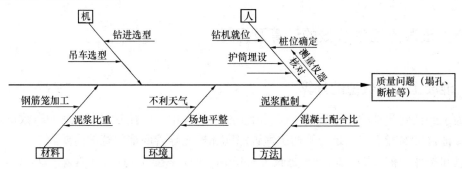

图 2　因果分析示意图

　　（2）根据现场实际情况，结合因果分析图，制定相应的对策。

　　通过分析可以清楚地感到，塌孔、断桩是影响桥梁桩基础质量的最大问题。因此，必须从人、机、料、法、环五个方面制定相应的对策。

　　塌孔：桩基施工前，认真仔细研究了地质勘察报告，针对地质情况，确定钢护筒的埋置深度为 2m，并在工地备好足够的膨润土。在施工过程中为将三一 SR 钻机振动对地层造成的影响减到最小，决定每个承台下的四根桩采用对角线放线施工成孔，以避免因相邻桩位近造成的施工影响。同时，优化泥浆配合比，做好泥浆护壁，泥浆在存放过程中不断用泵搅拌循环池内泥浆，使之保持流动状态，并由质检员每天按规定对泥浆进行检验。现场检查的指标为比重和含砂量。在混凝土灌注前及灌注过程中，责成质检员专人负责观察孔壁的稳定性，尽量减少孔壁坍落现象的发生，否则，必须进一步优化泥浆的配合比或查找其他原因。在吊车吊放钢筋笼时，不得碰撞孔壁，如下放困难必须先查明原因，不得强行下放。钢筋笼不得有变形损坏，因此，钢筋笼在加工时必须焊接环形箍筋，同时，每隔 1.5～2m 加设一道加强箍筋，并逐点与主筋焊牢。钢筋笼下放位置无误后，必须尽快灌注混凝土。

　　断桩：断桩与灌注混凝土导管关系重大。导管埋置过深，拔管困难，甚至出现断桩；埋置过浅，影响混凝土的浇筑质量。因此，在成桩后灌注混凝土时，必须保证导管埋置的合适深度，为此在技术交底单上明确规定为 2.0～5m。在灌注混凝土时边灌注边拔管，并指定质检员随时查看、测量混凝土面上升高度，控制拔管的速度。尽量做到导管提升速度均匀、平稳、缓慢，严格控制导管埋入混凝土中的深度。既要避免导管埋入混凝土中过深，又要防止导管脱离混凝土面，影响成桩质量，甚至断桩。

　　桩孔定位：由于跨五环路的桥梁两端的桩基施工，分属于两个不同的标段，加之五环路车流密集，没有通视放线的条件，因此，精确测量、准确定位尤其重要。施工前测量人员根据桩的轴线引出每个桩位的十字中心线，中心线用木桩钉牢在桩孔位附近的地面上并作出明显的标记。在安全技术交底单上标明桩位偏差控制在 10mm 以内。同时，为保证桩位准确钻机就位保持平稳，开钻前项目部全面清理了场地，以保证在钻机作业时不发生倾斜位移。特别是在钻机就位后从两个方向上用仪器测定钻杆的垂直度，保证钻头对孔准确，钻头中心与钢护筒中心偏差不大于15mm，确保定位准确，特别是跨五环路主线桥东侧的桩位距五环路路边金属护网水平距离仅18.5m，因此，必须重点控制桩位中心线，做到准确无误。

2 有关混凝土灌注参数的计算及探讨

2.1 混凝土初灌数量的计算

为了保证桩基础的施工质量，在混凝土灌注过程中，应控制混凝土的初灌数量，其目的是保证首批混凝土能满足导管初次埋置深度和填充导管底部间隙的需要。

已知条件：桩径 $D=1.5\text{m}$，桩长 $L=45\text{m}$，扩孔率按5%计，导管 $d=200\text{mm}$，导管埋置深度取2.5m，距孔底0.5m。

混凝土重度取：24kN/m³，泥浆重度取12kN/m³。

$$V = h \times 0.785 \times d_2 + 0.785 \times D_2 \times H \times (1+5\%)$$
$$= 21 \times 0.785 \times 0.2 \times 0.2 + 0.785 \times 1.5 \times 1.5 \times 3(1+5\%)$$
$$= 6.23\text{m}^3$$

目前，一般混凝土罐车为10m³，所以能够满足施工现场的要求。式中 h 为桩内混凝土达到 H 时，导管内混凝土柱与导管外水压平衡所需高度（m）。

2.2 混凝土导管漏斗需要提升（即导管内混凝土上顶面）高度的计算

桥梁桩基础在灌注混凝土的整个过程中，混凝土导管都要向上不断提升，同时，导管内的混凝土要保持一定的高度，以便利用混凝土柱产生的挤压力使混凝土在桩孔内摊开，灌注面逐渐上升，并将泥浆及其沉渣排出桩上端孔口。因此，导管内混凝土柱高度可按下式计算：

$$h_c = \frac{P + H_w \gamma_w}{\gamma_c}$$

式中　h_c——导管内混凝土（漏斗）面在设计桩顶面以上所需高度（m）；

γ_c——桥梁基础桩混凝土拌合料重度（kN/m³），取24；

H_w——设计桩顶面至桩孔内泥浆面的高差（m），取0.5；

γ_w——桩孔内泥浆的重度（kN/m³），取12；

P——浇灌时（超压力）需要的压力（kN），一般为50～80，取60。

则：$h_c = (60+0.5 \times 12)/24 = 2.75\text{m}$　（满足要求）

2.3 关于踢凿桩头的探讨

成桩时灌注混凝土的桩顶标高要高于桩顶设计标高，两者所形成的高差就是所要凿除的桩头高度。凿除桩头是必不可少的一道工序，因为只有这样所形成的新的桩断面才能在浇筑上面结构的混凝土时，两者很好地结合在一起。当然，为了保证两者的结合还包括两者钢筋的有效连接、吹扫等工序。

桩头的高度（或形成）还与灌注混凝土到设计标高时导管内余留的混凝土有关。因为为了保证桩身混凝土的密实度（或强度）需要导管在混凝土内保持一定的埋置深度，而导管内的混凝土要有一定的高度。当混凝土灌注到桩顶设计标高时，导管内必定要剩余一定量的混凝土，也就是说导管内剩余混凝土的标高一定要高于桩顶设计标高（即前面提到的也可称为漏斗高度），随着桥梁桩基础灌注混凝土（到设计标高时）的完成，随着导管的徐徐拔出，导管内剩余的混凝土从导管底部开口全部流出滩在混凝土桩上（即设计标高以上部分）形成桩头。

桩头的形成还包括一些桩身混凝土计算用量与混凝土实际灌注用量之间的一些差异。

桩头的形成也与灌注混凝土骨料最大粒径、导管的内径及埋置深度等因素有关。

桩头的剔凿既形成了大量的人工成本，又产生了大量的建筑垃圾。在某些施工现场出现过大量的长度一米多的人工剔凿后的桩头，如何减少桩头的剔凿呢？虽然不是本文关于"桩质量控制"所涉及的问题，然而在建筑市场竞争激烈的今天却是一个关于"降低成本，绿色施工"的重要课题，是有待今后密切结合施工现场的实际进一步探讨的课题。

3 取得的初步成果

根据广渠路市政道路工程7号标的工程地质勘查报告显示，地表层为人工堆积层，人工堆积层厚度为0.6～4.6m。主要地层情况为：粉土填土层，褐黄色，稍密，稍湿，主要为砖渣、灰渣及植物根等，局部夹房渣土或粉质黏土填土薄层；工程施工范围内无地下水。因施工区域内有一条五环路现况排水明渠，雨季时可能会形成少量的地表水。广渠路市政道路工程7号标主线定线全长1003.88m，主线定线起点桩号为K4+946.12～K5+950。

桥梁工程桩基础完成情况：

QQ主线：

Z8～Z16轴，包括Z6～Z8上部结构。其中桩基78棵。

M1辅路：

M1-6～M1-10轴，不包括M1-6～M1-7轴上部结构，其中桩基22棵。

M2辅路：

M2-7～M2-11轴，不包括M2-7～M2-8轴上部结构，其中桩基22棵。

Z2匝道：

Z2-0～Z2-7轴，不包括Z2-6～Z2-7轴上部结构，其中桩基36棵。

Z5匝道：

Z5-6～Z5-9轴，不包括Z5-6～Z5-7轴上部结构，其中桩基16棵。

Z7匝道：

Z7-0～Z7-4轴，桩基20棵。

通惠河灌渠桥：

Z0～Z1轴，桩基30棵。

以上共计224棵混凝土灌注桩已经全部完成，经有关单位进行超声波检测全部合格，达到了工程施工的预期目的，取得了令人满意的效果。

目前，广渠路（跨五环路）市政道路工程 7 号标段除桥梁桩基础已经全部完成外，部分承台及墩柱也已完成。下一步的工作重点是跨越五环路预制钢箱梁的吊装施工。

参考文献

[1] 广渠路（跨五环路）道路工程第 7 标段（K4＋946.12～K5＋950）施工组织设计［Z].
[2] 何金平，刘灿生. 市政工程施工手册［M]. 北京：中国建筑出版社，2010.
[3] 全国一级建造师执业资格考试用书编写委员会. 市政公用工程管理与实务［M]. 北京：中国建筑工业出版社，2011.

多点后方距离交会法在盾构隧道工程中的应用

钱　新　吴　坤　黄雪梅　栾文伟　孙冬冬

（北京住总集团轨道交通市政工程总承包部）

【摘　要】　隧道是地铁工程最主要的结构形式，而定向测量是地下平面控制测量的重点。多点后方距离交会法在定向测量中之所以适用于盾构隧道工程，是因为近年来采用盾构法施工的隧道越来越多，盾构法施工的竖井一般比矿山法大，且隧道埋深较浅，更重要的是该方法具有精度高、速度快、布点灵活的特点。以北京地铁 14 号线 06 标菜西区间盾构接收井为例，在介绍多点后方距离交会法的外业布点和内业计算原理及精度分析的基础上，利用卡西欧 FX－5800 计算器程序，论述多点后方距离交会法在盾构隧道工程中的实用性。

【关键词】　地铁隧道；盾构；多点后方距离交会；定向测量

面对 2 个已知点通过测平距而得到测站点的坐标，此方法称为后方距离交会法。多点后方距离交会法就是以多点形成多个距离交会观测组，综合确定交会成果的方法。随着全站仪的广泛应用，后方距离交会法也逐渐成为定向测量的一种常用方法。笔者在论述后方距离交会法的外业布点和计算原理及精度分析的基础上，结合实例，分析了多点后方距离交会法在盾构隧道工程中的应用可行性。

1　工程概况

北京轨道交通 14 号线土建施工第 06 合同段菜户营站—西铁营站为盾构区间工程，右线 1274.699m，左线 1271.517m，盾构接收井位于右线上方。该接收井长 13.8m，宽 11.2m，高 22.04m。井下结构施工前，地面控制导线必须由竖井向下传递，以保证地下结构及洞门接收钢环的准确定位。若采用一井定向，井口稍大，点位不容易满足规范要求，且成果精度较低。结合现场情况，考虑采用多点后方距离交会法进行定向测量。

2　外业布点

2.1　地上控制点

接收井地上控制点共 5 个，其中近井点作为加密控制点，坐标计算以业主所交导线点 F_1-F_2 为起算边，附合至 F_3-F_4，观测精度严格按照精密导线要求进行（表 1），数据处理采用清华山维控制网测量平差软件，经计算角度闭合差－1s，全长相对闭合差 1/187800，精度完全满足规范要求。莱西区间多点后方距离交会定向测量示意图如图 1 所示。

如果地上控制点不能形成附合导线，应采用闭合导线或支导线的形式进行观测，近井点最短边边长不应小于 50m，近井点的点位中误差为±10mm。在采用支导线的情况下，近井点布设应不少于 2 个，支站点个数不超过 2 站，并且分别形成单条线路进行观测，再进行平差计算。

精密导线主要技术要求 表 1

导线等级	测距中误差（mm）	测角中误差（″）	测距相对中误差	相对闭合差
精密	≤±6	≤±2.5	≤1/60000	≤1/35000

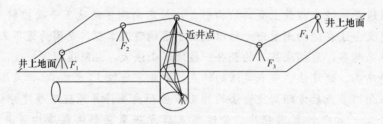

图 1　莱西区间多点后方距离交会定向测量示意图

2.2　井中定向点

接收井根据实地情况布设 4 个定向点，分别为 01、02、03、04，经计算坐标分别为（300016.648，498866.543），（300014.811，498871.817），（300009.044，498871.643），（300005.865，498866.210）。定向点均以反射片的形式牢固粘贴在侧墙上，并与地上近井点和地下控制点（P 点）之间相互通视（图 2），外业观测严格按照精密导线要求进行，定向边方位角互差小于 12″，平均值中误差为±8″，俯仰角小于 30°。

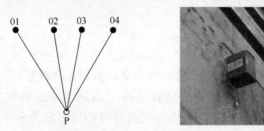

图 2　莱西区间接收井井中定向点平面示意图

2.3　地下控制点

由于接收井井下空间狭小，采用底板埋设预埋件（规格尺寸如图 3 所示）的方法，将控制点（P 点）坐标及高程传递至地下，外业观测按照井中定向点的要求进行，经计算精度满足规范要求。

地下控制点的布设应根据井中定向点进行，在确保通视，点位稳定，并在施工机械不影响观测的情况下，根据实际情况灵活布点，可采用底板埋设预埋件、边墙焊制边台等方法（图 4）。

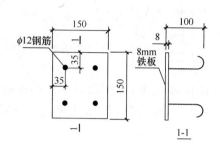

图 3 地下控制点预埋件制作

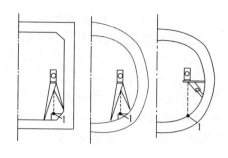

图 4 地下边墙控制点布设形式

3 内业计算

3.1 坐标计算

后方距离交会法一般在待定点上设站，测量 2 个及以上已知点的边长，即可进行坐标计算。已知坐标为 $A(X_A, Y_A)$ 和 $B(X_B, Y_B)$，待定点坐标为 $P(X_P, Y_P)$，测量两边长为 D_{AP} 和 D_{BP}，2 个已知点间的距离为 D_{AB}。利用 3 边求解三角形（图 5），计算待定点 P 的坐标：

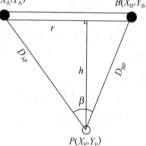

$$r = \frac{1}{2D_{AB}}(D_{AB}^2 + D_{AP}^2 - D_{BP}^2) \tag{1}$$

$$h = \sqrt{D_{AP}^2 - r^2} \tag{2}$$

$$x_P = x_A + r\cos\alpha_{AB} - h\sin\alpha_{AB} \tag{3}$$

$$y_P = y_A + r\sin\alpha_{AB} + h\cos\alpha_{AB} \tag{4}$$

图 5 后方距离交会示意图

3.2 精度分析

在多点后方距离交会法中，测量 2 条边长是必要观测，其他边长均为多余观测。对多条边观测后进行精度计算，由每组计算结果利用权系数法解算，求得多点交会后 P 点坐标的精度评定公式：

$$m_P^2 = m_X^2 + m_Y^2 \tag{5}$$

由式中可以看出，P 点坐标精度评定的关键在于单位权中误差的大小，然而单位权中误差的大小又取决于每组交会解算图形的观测。现对单位解算图形 P 点精度进行分析。

设 $\cos\alpha_{AB}$ 为 $(X_A - X_B)$，$\sin\alpha_{AB}$ 为 $(Y_A - Y_B)$，即 $D_{AB}^2 = (X_A - X_B^2) + (Y_A - Y_B)^2$，分别对式（1）、（2）、（3）、（4）全微分得：

$$dr = \frac{D_{AP}dD_{AP} - D_{BP}dD_{BP}}{D_{AB}^2} \tag{6}$$

$$dh = \frac{D_{AP}dD_{AP} - rd_r}{r} \tag{7}$$

$$dX_P = dr(X_A - X_B) + dh(Y_A - Y_B) \tag{8}$$

$$dY_P = dr(Y_A - Y_B) + dh(X_A - X_B) \tag{9}$$

由以上公式经协方差矩阵计算并化简可得 P 点中误差公式：

$$m_p^2 = \left(\frac{D_{AP}}{h}\right)^2 mD_{AP}^2 + \left(\frac{r}{h}\right)^2 m_r^2 \tag{10}$$

根据式（10），测边精度按照接收井施工放样仪器（徕卡 TC1201＋）的标称精度（±1mm+1×10⁻⁶D），即：$m^2 D = 1^2 + (1 \times 10^{-6})^2 D^2$，边长 D 以 km 为单位，设交会角为 β，带入式（10）进一步简化可得：

$$m_p = \pm \frac{1}{\sin \beta} \sqrt{mD_{AP}^2 + mr^2} \tag{11}$$

由式（11）可以看出 P 点的精度不仅与边长的观测精度有关，而且与交会角 β 有关，当 $\beta=90°$时，P 点精度最高，所以在布设地下控制点时，要注意使每个解算图形的交会角尽量接近 90°。

4 计算器程序

4.1 图形计算

已知 A、B 两点的坐标，在待求点 P 设站，测量 D_{AP}、D_{BP} 平距，计算待求点 P 的坐标 X_P、Y_P。计算时遵守 A、B、P 三点按顺时针转向排序，即站在 P 点面向 AB 直线时，左为 A 点，右为 B 点，这样计算的坐标为 P_1 点坐标（图6）。如果 A 点和 B 点的位置相反，P 点坐标计算公式为式（12）和式（13），计算的坐标为 P_2 点坐标，计算公式符号与 P_1 点相反，其他与 P_1 点相同。

$$x_P = x_A + r\cos \alpha_{AB} + h\sin \alpha_{AB} \tag{12}$$
$$y_P = y_A + r\sin \alpha_{AB} - h\cos \alpha_{AB} \tag{13}$$

4.2 程序应用

程序名称：HFJLJH（后方距离交会，卡西欧 FX-5800 计算器程序）。

Lb1 1：fix4："XA"？ C："YA"？ O："XB"？ X："YB"？ Y："DAP"？ A："DBP"？ B：0→I：1→J：Pol[X-C, Y-O：J<0=>J=J+360→J：cos⁻¹((I²+B²-A²)÷(2IB)]→K：J-K→W：W<0=>W+360→W：X-Bcos(W)→M：Y-Bsin(W)→N："XP="：M ◢ "YP="：N ◢ "FWJ(P→B)"：W ▼ DMS ◢ Goto 1

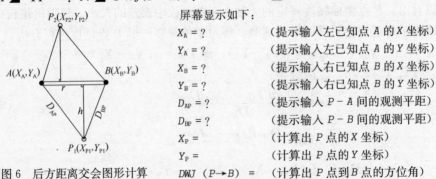

图6 后方距离交会图形计算

屏幕显示如下：

$X_A = ?$ （提示输入左已知点 A 的 X 坐标）

$Y_A = ?$ （提示输入左已知点 A 的 Y 坐标）

$X_B = ?$ （提示输入右已知点 B 的 X 坐标）

$Y_B = ?$ （提示输入右已知点 B 的 Y 坐标）

$D_{AP} = ?$ （提示输入 P-A 间的观测平距）

$D_{BP} = ?$ （提示输入 P-B 间的观测平距）

$X_P =$ （计算出 P 点的 X 坐标）

$Y_P =$ （计算出 P 点的 Y 坐标）

$DWJ\ (P \rightarrow B) =$ （计算出 P 点到 B 点的方位角）

该程序按照 P_1 点的解算编制，如果要计算 P_2 点时，只需变换已知点坐标及平距的输入顺序。

4.3 实际算例

菜西区间右线接收井定向测量，主要用于接收井内洞门接收钢环的安装及井内结构的施工放样工作，根据实地情况，所有控制点布置完后，4 个定向点形成了 6 个后方距离交会解算三角形（图 7），单个解算三角形使用卡西欧 FX-5800 计算器程序进行计算（图 8），结果 6 组计算值互差在限差范围内，所以采用了加权平均的办法进行了简易平差，得到了 P 点坐标（表 2）。若 6 组计算值互差较大，不能满足规范要求，这说明点位布设不够合理或外业观测精度不够，在排除外业观测精度问题，点位布设又受现场条件限制的情况下，P 点坐标的计算应采用单一结点导线网邻边比率平差法进行计算，最终获得 P 点坐标。菜西区间采用多点后方距离交会法进行定向测量，取得了较好的效果。

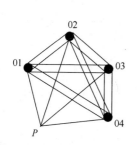

图 7 多点后方距离交会测量示意图

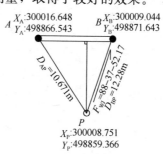

图 8 后方距离交会实例解算图

菜西区间多点后方距离交会计算表 表 2

P 点到已知点点号	边长 D_1（m）	边长 D_2（m）	交会角 β	P 点坐标（X）	P 点坐标（Y）
01，02	10.671	13.847	21-46-54	300008.7504	498859.3667
01，03	10.671	12.280	46-22-03	300008.7506	498859.3665
01，04	10.671	7.427	70-36-11	300008.7506	498859.3665
02，03	13.847	12.280	24-35-09	300008.7509	498859.3665
02，04	13.847	7.427	48-49-17	300008.7508	498859.3666
03，04	12.280	7.427	24-14-08	300008.7506	498859.3665
P 点坐标				300008.7506	498859.3666

5 结语

根据北京轨道交通 14 号线 06 标菜西区间接收井的实测数据及计算结果可以看出，当受现场条件限制时，采用多点后方距离交会法进行定向测量，具有工作量小、平差计算简单、精度较高的优点。此外，可以通过灵活选取点位来满足盾构隧道工程中的定向测量对点位精度的要求。因此，当盾构机小竖井始发或接收时，只要竖井周围具有足够的已知点可以利用，采用多点后方距离交会法进行定向测量是简便可行的。

参考文献

[1] 北京城建勘测设计研究院有限责任公司. GB 50308—2008 城市轨道交通工程测量规范 [S]. 北京：中国建筑工业出版社，2008.
[2] 华锡生，黄腾. 精密工程测量技术及应用 [M]. 南京：河海大学出版社，2001：54-55.

北京地铁丰台站 BIM 技术解决机电碰撞问题研究

张 军 马海燕 谢校亭

（北京城乡建设集团紫荆市政分公司）

【摘 要】 在北京地铁丰台站这种大跨度、大空间的地下建筑物内，管线错综排布，专业多、交叉多、冲突多，利用国际上新兴的 BIM（Building Information Modeling）技术应用于地铁车站内部进行虚拟设计、建造和维护管理，共同检验和改进设计，并在设计阶段发现施工和运营维护存在的问题，预测建造成本和工期。并且共同探讨有效的方法解决问题，以保证工程质量、加快施工进度、降低项目成本。

【关键词】 BIM；施工环节模拟；碰撞检测和分析

1 BIM 技术简介

BIM 建筑信息模型（Building Information Modeling）是以建筑工程项目的各项相关信息数据作为模型的基础。通过数字信息仿真模拟建筑物所具有的真实信息，进行建筑模型的建立。

近十年来，BIM 技术在美国、日本、我国香港等国家和地区的建筑工程领域大量应用，国内长三角、珠三角地区也开始在建筑工程领域慢慢普及。BIM 技术核心是一个由计算机三维模型所形成的数据库，这些数据库在建筑全过程中动态变化调整，并可以及时准确地调用系统数据库中包含的相关数据，加快决策进度、提高决策质量、降低项目成本、增加项目利润。

2 工程概况

北京地铁丰台站为地下两层四跨框架结构，总建设面积 26000m²，相当于标准站的 2 倍，建筑结构复杂，综合管线密集。丰台站应用 BIM 技术只解决综合管线间碰撞的问题，然而对于 BIM 强大的施工计划、施工组织、人员结构、物资计划等功能均未在施工中得以应用。

丰台站在初步设计图的基础上，利用 BIM 技术分专业进行建模，包括结构、暖通、给水排水、电气等专业；各专业建模完成后，将各专业模型分别汇总到结构模型中，找到碰撞点，进而优化设计施工图（图1、图2）。

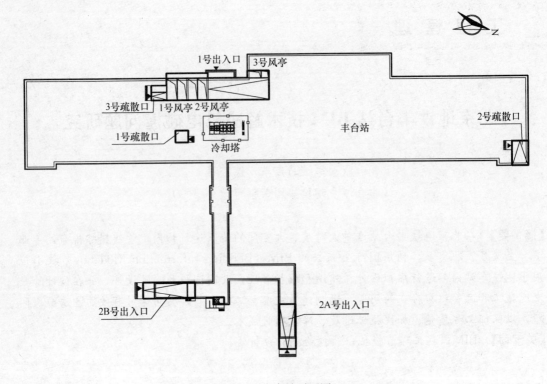

图 1　丰台站平面图

图 2　BIM 模型画面

3　BIM 进行施工环节模拟工艺流程

BIM 施工环节模拟工艺流程如图 3 所示。

4　BIM 技术应用范围

在工程施工初期，组织技术人员利用 Autodesk Naviswork 分专业进行施工环节模拟和三维碰撞检查，并通过互联网互动，发现给水排水、暖通、电气、结构等各专业图纸中

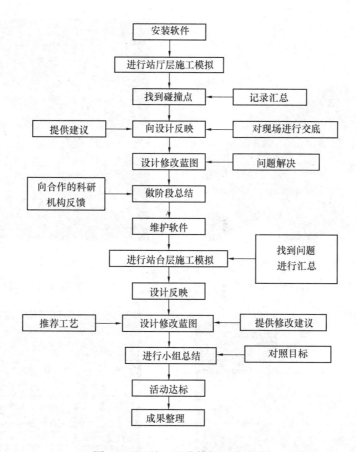

图 3　BIM 施工环节模拟工艺流程

存在的管线相互碰撞及管线与结构碰撞的问题，对所有的问题分类进行汇总，然后提供给设计方，设计方依此修改电子版图纸，即将发现的问题解决在施工初期阶段。图 4～图 11 为 BIM 技术在综合管线碰撞中的应用。

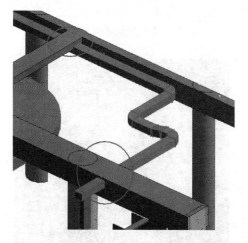

图 4　站厅层 A-25～A-27，A-D～A-E
排风管和梁发生撞碰 nwc 模型

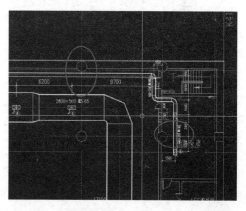

图 5　站厅层 A-25～A-27，A-D～A-E
排风管和梁发生撞碰 CAD 图

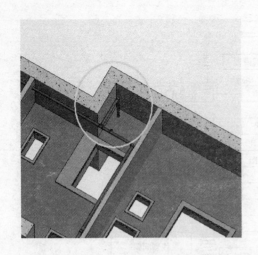

图6　站厅层 A-2 轴～A-3 轴交 A-A
负一层底板未预留孔洞 nwc 模型

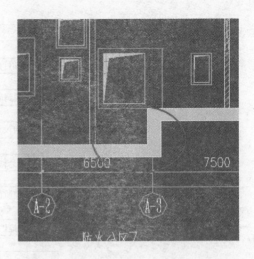

图7　站厅层 A-2 轴～A-3 轴交 A-A
负一层底板未预留孔洞 CAD 图

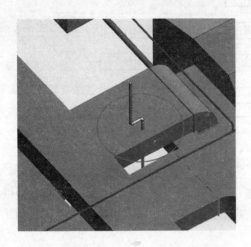

图8　站台层 A-4 轴～A-5 轴交 A-D 处
污水管道与风管有碰撞的 nwc 模型

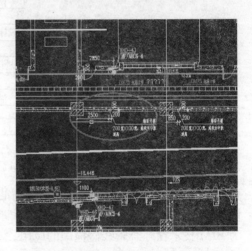

图9　站台层 A-4 轴～A-5 轴交 A-D 处
污水管道与风管有碰撞 CAD 图

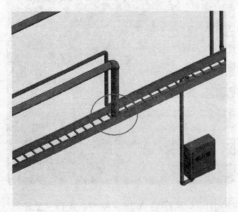

图10　A-24 轴～A-25 轴交 A-A 轴～A-B 轴处
栓管道与负二层桥架碰撞 nwc 模型图

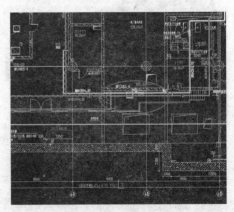

图11　A-24 轴～A-25 轴交 A-A 轴～A-B 轴处
消火栓管道与负二层桥架碰撞的 CAD 图

主要包括以下方面：

(1) 风管与结构梁碰撞；

(2) 结构预留孔洞与水管位置不对应；

(3) 空调水管与风管碰撞；

(4) 消火栓与电缆桥架碰撞。

5 BIM 技术应用要点

经与甲方、设计及研究院多方进行阶段总结和讨论，汇总并解决发现的问题。具体问题汇总及解决方法见表 1 所列。

利用 BIM 发现问题汇总表　　　　　　　　　　　　　　　　表 1

发现的问题	发生的频率	涉及的专业	反馈后的情况
风管与结构梁碰撞	3	结构、暖通	暖通专业改图
空调水管与风管碰撞	5	暖通	暖通专业改图
结构预留与水管位置不对应	4	结构、给水排水	给水排水专业改图
给水排水管与风管碰撞	5	暖通、给水排水	给水排水专业改图
混凝土结构预留空洞遗漏	4	结构	结构专业改图
消火栓与电缆桥架碰撞	3	给水排水、电气	电气专业改图
空调水管与电缆桥架碰撞	7	暖通、电气	暖通专业改图
风管与电缆桥架碰撞	8	暖通、电气	电气专业改图
风管与吊顶顶棚碰撞	2	装修、暖通	装修专业改图

6 实施效果

6.1 经济效益与工期实施效果

由于地铁丰台站采用了 BIM 技术模拟施工环节，避免了因为各专业图纸交叉的改动耽误总工期，并提前 15 天完成了二次结构、暖通、给水排水、电气施工、装饰装修工程。节省了人工费、材料费与机械费共计 40 余万元。

6.2 返工率实施效果

对比丰台站和西局站两个明挖车站返工率，丰台站采用 BIM 技术模拟施工环节，西局站采用传统方法施工，见表 2 所列。

丰台站和西局站返工率对比　　　　　　　　　　　　　　　表 2

序号	专业	西局站	丰台站	节省的人工（工日）
1	二次结构的返工率	19%	8%	900
2	风管安装的返工率	14%	5%	825
3	给水排水管安装的现场返工率	12%	3%	480
4	装修吊顶的现场返工率	9%	2%	555
5	电缆桥架安装的现场返工率	11%	2%	750

7　结语

丰台站采用 BIM 技术模拟施工环节，避免各专业交叉干扰，提高了工作效率。由于现场返工少，大多工序都为一次性完成，返工遗留的问题少，留下的隐患少，质量效果显著。同时，BIM 技术的成功应用，也充分体现了 BIM 技术在工程施工中的应用价值和广阔前景。但是丰台站利用 BIM 技术仅局限在综合管线应用上，在今后的工程实际中加强对 BIM 技术的认知、学习和应用，在施工计划、施工组织、物资计划等方面能更多、更好地指导施工。

参考文献

[1] 张洋. 基于 BIM 的建筑工程信息集成与管理研究 [D]. 北京：清华大学出版社，2009.

[2] singhV，Gu，N，WangX. A Theoretical Framework of a BIM-based Multi-disciplinry Collaboration Platform [J]. Automation in Construction，2011，20（2）

[3] Eastman C，Teicholz P，Sacks R，et al. BIMhandbook（2nd-ed.）[M]. New Jersey，2010.

[4] 张建平，曹铭. 基于 IFC 标准和工程信息模型的建筑施工 4D 管理系统 [J]. 工程力学，2005（S1）：220-227.

[5] 申玉斌，蔡勇，华才健. 虚拟环境中碰撞检测与技术的研究与应用 [J]. 交通与计算机，2005，（1）.

建筑工程施工资料管理方法探讨

郝学峰 杨 希

（北京建工集团有限责任公司总承包部）

【摘 要】 工程技术资料是一个工程从准备建设到投入使用这一系列过程的真实记录，施工资料管理就是严肃、认真、严谨地将工程的情况记录下来，完整及时地将各类资料收集起来，清晰、妥善地整理保存。在实际的工作中，往往只注重工程实体，资料管理得不到应有的重视，内容流于形式，整理疲于应付。如何在施工前和施工过程中就能把资料做好，如何管控众多的分包单位资料，如何让资料体现出它应有的价值，通过多年实践与对一些创国家级奖项工程资料管理的总结，我们形成了一些具有企业特色的管理方法，希望可以在项目管理中起到举一反三、抛砖引玉的作用，令更多的工程项目在资料管理上不再踟蹰，向资料管理的系统化、规范化、标准化迈进。

【关键词】 施工资料；管理；方法

工程技术资料是一个工程从准备建设到投入使用这一系列过程的真实记录，是一项工程能够正常、安全使用的质量保证书，还是这个工程进行维修、改造等工作的说明书，所以在施工资料的形成过程中，需要严肃、认真、严谨地将工程的情况加以记录，完整及时地收集相关的文件，清晰、妥善地整理保存他们，这不仅是为了满足政策、法规的要求，也是对工程负责、对用户负责、对社会负责的一种表现。百年大计，质量第一，工程技术资料是工程质量状况的真实体现，理应得到充分的重视。如何在施工前和施工过程中把资料做好，如何管控众多的分包单位资料，如何让资料体现出它应有的价值？我们通过对一些创国家级奖项工程资料的管理实践总结出一些方法，希望利用这些方法可以促进建筑行业施工资料管理水平，让资料的管理不再成为负担，而是我们施工管理的重要工具和有效手段。

1 做到"精熟总包资料，精通专业要求"

（1）"两精"是针对资料管理人员的素质而言，我们不仅要了解一般的要求，更要了解与本工程相关的各种政策、法规、规范，不仅要了解本专业的知识，还要了解各相关专业的知识，这里的"精"并不是指精于某种技术，而是指精熟、精通掌握某种技术或知识的途径和方法。

（2）作为施工总承包单位，需要考虑的问题不应局限于质量这一点，还要包括节能、环保、抗震等。对本工程所涉及的规范标准的谙熟是施工技术人员最起码的要求，当然我们不可能条条规范都背下来，但至少应该知道需要遵守什么，到哪本规范里找到这一要求的详细说明，在遇到问题的时候可以立刻找到解决的方法。

（3）现在的工程施工技术水平日新月异，施工难度越来越大，参与工程施工的各种专业分包单位也越来越多。为了更好地管理施工全过程资料，我们不仅要满足精熟混凝土施工技术，也必须对桩基、钢结构、幕墙、机电安装等专业技术有所了解，其资料的要求必须精通，这样才能有更好的管理和合作。也许我们的相关专业知识没有分包单位强，但对于相关的程序和要求我们必须精。单纯从资料这一点上做到其实也不难，在每一本验收规范后面都会有一个资料的清单，我们逐一对照分包所提供的资料，每一份资料再多问一句为什么，积累下来我们就能精通其大半的问题。

2　开工要预控，过程要严控，竣工要主控

（1）这三控的重点是"预控"。预控就是做好策划工作。在以前的资料管理工作中，很少提到资料策划的问题，在需要编制的方案中也没有一个叫"资料策划"的文件，但如果在开工之初就有一个资料策划，资料管理工作就会非常的得心应手。"资料策划"就像工程的施工组织设计一样是整个资料工作的纲领和要求，同时也是工作的尺度和标准。开工，也不单纯指整个工程开始阶段，而是泛指各专业开工阶段，所以资料策划也应该和施组方案的编制一样，先有一个总的策划，阐明基本要求，在各个专业施工前再编制针对本阶段和本专业的策划。在工作实践中，我们总结出资料策划的主要内容供参考。

1）统一工程基本信息。如统一工程名称、面积、各单位名称、各岗位、各单位的人员姓名、流水段划分轴线、质量目标等。统一与明确这些信息对后续资料的编制非常重要，有很多工程一开始这些信息会有很多的版本，不同的部门资料可能会使用不同的信息，使得资料内容不能交圈，有的甚至无法归档，所以在开工之初一定要与各有关单位协调，统一规范工程信息，其信息内容应得到各方的认可。

2）明确应形成的资料内容。本工程应形成哪些资料，资料的具体内容有哪些要求等，以及各种资料的份数、应遵守的规范、标准、格式要求等。

3）制定各种资料的责任人、责任单位及编制、审批、流转的流程，各种资料时限要求等，需要将其制度化贯彻执行。施工资料的管理，不是资料员一个人就能做好的，而各个岗位的协调管理必须依靠恰当的制度加以保证。

4）规范资料形式也是必要的。包括封面、目录、装订、存贮及表格样表、资料范本等，形式上的统一、规范既便于管理，也提高了工作效率。

（2）过程中的严格控制就是按照策划及制度的要求，在整个施工过程中始终如一地贯彻下来，它是我们做好资料管理的基本保障。

（3）主控主要指在工程收尾及验收阶段，这一阶段各项施工完成或接近尾声，各种资料也应基本形成，但因为各种原因，有些资料无法正常完成，但项目及各分包单位的人员往往有部分撤离或工作转移的问题，这时候的资料管理应变被动的有什么资料收什么资料为主动地引导各部门、各分包在规定的时间完成规定的内容，这在竣工阶段非常重要，目的就是不给竣工拖后腿，不在分包撤场前遗留问题。

3 分类清、目录清、图文清、部位清

"四清"主要是针对如何整理和管理资料而言，其目的不仅局限于使工程资料好看，更重要的它是一种技术管理的有效手段。

（1）工程图纸下来了，方案确定了，该做什么资料、该收什么资料其实已经可以确定了。把需要的资料一个一个列出来，恰当地分类，并将每一类资料的清单拉出来就是资料的目录。所以目录应该是提前就可以有的，这样在整个施工过程中，整理资料的过程就变成了一个填空的过程，资料出来后也不会杂乱无章也不会缺漏了。

（2）图文清不仅是图像文字的清晰和规范，还有几方面的意思。首先是图文的表达要清楚，一般我们习惯于用文字编制资料，实际上当描述工程的状态时适当地插入图表和图像会使资料更加直观和真实。其次，图文内容清楚，要学会用数字代替文字，施工资料应该明确地表达工程情况，我们经常会用"符合要求"、"合格"等一些通用的词句来描述施工，但具体符合的是什么要求，如何就确定为合格别人不得而知，资料也就起不到记录工程实际情况的目的了。如果我们用实际测量、检测的数据来描述，那么结论就更有说服力了。第三，资料中各种图文的来源要说清楚。资料中的内容是依据什么编写的，施工材料、试验等数据相应的试验、检测资料内容也要写入资料中，使整个的资料有据可查，有法可依，让各种资料成为互相联系、参照的整体。

（3）建筑工程资料有一个特点就是很多资料都不是孤立的，为了施工方便或出于验收批次的要求，我们必须要把一个整体划分为若干个部位，为了表达一个部位的质量，需要有很多份资料，一份资料的内容也可以表达很多部位的情况，这些部位以及资料既不是同一个时间形成的，也不是同一个单位或部门形成的，如此众多繁杂的资料，我们需要一根线将其串联起来，这根线就是部位名称，这就像一个人的身份证号，是识别这个区域的唯一标识。部位清有以下几方面意思：在工程开工之初应将所有工程的流水段或检验批的轴线、部位划分清楚，其所包含的各标高、楼层轴线、构件予以明确。在资料编制中也应将本份资料所对应的部位的流水段名称、轴线号、层号、标高、构件等信息全部描述出来。所有部位的名称必须清楚、完整并保持前后的统一。各个部位的资料是否齐全了，也需要在部位完成后加以清查。

4 突出重点技术、严把重要材料、完备重要隐蔽、做好重要试验、掌控重要数据

（1）"五重"既是要求在管理和整理资料时要重视这些资料，在编制、审查这些资料时更要关注这些重点。要想做好这"五重"资料，首先要知道建筑工程的"重要"指的是什么？我认为凡与"结构稳定、使用安全、功能保障、节能环保"相关的内容都称得上是"重要"，另外由于评奖是优中选优的过程，这个工程优在哪、好在哪，也就是这个工程的高、难、特、新相关的内容也是十分重要的。在资料管理中必须对这些重点、重要内容下好功夫，在这些重要的环节上绝不能马虎，不容一点差错，这是我们做好资料的关键。

（2）在资料中体现突出重点技术，我们可以将以上说的重点技术单独编制方案或交底，在施组或与相关方案中着重进行描述重点技术，能够让需要查阅、检查的人可以非常清楚地了解相关内容。

（3）严把资料关也是严把材料质量的重要环节，而重要的材料需要更加严格审查，精心整理。材料合格证、检测报告、复验报告、商检等文件必须齐全有效是进行施工物资资料管理的基本原则。

（4）完备重要隐蔽，隐蔽工程验收记录一方面是证明此部分在隐蔽前是经过各方认可验收合格的，另一方面也可以使未参与隐蔽验收的人了解工程情况，在隐蔽验收记录中，要将施工完成后无法显露的工程情况包括其材料品种、规格、数量及施工工艺做法等具体描述出来，必要时要附影像资料。

（5）重要试验也包括检验，要做好试验与检验，首先应提前制定检验与试验计划，要明确需要做哪些试验和检验，什么时候做，取样送检有什么特殊要求，甚至需要什么样资质的试验室才能做这些试验等。在实际工程中，大多数试验员对于常规的试验很熟悉，但非常规的如自密实混凝土的坍落扩展度、高强混凝土试块尺寸、高强抗震钢筋最大力总伸长率等项目不是很了解，这些项目必须有技术人员做出技术要求。另外也要重视试验委托单的填写，因为有些试验单出来后，经常发现代表数量与实际进场的不符，或只写最大的批量，工程部位不对等问题，所以要从源头做起。

（6）掌控重要数据：首先是技术数据，如材料性能、结构性能等，这些重要数据是工作依据也是标准，第二种数据是试验、检验、检查数据，这些数据是工程的状态，是对工程进行科学管理的依据，也是衡量工程质量、管理水平的重要指标，需要阶段性地汇总、总结、分析。

5　合图、合规、合法、合情、合时、合适

（1）这"六合"主要是针对如何编制资料而言，合图、合规、合法是我们的基本原则，其中合图是基础，图不仅指设计图纸，同时也要符合标准图集的规定，合规是指各种相关标准、规范、规定等，包括国家的、行业的、地方的甚至是业主单位的一些特殊要求等，这需要我们在平时加强对此类文件标准的学习，才能熟练、灵活的掌握。合法除了符合法律法规规定外，还有就是要符合"强制性条文"的规定，"强条"也是法，要树立尊重强条，遵守强条的概念。

（2）合情、合时、合适是我们编制、审查资料的责任。合情，就是要和实际情况相符合，例如冬施时资料中就不要出现浇水养护，用的是木模板，就不要提小钢模了，实际是什么、有什么就记录什么。合时，就是各种工序工种的时间顺序必须交圈，不能先封板再安管线，先打灰再绑钢筋。合适，就是将所施工的内容、所收集的资料用适当的形式表达出来，比如是不是用隐检记录，是不是要放图片，另外格式还要符合资料管理的要求。

6　分包单位资料管理中的"七不收"与"八必管"

对于分包资料，应本着谁施工谁负责的原则，即谁施工的，那么应该负起资料编制、

审批、收集、整理等一系列工作，这样才能保证各方利益，规避潜在的风险，理顺总分包的关系，同时又要积极提供指导和帮助，这样才能体现我们作为总包的水平，更好地与各分包和建设单位进行合作。"七不收"与"八必管"是我们在管理分包资料的经验，希望能够给苦于与分包周旋的项目一些启发。

（1）"七不收"就是凡达不到要求的文件资料，总包单位应有权拒绝签字、归档，有权令其退回整改。"七不收"其中包括以下几个方面：

1）签字无效不收。首先需要弄清某一类的资料需要有什么样资质资格的人签字，如大多数方案需要项目技术负责人签字审批，但危险性较大的工程方案是需要企业技术负责人签字审批的，这就需要加以识别。其次要弄清签字的人是否具备这样的资质资格，比如质检员分为土建、机电等专业，那么土建质检员就不能在机电资料中签字。

2）资料不全不收。这也是两方面的意思，一是要弄清都需要哪些资料，如安全玻璃，其资料不仅包括合格证、检验报告等，还必须要注意3C证、安全性能检测报告等文件。二是要查明其资料中是否涵盖齐全，除各项资料齐全外，细部内容也要进行核查，例如，外墙保温材料，有的检测报告中仅有保温传热性能检测，未做燃烧性能检测，有些装修材料只有物理性能检测，缺少环保性能检测等，都应加以注意。

3）手续不齐不收。每种资料的形成都不是内容填写完就可以了，它应包括检查、验收、审查、审批等一系列的信息，所谓的手续就是这些信息，它是资料的一部分，而且是非常重要的一部分，而往往这些信息是在特定的时间、特定的人、特定单位、特定状态下形成的，一旦脱离了这些特定，那么这份资料就失去了意义或无法复制了。

4）复印无章不收。虽说我们要求资料尽量是原件，但也避免不了由于种种原因我们只能保留复印、复制的资料，那么只有具备公信力的印章才能保证这些资料的真实性，复印加盖印章这是最基本的要求。

5）禁限违规不收。发现有禁止或限制在此工程中使用的以及违反规定的材料、技术，不仅不能留存，而且还要进行追查，是否真正使用了，使用了这样的材料、技术该如何处置，这也是资料管理一项重要内容。

6）整理无序不收。对于未达到整理规范要求的资料，一定要求分包单位自行整理好后才能提交总包单位审批、保存，这是谁施工谁负责的体现，也能避免因无序造成的资料漏报、错报、缺失等问题。

7）甲直无协议不收。目前有许多分包单位直接与建设单位签合同后直接进场施工，这些单位的资质、人员资格往往不能得到保障，而总包单位往往迫于建设单位的压力在这些分包单位的资料上签字，帮助他们出一些资料，这样做只能满足一时和建设单位与分包单位的和睦相处，一旦出现问题，分包方人去楼空，甲方死无对证，给总包单位带来很多的纠纷、麻烦，这就要求我们这些资料管理人员有风险意识，分包进场后，首先有所防范，签订公平、合理的资料管理协议或合同，对于他们拿来的资料一定要与协议进行比对，不替代审批，不越权管理。

（2）分包单位是总包的合作者，不是敌对的双方，所以在资料管理上坚持"七不收"原则是更好合作的基础，而"八必管"则是总包的职责，是总包掌控大局、协调各方的需要。

1）资料策划要管。上边说过了资料策划的重要性，分包工程资料管理策划也是一样的，不一样的就是要求分包必须融入总包管理要求，所以总包要提前对分包进行交底，并对分包的资料策划进行指导。

2）方案审批要管。方案审批不仅要管，而且必管，分包方编制的方案必须经过总包的审批才能付诸实施，审批的过程既是了解分包方案的过程，也是双方互相沟通的重要环节，只有双方达成共识，执行起来才能更加顺畅。

3）材料复试要管，性能检测要管。材料复试与性能检测不仅要在之前了解需要复试与检测的项目内容，更要随时掌握复试与检测的结果，这样才能更好地了解分包施工质量状况，对于材料复试和性能检测的资料，总包方一定要像对待自己的资料一样，及时地收集、整理、汇总和分析。

4）资料汇总要管，档案预验要管。这是竣工验收阶段进行主控的重要内容，竣工阶段井然有序是工程达到最终目标的重要环节，资料汇总为竣工验收提供了依据，档案预验是竣工验收的必备条件。

5）人员更替要管，上级检查要管。分包单位人员更替频繁是非常普遍的问题，每一次人员更替我们都要重新审视其资料管理是否能够贯彻执行我们的要求，最好是能够监督其工作交接情况，避免因资料衔接不上影响到整个工程。另外，工程施工过程中避免不了各种检查，而分包单位因对工程了解的比较片面，或对管理要求的不熟悉，造成在上级检查中出现问题，作为总包单位应积极地帮助、指导分包单位做好充分准备，避免不必要的过失。

7 总结

以上总结起来，可以用一明、二精、三控、四清、五重、六合、七不收、八必管来概括。资料管理贯穿于工程建设的整个过程中，横跨工程各个专业，涉及全体参建单位，这八种资料管理的方法不一定能全面系统地阐明资料管理的各项内容，希望它可以在项目管理中起到举一反三、抛砖引玉的作用，令更多的工程项目在资料管理上不再踯躅，向资料管理的系统化、规范化、标准化迈进。

TFT-LCD 项目综合动力站三维建模软件的运用

朱寒玉　任　伟　肖伟锋　徐海涛　雷全勇

（中建三局建设工程股份有限公司）

【摘　要】　某工程综合动力站为整个工业厂区提供电力、供水、供暖、废水处理、动力气源等能源供应，在有限空间范围存在着 10 多个系统管线排布及大量的设备安装。为顺利解决管道安装的碰撞问题，项目采用三维建模软件模拟工程管道及设备安装。本文介绍了三种建模软件的功能及优缺点以及在本工程中的应用。

【关键词】　管道；AutoCAD；UG；MagiCAD；防碰撞

1　工程概况

京东方第 8.5 代薄膜液晶体管液晶显示器件（TFT-LCD）项目中的综合动力站是整个工业厂区的 CPU，是整个群体工程中施工工艺最复杂、技术含量最高的核心部分。建筑面积 39363m²，地上三层，地下一层，机电工程是本工程的重点工程，机电安装工程分为建筑电气、建筑给水排水及采暖、通风空调及气体动力四大专业（图 1～图 4）。

2　工程特点

2.1　工程量大、工期紧

综合动力站机电安装合同工期紧，机电安装工期仅 142 天，冷冻机房、水泵房、换热站、空压机房等均集中在此。冷冻机房内有 19 台冷

图 1　5 号综合动力站效果图

水机组，换热站各类水泵有 150 台，空压机房内有空气压缩机 12 台，配电箱 1371 台，各类电缆 8 万余 m，各类管道 5 万余 m。

2.2　系统多、空间管理难度大

综合动力站为本工程提供整个工业区域的电力、供水、供暖、废水处理、动力气源等能源供应，有限空间范围内，有 10 多个系统管线排布。

应用 AutoCAD、MagiCAD、UG 软件对整个工程进行深化设计，运用 MagiCAD 绘图软件进行三维建模，对系统进行检测碰撞，运用 UG 及 AutoCAD 进行三维建模，与业

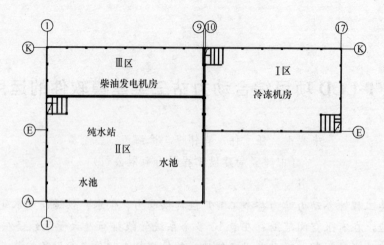

图 2　一层平面分区图

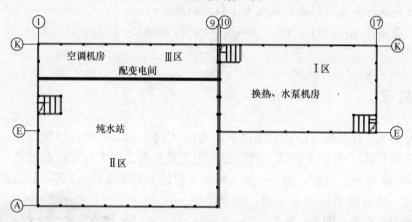

图 3　二层平面分区图

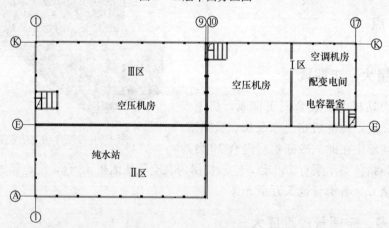

图 4　三层平面分区图

主提出的深化设计要求进行方案的设计。利用三维软件对整个工程进行深化设计，减少施工中的管线冲突，避免由于管线碰撞问题而造成返工；对施工工序进行模拟，安排好施工工序，解决各专业的交叉搭接施工，保证机电工程安装在合同工期内完成。

3 软件介绍

3.1 AutoCAD 软件

AutoCAD 是一个功能齐全、应用广泛的通用图形软件。首先，它是一个可视化的绘图软件，许多命令和操作可以通过菜单选项和工具按钮等多种方式实现。其次，AutoCAD 具有丰富的绘图和绘图辅助功能，如实体绘制、关键点编辑、对象捕捉、标注、鸟瞰显示控制等，它的工具栏、菜单设计、对话框、图形打开预览、信息交换、文本编辑、图像处理和图形的输出预览为用户的绘图带来很大方便。再次它不仅在二维绘图处理中更加成熟，三维功能也更加完善，可方便地进行建模和渲染。AutoCAD 以其强大的绘图功能及开放式的体系结构，赢得了广大用户的青睐。

3.2 UG 软件

UG 是一个交互式 CAD/CAM（计算机辅助设计与计算机辅助制造）系统，它功能强大，可以轻松实现各种复杂实体及造型的建构。它在诞生之初主要基于工作站，但随着 PC 硬件的发展和个人用户的迅速增长，在 PC 上的应用取得了迅猛的增长，主要应用于工业设计、风格造型、产品设计、仿真、确认和优化、数控加工等方面。UGNX 是一个在二维和三维空间无结构网格上使用，适应多重网格方法开发的一个灵活的数值求解偏微分方程的软件工具，UG 的目标是用最新的数学技术，即自适应局部网格加密、多重网格和并行计算，为复杂应用问题的求解提供一个灵活的可再使用的软件基础。

3.3 MagiCAD 软件

MagiCAD 是基于建筑信息模型（BIM）的三维设计软件，提供建筑设备行业的综合解决方案，可同时生成一维单线图、二维施工图和三维空间模型，并在 3 种图形模式之间任意切换，同时设计结果中同时包含了专业计算功能。不仅具有自动防碰撞检测功能，实现"智能"管线综合，而且可以实现设计模型内部各专业及 MagiCAD 对象和 AutoCAD 建筑对象间的碰撞检测。从而实现深化设计及建筑设备各专业间的三维协同设计。

4 应用流程

应用流程如图 5 所示。

5 软件应用

5.1 软件引进

对市场进行调查，寻找资质齐全、技术可靠的企业购买 MagiCAD 绘图，以便厂家提供技术培训及软件维护等条件。

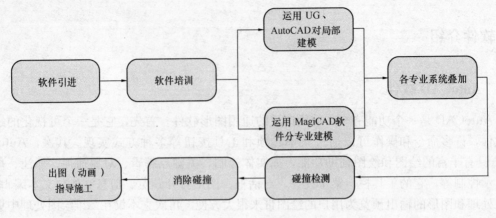

图 5 应用流程

5.2 软件培训

MagiCAD绘图软件厂家派软件工程师进场培训，在项目部人员中选出有AutoCAD基础的技术人员进行软件培训，学习绘图技术，并分专业进行建模。

5.3 软件在工程中的应用

5.3.1 AutoCAD软件

AutoCAD能够对工程细部结构进行精确制图，而且三维效果逼真，由于AutoCAD要求设计者在绘图之前不仅要把所要表达的工程单体绘制出来，还要综合考虑各单体之间的联系，修改起来比较麻烦，运用AutoCAD进行建模需要的周期较长。在综合动力厂房的机电安装深化设计中，AutoCAD主要用于平面图形的绘制，及局部的建模，例如：大额工程变更及MagiCAD软件没有的插件（如管道支架）进行D建模（图6）。

5.3.2 UG软件

安装工程需要进行三维设计及动画制作时，UG与AutoCAD相比，可以克服占用内存大且花费时间较长的缺点，体现其示意性强，进行复杂管路的空间排布及运用动画模拟现场操作的优点，可进行关键部位、复杂机房或复杂区域的深化设计（图7）。

UG软件建模三维效果逼真，制图周期较长。在综合动力站机电安装深化设计中，UG软件主要用于施工方案的编制及局部的建模。

图 6 管道支架D模

图 7 UG软件二层水泵房效果图

综合动力站5A、5B、5C管廊为各管线集中交叉部位，空间布置特别复杂，设计院对该部分也无良策，设计单位将此部位设计交于我方自行设计。如何在有限的空间内合理排布各系统管道，并生成效果图，获得业主的认可是此部位设计的重点。在此部位我单位成功应用 UG 建模软件，将效果图展示给业主并等到业主认可（图8、图9）。

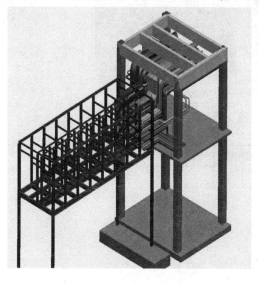

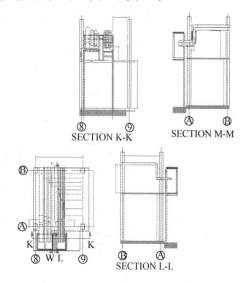

图 8　5A管廊三维效果图　　　　　　　图 9　管廊分层施工图

运用 UG 软件绘制《屋面检修平台方案》及《冷冻机控制柜挡水平台方案》效果图，方案编制后很快得到了业主的认可（图10、图11）。

图 10　屋面冷却塔检修平台效果图

5.3.3　MagiCAD 软件

MagiCAD 绘图简单，能将三维效果叠加寻找碰撞点，在综合动力站机电安装深化设计中，运用 MagiCAD 对整个工程进行二维建模；将 AutoCAD、UG、MagiCAD 所建的模型叠加，进行碰撞检测。

5.4　碰撞检测

MagiCAD 可以自动检测管线碰撞的功能，在施工前运用 MagiCAD 进行深化设计可将碰撞率降低到 0。MagiCAD 软件的应用有效解决了各专业的管路交叉重叠、衔接不当

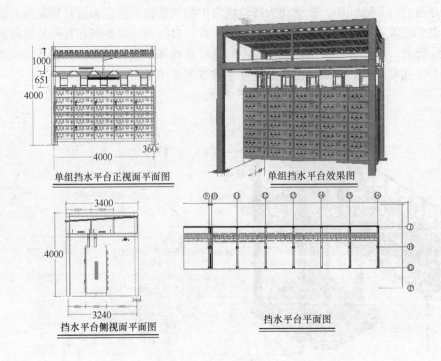

图 11　变频柜柜挡水平台示意图

造成的反工浪费，从而显著提高施工质量及工作效率，使工期得到有力保障。综合动力站施工过程中运用 MagiCAD 碰撞检测功能对所有的三维图纸叠加后进行碰撞检测，发现碰撞点 671 处（图 12～图 14）。

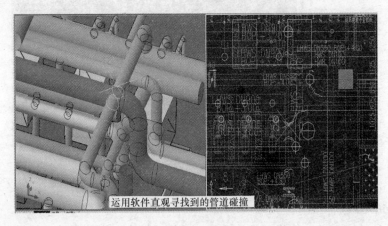

图 12　MagiCAD 软件碰撞检测示意图

5.5　消除碰撞

根据大型动力管道原设计标高、走向不变，其他专业与大型动力管道发生冲突时，对其他专业进行调整；非动力管道碰撞时，有压管让无压管，小管让大管原则对碰撞逐一进行调整（图 15）。

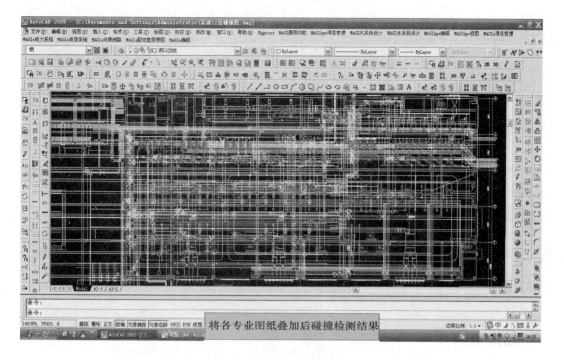

将各专业图纸叠加后碰撞检测结果

图 13　碰撞检测示意图

动力管道与电气桥架碰撞　　动力管道与风管碰撞

动力管道与风管碰撞　　动力管道与给水管道碰撞

图 14　动力管道与各专业碰撞示意图

处理前截图　　处理后截图

图 15　消除碰撞示意图

5.6 出深化设计图

消除所有碰撞后，安装深化后的图纸出深化设计图，并报设计、业主进行审批，审批合格后用于指导施工。

6 实施效果

第 8.5 代薄膜液晶体管液晶显示器件（TFT-LCD）项目综合动力站，通过运用 MagiCAD 及 UG 绘图软件，不仅提升了我司在机电安装工程中的深化设计能力，而且提高了企业的核心竞争力，为以后的同类工程提供了合理的技术手段和科学依据。

整个工期 142 天，实际机电安装时间仅 100 天。合同中工期条款非常严苛，最高处罚 25 万元/天，累计处罚无上限。通过运用三种绘图软件相结合，对整个工程进行深化设计，将管线碰撞在施工前消除，我们共计检查到碰撞 671 处，成功修改 671 处，大大节省了工程返工带来的工期影响和返工损失，取得了较好的经济效益。

7 结束语

本工程成功应用 MagiCAD 软件进行三维建模及碰撞检测，运用 AutoCAD 及 UG 进行三维建模及辅助编制施工方案，对整个工程进行深化设计，在工程的实际运用中取得了较好的效果，也为以后同类工程的施工提供借鉴依据。

浅谈建设项目施工成本管理

叶春雨

（北京翔鲲水务建设有限公司）

【摘　要】　随着市场经济中企业竞争的日益激烈，建设项目施工成本管理的重要性越来越为人们所重视，成本管理已经成为施工项目管理向深层次发展的主要标志和不可缺少的内容。成本管理成为施工企业经济核算体系的基础，在施工项目管理中的地位显得尤其重要。

【关键词】　建设项目；施工企业；施工成本；成本管理

　　施工项目管理包含着丰富的内容，是一个完整的合同履约过程。它既包括了质量的管理、工期的管理、资源的管理、安全的管理，也包括了合同的管理、分包的管理、预算的管理。这一切管理内容，无不与成本的管理息息相关。企业所追求的目标，不仅质量好、工期短、业主满意，同时又是投入少、产出大、企业获利丰厚的建筑产品。因此离开了成本的预测、计划、控制、核算和分析等一整套成本管理的系统化运动，任何美好的愿望都是不现实的。因此，施工项目管理的水平，显然集中体现在成本管理水平上。

1　施工成本的含义

　　施工成本是指在建设工程项目的施工过程中所发生的全部生产费用的总和，包括消耗的原材料、辅助材料、构配件等费用，周转材料的摊销费或租赁费，施工机械的使用费或租赁费，支付给生产工人的工资、奖金、工资性质的津贴等，以及进行施工组织与管理所发生的全部费用支出。

2　施工成本管理的任务

　　施工成本管理就是要在保证工期和质量满足要求的情况下，采取相应管理措施，包括组织措施、经济措施、技术措施、合同措施，把成本控制在计划范围内，并进一步寻求最大程度的成本节约。施工成本管理的任务和环节主要包括：施工成本预测、施工成本计划、施工成本控制、施工成本核算、施工成本分析、施工成本考核。

　　施工成本管理的每一个环节都是相互联系和相互作用的。成本预测是成本决策的前提，成本计划是成本决策所确定目标的具体化。成本计划控制则是对成本计划的实施进行控制和监督，保证决策的成本目标的实现，而成本核算又是对成本计划是否实现的最后检验，它所提供的成本信息又对下一个施工项目成本预测和决策提供基础资料。成本考核是实现成本目标责任制的保证和实现决策目标的重要手段。

2.1 施工成本预测

　　施工成本预测就是根据成本信息和施工项目的具体情况，运用一定的专门方法，对未来的成本水平及其可能发展趋势做出科学的估计，其是在工程施工以前对成本进行的估算。通过成本预测，可以在满足项目业主和本企业要求的前提下，选择成本低、效益好的最佳成本方案，并能够在施工项目成本形成过程中，针对薄弱环节，加强成本控制，克服盲目性，提供预见性。因此，施工成本预测是施工项目成本决策与计划的依据。施工成本预测，通常是对施工项目计划工期内影响其成本变化的各个因素进行分析，比照近期已完工施工项目或将完工施工项目的成本，预测这些因素对工程成本中有关项目的影响程度，预测出工程的单位成本或总成本。

2.2 施工成本计划

　　施工成本计划是以货币形式编制施工项目在计划期内的生产费用、成本水平、成本降低率以及为降低成本所采取的主要措施和规划的书面方案，它是建立施工项目成本管理责任制、开展成本控制和核算的基础，是该项目降低成本的指导文件，是设立目标成本的依据。可以说，成本计划是目标成本的一种形式。

2.2.1 施工成本计划应满足的要求

　　合同规定的项目质量和工期要求，组织对施工成本管理目标的要求，以经济合理的项目实施方案为基础的要求，有关定额及市场价格的要求。

2.2.2 施工成本计划的内容

　　(1) 编制说明。指对工程的范围、投标竞争过程及合同条件、承包人对项目经理提出的责任成本目标、施工成本计划编制的指导思想和依据等的具体说明。

　　(2) 施工成本计划的指标。施工成本计划的指标应经过科学的分析预测确定，可以采用对比法、因素分析法等方法进行测定。

　　施工成本计划一般情况下有三类指标：成本计划的数量指标、成本计划的质量指标和成本计划的效益指标。

　　(3) 计划成本汇总表。按工程量清单列出的单位工程计划成本汇总表。

　　(4) 成本计划表。按成本性质划分的单位工程成本汇总表，根据清单项目的造价分析，分别对人工费、材料费、机械费、措施费、企业管理费和税费进行汇总，形成单位工程成本计划表。

2.3 施工成本控制

　　施工成本控制是指在施工过程中，对影响施工成本的各种因素加强管理，并采取各种有效措施，将施工中实际发生的各种消耗和支出严格控制在成本计划范围内，随时揭示并及时反馈，严格审查各项费用是否符合标准，计算实际成本和计划成本之间的差异并进行分析，进而采取多种措施，消除施工中的损失浪费现象。

　　施工成本控制可分为事先控制、事中控制（过程控制）和事后控制。在项目的施工过程中，需按动态控制原理对实际施工成本的发生过程进行有效控制。合同文件和成本计划是成本控制的目标，进度报告和工程变更与索赔资料是成本控制过程中的动态资料。

2.4　施工成本核算

施工成本核算包括两个基本环节：一是按照规定的成本开支范围对施工费用进行归集和分配，计算出施工费用的实际发生额；二是根据成本核算对象，采用适当的方法，计算出该施工项目的总成本和单位成本。施工成本管理需要正确及时地核算施工过程中发生的各项费用，计算施工项目的实际成本。施工项目成本核算所提供的各种成本信息，是成本预测、成本计划、成本控制、成本分析和成本考核等各个环节的依据。

2.5　施工成本分析

施工成本分析是在施工成本核算的基础上，对成本的形成过程和影响成本升降的因素进行分析，以寻求进一步降低成本的途径，包括有利偏差的挖掘和不利偏差的纠正。施工成本分析贯穿于施工成本管理的全过程中，尤其是在成本的形成过程中，主要利用施工项目的成本核算资料，与目标成本、预算成本以及类似的施工项目的实际成本等进行比较，了解成本的变动情况，同时也要分析主要技术经济指标对成本的影响，系统地研究成本变动的因素，检查成本计划的合理性，并通过成本分析，深入揭示成本变动的规律，寻找降低施工项目成本的途径，以便有效地进行成本控制。成本偏差的控制，分析是关键，纠偏是核心，要针对分析得出的偏差发生原因，采取切实措施，加以纠正。

2.6　施工成本考核

施工成本考核是指在施工项目完成后，对施工项目成本形成中的各责任者，按施工项目成本目标责任制的有关规定，将成本的实际指标与计划、定额、预算进行对比和考核，评定施工项目成本计划的完成情况和各责任者的业绩，并以此给予相应的奖励和处罚。通过成本考核，做到有奖有惩，赏罚分明，才能有效地调动每一位员工在各自施工岗位上努力完成目标成本的积极性，为降低施工项目成本和增加企业的积累，做出自己的贡献。

3　施工成本管理的措施

3.1　施工成本管理的基础工作内容

施工成本管理的基础工作内容是多方面的，成本管理责任体系的建立是其中最根本、最重要的基础工作，涉及成本管理的一系列组织制度、工作程序、业务标准和责任制度的建立。除此之外，应从以下诸方面为施工成本管理创造良好的基础条件。

统一组织内部工程项目成本计划的内容和格式。其内容应能反映施工成本的划分、各成本项目的编码及名称、计量单位、单位工程量计划成本及合计金额等。这些成本计划的内容和格式应由各个企业按照自己的管理习惯和需要进行设计。

建立企业内部施工定额并保持其适应性、有效性和相对的先进性，为施工成本计划的编制提供支持。

建立生产资料市场价格信息的收集网络和必要的派出询价网点，做好市场行情预测，保证采购价格信息的及时性和准确性。同时，建立企业的分包商、供应商评审注册名录，稳定发展良好的供方关系，为编制施工成本计划与采购工作提供支持。

建立已完项目的成本资料、报告报表等的归集、整理、保管和使用管理制度。

科学设计施工成本核算账册体系、业务台账、成本报告报表，为施工成本管理的业务操作提供统一的范式。

3.2 施工成本管理的措施

为了取得施工成本管理的理想成效，应当从多方面采取措施实施管理，通常可以将这些措施归纳为组织措施、技术措施、经济措施、合同措施。

3.2.1 组织措施

组织措施是从施工成本管理的组织方面采取的措施。施工成本控制是全员的活动，如实行项目经理责任制，落实施工成本管理的组织机构和人员，明确各级施工成本管理人员的任务和职能分工、权利和责任。施工成本管理不仅是专业成本管理人员的工作，各级项目管理人员都负有成本控制责任。

组织措施的另一方面是编制施工成本控制工作计划，确定合理详细的工作流程。要做好施工采购规划，通过生产要素的优化配置、合理使用、动态管理，有效控制实际成本；加强施工定额管理和施工任务单管理，控制活劳动和物化劳动的消耗；加强施工调度，避免因施工计划不周和盲目调度造成窝工损失、机械利用率降低、物料积压等而使施工成本增加。成本控制工作只有建立在科学管理的基础之上，具备合理的管理体制、完善的规章制度、稳定的作业秩序、完整准确的信息传递，才能取得成效。组织措施是其他各类措施的前提和保障，而且一般不需要增加什么费用，运用得当可以收到良好的效果。

3.2.2 技术措施

施工过程中降低成本的技术措施，包括：进行技术经济分析，确定最佳的施工方案；结合施工方法，进行材料使用的比选，在满足功能要求的前提下，通过代用、改变配合比、使用添加剂等方法降低材料消耗的使用；确定最合适的施工机械、设备使用方案。结合项目的施工组织设计及自然地理条件，降低材料的库存成本和运输成本；先进的施工技术的应用，新材料的运用，新开发机械设备的使用等。在实践中，也要避免仅从技术角度选定方案而忽视对其经济效果的分析论证。

3.2.3 经济措施

经济措施是最易为人们所接受和采用的措施。管理人员应编制资金使用计划，确定、分解施工成本管理目标。对施工成本管理目标风险分析，并制定防范性对策。对各种支出，应认真做好资金的使用计划，并在施工中严格控制各项开支。及时准确地记录、收集、整理、核算实际发生成本。对各种变更，及时做好增减账，及时落实业主签证，及时结算工程款。通过偏差分析和未完工程预测，可发现一些潜在的问题将引起未完工程施工成本增加，对这些问题应以主动控制为出发点，及时采取预防措施。由此可见，经济措施的运用绝不仅仅是财务人员的职责。

3.2.4 合同措施

采用合同措施控制施工成本，应贯穿整个合同周期，包括从合同谈判开始到合同终结的全过程。首先是选用合适的合同结构，对各种合同结构模式进行分析、比较，在合同谈判时，要争取选用适合于工程规模、性质和特点的合同结构模式。其次，在合同的条款中应仔细考虑一切影响成本和效益的因素，特别是潜在的风险因素。通过对引起成本变化的风险因素的识别和分析，采取必要的风险对策，如通过合理的方式，增加承担风险的个体数量，降低损失发生的比例，并最终使这些策略反映在合同的具体条款中。在合同执行期间，合同管理的措施既要密切注视对方合同执行的情况，以寻求合同索赔的机会；同时也要密切关注自己履行合同的情况，以防止被对方索赔。

4 小结

综上所述，一个施工企业在社会主义市场经济中所反映出来的管理水平能力，表现为它能否用最低的成本去生产让业主满意的、符合合同要求的产品。换言之，施工企业经营管理活动的全部目的，就在于追求低于同行业平均成本水平，取得最大的成本差异。因此，成本管理应体现在施工项目管理的全过程中，施工项目管理的一切活动实际也就是成本活动。从这个意义上看，施工项目成本管理既是施工项目管理的起点，也是施工项目管理的终点。

参考文献

[1] 安玉华. 施工项目成本管理［M］. 北京：化学工业出版社，2010.
[2] 杨露江. 建设工程施工管理［M］. 北京：中国建筑工业出版社，2009.
[3] 任 宏. 建设工程成本计划与控制［M］. 北京：高等教育出版社，2004.
[4] 黄伟典. 建设工程施工管理［M］. 北京：中国环境科学出版社，2006.
[5] 唐菁菁. 建筑工程施工项目成本管理［M］. 北京：机械工业出版社，2009.

关于建设"四心"监理企业文化的思考

肖楷华[1]　陈　辉[2]

（1. 武汉中建工程管理有限公司；2. 北京工业职业技术学院）

【摘　要】　企业文化建设是企业发展到一定阶段，寻求增强软实力，更好推进企业健康、长远发展的必然历程和手段。监理企业应当因地制宜地建设自身的特色"四心"企业文化，为企业发展和国民经济建设做出积极贡献。

【关键词】　企业文化；建设；思考

企业文化是指企业在创业和发展过程中形成的共同价值观、企业目标、行为准则、管理制度、外在形式等的总和。从狭义上讲，企业文化体现为人本治理理论的最高层次。特指企业组织在长期的经营活动中形成的并为企业全体成员自觉遵守和奉行的企业经营宗旨、价值观念和道德规范的总和。作为国民经济建设中一个重要行业，监理企业承担着工程建设过程监督的重任，能否发展长远，产生良好的社会效益和经济效益，以实际行动践行"中国梦"建设，笔者认为建设"四心"监理企业文化十分必要。只有注重发展规模、质量以及经济效益、社会责任的企业才能成为一个受人尊重、长远发展的企业。下面，笔者对"四心"企业文化建设作个简单的介绍，以资探讨。

1　何谓"四心"企业文化

谈到企业文化，大家也许都会想到各种词汇，比如什么宗旨、理念等，笔者在这里讲监理企业建设"四心"企业文化，其实是从监理这个行业本身来讲，每个企业应该都有进取心、包容心、责任心、爱心这"四心"理念，从而形成自己特色的企业文化。"四心"可以说是最基础的东西。大家知道，工程监理是具有中国特色的一个建设主体，在国外，工程师和咨询、顾问公司履行了国内监理行业的职责并且职权和地位、职业素养和要求也相对高于国内一般监理企业。结合"服务、科学、公正、独立"的监理行业工作要求，监理企业的文化内涵就必须包括进取心、包容心、责任心和爱心等几个内容。所谓进取心，就是监理企业不管当前行业发展现状和地位如何，自身就应当有信心，积极寻求跨越发展，任何事情不能怨天尤人；每个企业都应该制定适合自身发展的计划，树立目标，积极进取；包容心就是指企业应该有宽广的胸怀。"海纳百川，有容乃大"，每个企业应当自觉遵守各种法律、法规，合法经营，同时企业之间应该互相包容、良性互动、竞争，不能以非法的手段去谋求不当利益；责任心就是要切实根据相关法律、法规赋予的职责公正、科学的监督监管好工程建设，以实际行动履行好"两管四控一协调"职责。要把监理工作当作保证国家长治久安的一项重要工作来抓，不能把事业当作赢取蝇头小利的一般行为；爱心就是监理企业也应该积极投身到社会反馈和"和谐共建"活动中去，积极开展济贫帮困、捐资助学等活动，通过弘扬社会正能量，营造公正、公平的社会竞争环境，保障人民财产、生命安全来为工程建设保驾护航，践行"中国梦"建设。

2 建设"四心企业"文化的作用

我们平时常听人讲"一流企业靠文化，二流企业靠营销，三流企业靠生产"，这话是不是真理我们姑且不论，但这种说法却反映了企业发展的过程和发展过程中价值的体现。即企业在成长过程中会经历的三种不同的阶段：

初级阶段：只做项目，也就是说以盈利为目的。在做的过程中，以企业盈利为主要目标从而扩大企业的市场。

中级阶段：本阶段中，企业的知名度已经具有了，在做强的过程中，以企业的社会价值为主要目标进而扩张企业的市场份额及满足市场盈利。

高级阶段：本阶段企业已经成长为一个成熟的企业，拥有了市场美誉、实现了社会价值。企业为了持续发展开始创造性地推出自己的理论、模式，即我们常说的软实力，也就是企业文化。

综上所述，发展到一定规模和影响力的监理企业，比如省、市综合排名进入前5名的监理企业就应该来发掘、提炼属于自己企业的特色企业文化。一般而言，企业文化应该具有导向、凝聚、约束、激励、辐射和品牌功能，所以建设企业文化就应该从这些方面予以策划和推进。

2.1 导向功能

企业文化能对企业整体和企业成员的价值及行为取向起引导作用。具体表现在两个方面：一是对企业成员个体的思想和行为起导向作用；二是对企业整体的价值取向和经营管理起导向作用。这是因为，一个企业的企业文化一旦形成，它就建立起了自身系统的价值和规范标准，如果企业成员在价值和行为的取向上与企业文化的系统标准产生悖逆现象，企业文化会进行纠正并将其引导到企业的价值观和规范标准上来。

2.2 凝聚功能

企业文化的凝聚功能是指当一种价值观被企业员工共同认可后，它就会成为一种黏合力，从各个方面把其成员聚合起来，从而产生一种巨大的向心力和凝聚力。企业中的人际关系受到多方面的调控，其中既有强制性的"硬调控"，如制度、命令等；也有说服教育式的"软调控"，如舆论、道德等。企业文化属于软调控，它能使全体员工在企业的使命、战略目标、战略举措、运营流程、合作沟通等基本方面达成共识，这就从根本上保证了企业人际关系的和谐性、稳定性和健康性，从而增强了企业的凝聚力。

2.3 约束功能

企业文化对企业员工的思想、心理和行为具有约束和规范作用。企业文化的约束不是制度式的硬约束，而是一种软约束，这种约束产生于企业的企业文化氛围、群体行为准则和道德规范。群体意识、社会舆论、共同的习俗和风尚等精神文化内容，会造成强大的使个体行为从众化的群体心理压力和动力，使企业成员产生心理共鸣，继而达到行为的自我控制。

2.4 激励功能

企业文化具有使企业成员从内心产生一种高昂情绪和奋发进取精神的效应。企业文化把尊重人作为中心内容，以人的管理为中心。企业文化给员工多重需要的满足，并能用它的"软约束"来调节各种不合理的需要。所以，积极向上的理念及行为准则将会形成强烈的使命感、持久的驱动力，成为员工自我激励的一把标尺。一旦员工真正接受了企业的核心理念，他们就会被这种理念所驱使，自觉自愿地发挥潜能，为公司更加努力、高效地工作。

2.5 辐射功能

企业文化一旦形成较为固定的模式，它不仅会在企业内部发挥作用，对本企业员工产生影响，而且也会通过各种渠道（宣传、交往等）对社会产生影响。企业文化的传播将帮助树立企业的良好公众形象，提升企业的社会知名度和美誉度。优秀的企业文化也将对社会文化的发展产生重要的影响。

2.6 品牌功能

企业在公众心目中的品牌形象，是一个由以产品服务为主的"硬件"和以企业文化为主的"软件"所组成的复合体。优秀的企业文化，对于提升企业的品牌形象将发挥巨大的作用。独具特色的优秀企业文化能产生巨大的品牌效应。无论是世界著名的跨国公司，如"微软"、"福特"、"通用电气"、"可口可乐"，还是国内知名的企业集团，如"海尔"、"联想"等，他们独特的企业文化在其品牌形象建设过程中发挥了巨大作用。

3 如何建设"四心"企业文化

既然企业文化如此重要，那么我们又该如何建设"四心"监理企业文化呢？其实不管是监理企业还是各行各业的不同类型企业，建设适合自身特点的企业文化都包括以下流程和步骤：

第一步：企业内部要组建企业文化战略委员会等相关部门，由专人负责（最好是企业最高领导），并与专业咨询机构合作组建企业文化执行小组；就监理公司而言，设有党群工作或是宣传部门的就由上述部门为主要力量，没有的可另行就专项事情安排专人落实。

第二步：搜集先进企业文化案例，调查分析企业现状、行业态势、竞争状况、企业最终目标等，制定企业的中、长期发展规划，将企业发展愿景与文化理念相结合，指出企业发展要求，让大家有共同的奋斗信念和目标。

第三步：科学性、艺术性归纳总结企业远景、企业使命、企业精神、企业理念、企业战略、企业口号等。

第四步：依据已提炼出的理念层和企业实际需求，设计企业行为规范，包括员工行为规范、服务规范、生产规范、危机处理规范、典礼、仪式等。

第五步：进行企业形象系统规划，一般要请专业设计机构进行。以确保设计符合艺术性、国际化、高识别性、行业要求等。

企业在以上部分设计规划完成后，应该首先实施企业视觉形象系统的应用，通过视觉形象系统的实施，可以使企业形象在极短的时间内发生巨大的变化，无疑会在社会中、行业中、该企业员工心理中产生很大反响，员工对新的形象、新的理念、新的战略目标产生兴趣。

具体到某个企业的文化建设推进，一般会从以下几个方面来落实：

（1）编写调研计划，明确建设重点和内容，开展调研，形成调研报告。

（2）编制《企业文化理念建设体系方案》。

（3）企业内部协商会签。

（4）《企业文化理念建设体系方案》审批，其中包括了理念征集，对各征集意见的反馈和评价，进行评审修改等内容。

（5）召开专门的讨论活动，确定理念体系。

（6）企业文化建设主管部门会同支持部门编写实施方案并督促落实。

（7）根据计划、实施、评价、完善的 PDCA 模式对企业文化建设工作进行循环推进。

目前，我们看到社会上绝大部分监理公司都有自己简单的名称、标识或是宗旨、口号，但不全面、不系统，宣贯力度和对职工思想的渗透的凝聚力得不到显现，流于形式，因此不断加强各企业的文化建设和宣传、贯彻力度，通过全方位、多渠道的对企业精神、企业理念、企业规章制度进行宣传，辅之以长期的培训、文化活动，表彰优秀代表人物，倡导英雄事迹等细节工作显得十分必要。其实企业文化建设的方法也很多。只要我们平时没有加以提炼和总结，不难发现通过定期的晨会、夕会、总结会、思想小结、张贴宣传企业文化的标语、树先进典型、网站建设、权威宣讲、外出参观学习，建企业创业、发展史陈列室、开展丰富的文体活动、引进新人、引进新文化、开展互评活动、领导人的榜样作用、创办企业报刊等方式都能推进企业文化建设不断向前，促进和推动企业的发展事业向着更高、更远的目标迈进。

如前所述，我们讲监理公司开展企业文化建设，不是说所有的单位都要来搞，走形式，只有发展到一定规模、具有较强实力，完成了企业初、中期发展历程的单位才需要积极考虑、推进此项工作，因为只有一流的单位才能在企业文化建设中汲取更多的积极因子，克服企业发展瓶颈，为谋求企业更强、更快、更稳定长远发展提供强大的精神动力，否则就会成为无本之源、东施效颦。

某生产实验楼塔吊"空中解体"拆除技术的应用

王继生　张志永　宋立艳　张　颖

（北京城乡建设集团工程承包总部）

【摘　要】　在个别项目施工过程中，会出现因场地、塔吊本身机械故障、塔吊位置设计问题以及工程设计发生变化等原因，给塔吊拆除带来很大的难度。某生产实验楼，因设计发生变化，造成塔吊不能采用传统的拆除工艺拆除，在这种情况下，采用了"空中解体"的拆除技术，从而验证了"空中解体"的拆除技术是一种可行的塔吊拆除方法。

【关键词】　塔吊；"空中解体"；拆除技术

　　随着建筑业的发展，施工水平的提高，施工机械化的需要，塔式起重机（以下简称塔吊）成为施工中垂直运输的主要设备。因此，塔吊的安装、使用、拆除是建筑企业复杂而又重要的工艺过程，其中塔吊的拆除过程尤为重要。在个别项目施工过程中，会出现因场地、塔吊本身机械故障、塔吊位置设计问题以及工程设计发生变化等原因，造成塔吊不能采用传统的拆除工艺拆除，在这种情况下，"空中解体"拆除技术是一种可行的方法。

1　工程概况

　　某生产实验楼，框架-剪力墙结构，地下二层，地上十三层，建筑物总高 59.5m，主楼最高点 63m，完成后效果如图 1 所示。

图1　效果图

　　基础结构施工前，项目部根据实际需要、现场情况、楼体平面形状、楼体高度等安装了一台预埋固定式 TC7525-16D 塔吊（以下简称 TC7525），臂长为 70m。基础、主体施工阶段塔吊位置如图 2、图 3 所示。

　　进入主体结构施工阶段前，因设计变更，主体结构外轮廓有所变化，即原本主体结构图 2 中边线 1 位置变更到了边线 2 的位置，如图 4 所示，边线 1 与边线 2 产生了 14°的夹角，造成原本与边线 1 平行的塔吊边线，与边线 2 产生了 14°的夹角，主体结构设计变更前后对比如图 5 所示。

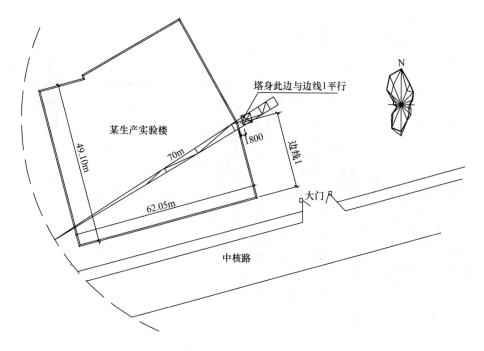

图 2　基础施工塔吊位置图

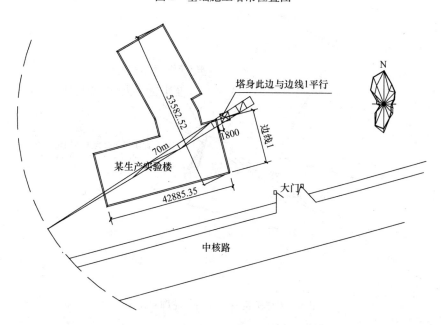

图 3　主体结构变更前施工塔吊位置图

　　也就是说，按照传统的拆除方法，塔吊拆除时，塔吊起重臂需与边线 2 平行，但是由于结构轮廓发生变化后，塔吊塔身边线与边线 2 存在着 14°的夹角，造成拆除无法实现。塔吊最终的工作高度是 82m。在这种情况下，我们仔细分析了各个方面的条件和因素，充分考虑了保证安全的各项保证措施，经过认真的分析论证，最终我们采用了塔吊"空中解体"的拆除技术。

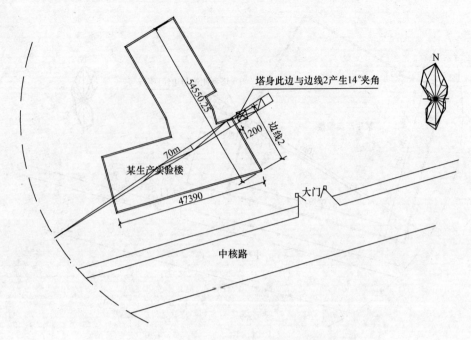

图4　主体结构变更后施工塔吊位置图

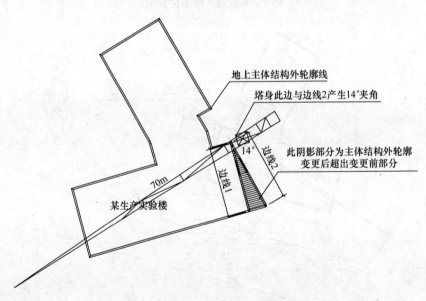

图5　主体结构变更前后外轮廓对比图

2　TC7525塔吊概况

TC7525塔吊最大臂长75m；臂长组合每5m递减，最小臂长40m，最大起重量16t；75m臂长时，臂尖最大吊重量2.5t；额定起重力矩2500kN·m；塔身采用2m×2m×3m鱼尾板片式标准节；最大独立高度为51.3m，最大附着高度240.3m；本工程采用固定式塔吊，如图6所示。

图 6　TC7525 塔吊

TC7525 塔吊各部件重量：

塔吊主要部件如图 7 所示，塔吊前臂由 10 个臂节组成，塔吊平衡臂由前后两个臂节组成，平衡臂配重由 10 块混凝土配重块组成。

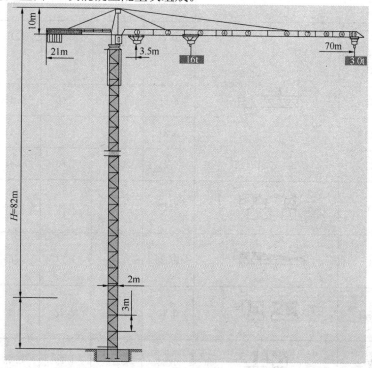

图 7　塔吊示意图

塔吊平衡重数量及重量见表1所列。

塔吊平衡重数量及重量 表1

Counter-jib ballast			4000—2500—1000kg		
		(kg)	PHZ4000	PHZ2500	PHZ1000
70m	20m	20000	3	2	3

塔吊各部件重量见表2所列。

塔吊各部件重量 表2

序号	名称	形状	L (m)	B (m)	H (m)	单件重量 (t)	数量
1	臂节Ⅰ		10.23	1.98	1.80	2.26	1
2	臂节Ⅱ		10.21	1.73	1.60	1.66	1
3	臂节Ⅲ		10.21	1.73	1.60	1.33	1
4	臂节Ⅳ		10.21	1.73	1.60	1.23	1
5	臂节Ⅴ		10.21	1.73	1.60	1.10	1
6	臂节Ⅵ		5.21	1.73	1.60	0.70	1
7	臂节Ⅶ		5.21	1.73	1.60	0.45	1
8	臂节Ⅷ		5.21	1.73	1.60	0.41	1
9	臂节Ⅸ		5.21	1.73	1.60	0.42	1
10	臂节Ⅹ		1.10	1.98	1.60	0.14	1
11	塔顶		10.28	1.84	1.74	3.65	1
12	回转塔身		3.12	2.09	2.27	2.89	1
13	吊钩		1.68	0.26	1.79	0.49	1

序号	名称	形状	L (m)	B (m)	H (m)	单件重量 (t)	数量
14	爬升架		7.3	2.81	2.76	4.00	1
15	回转总成		2.54	2.54	2.19	3.60	1
16	载重小车		2.73	1.98	1.36	0.47	2
17	平衡臂后臂节		10.70	2.40	1.85	6.50	1
18	平衡臂前臂节		10.80	1.75	0.83	2.60	1
19	司机室		2.00	1.30	2.20	0.50	1
20	基础节 L68G21		7.77	2.10	2.10	4.40	1
21	标准节片		3.30	0.48	2.00	1.77	14
22	行走底架整梁		8.94	1.00	0.95	1.70	1
23	行走底架半梁Ⅰ		4.34	0.52	0.92	0.81	2
24	行走底架半梁Ⅱ		4.34	0.52	0.92	0.81	2
25	行走机构 IZAK52		1.25	0.85	0.90	0.90	4
26	电缆卷筒		0.85	2.20	2.20	0.75	1

3 汽车吊选择

某生产实验楼工程主楼最高点约63m，塔吊（塔尖）安装高度为82m，首先采用传统方法将塔吊（塔尖）降到74m后进行高空解体拆除。

图8 汽车吊（QAY260）

综合塔吊安装高度、各部件重量、现场场地情况等综合因素，我们决定采用一台260t汽车吊（徐工QAY260）作为主要拆除设备，如图8所示，一台25t汽车吊（徐工QY25K-1、采用20m长副臂）作为辅助设备，另配备足够数量的运输车辆。

3.1 QAY260汽车吊作业状态主要技术参数

QAY260汽车吊作业状态主要技术参数见表3所列。

QAY260汽车吊作业状态主要技术参数　　　　表3

类别		项　目	单位	参数与尺寸
主要性能参数	最大起重力矩	最大额定总起重量	t	260
		最小额定工作幅度	m	3
		平衡重尾部回转半径	mm	5250
		基本臂	kN·m	7980（133t×6m）
		最长主臂	kN·m	3354（9.8t×32m）
	支腿距离	纵向	m	8.8
		横向（全伸/半伸）	m	8.7/6.5
	起升高度	基本臂	m	13.9
		最长主臂	m	69.8
		最长主臂＋副臂（12m）	m	75.1
		最长主臂＋副臂（20m）	m	82.8
	起重臂长度	基本臂	m	13.2
		最长主臂	m	70
		最长主臂＋副臂（12m）	m	82
		最长主臂＋副臂（20m）	m	90
		副臂安装角	°	0°、15°、30°

3.2 QAY260汽车吊性能

（1）QAY260主臂工况起重性（支腿8.7m，平衡重80t）见表4所列。

QAY260 主臂工况起重性表（部分）　　表 4

R/L	52.4	52.4	52.4	56.7	56.7	56.7	61.1	61.1	65.5	70
10	27.1	37.9	40							
12	25.2	35	37	24.9	28	33.8	22.7	26.6		
14	23.3	32	34	22.9	26.1	31.4	21.5	25.1	20.6	18
16	21.4	28.9	31	20.9	24.1	28.3	20.4	23.7	19.6	17.1
18	19.7	26	29.6	19.3	22.4	25.8	19.2	22.3	18.6	16.4
20	18.1	23.4	26.8	18.1	20.7	23.3	18	20.6	17.7	15.7
22	16.7	21.4	24.3	17	18.9	20.8	16.8	18.7	16.7	15
24	15.5	19.6	22.1	15.8	17.3	19.3	15.4	17	15.4	13.9
26	14.5	17.8	20.2	14.8	15.6	17.6	14.2	15.7	14.2	12.9
28	13.6	16.5	18.7	14.1	14.6	16.1	13.2	14.5	13.1	11.9
30	12.7	15.4	17.2	13.2	13.4	14.9	12.2	13.5	12.2	11
32	11.9	14.2	15.9	12.5	12.5	13.8	11.3	12.4	11.4	10.1
34	11.3	13.4	14.9	11.6	11.6	12.8	10.5	11.6	10.6	9.4
36	10.6	12.5	13.5	11	10.8	12	9.8	10.6	9.9	8.8
38	10.1	11.6	12.1	10.2	10.2	11.2	9.2	9.9	9.2	8.2
40	9.6	10.9	11	9.7	9.5	10.4	8.7	9.4	8.6	7.6

（2）QAY260 副臂工况起重性（副臂长 20m，支腿 8.7m，平衡重 80t）见表 5 所列。

QAY260 副臂工况起重性表（部分）　　表 5

R/L	52.4			56.7			61.1			65.5		
副臂仰角°	0	15	30	0	15	30	0	15	30	0	15	30
14	8.1			8.5								
16	7.7			8.2			9.0					
18	7.4	5.6		7.7			8.5			8.0		
20	7.1	5.4		7.4	5.4		8.0	5.4		7.6		
22	6.8	5.2	4.2	7.0	5.2		7.6	5.2		7.2	5.4	
24	6.4	5.0	4.2	6.6	5.0	4.2	7.3	5.2	4.2	6.8	5.2	4.2
26	6.2	4.8	4.0	6.4	5.0	4.0	6.7	5.0	4.0	6.6	5.0	4.0
28	5.8	4.6	4.0	6.0	4.8	4.0	6.1	4.8	4.0	6.2	4.8	4.0
30	5.6	4.6	3.8	5.8	4.6	4.0	5.5	4.6	4.0	5.5	4.8	4.0
32	5.4	4.4	3.8	5.5	4.4	3.8	5.0	4.6	3.8	4.9	4.6	3.8
34	5.2	4.2	3.8	5.0	4.4	3.8	4.5	4.4	3.8	4.5	4.4	3.8
36	5.0	4.2	3.6	4.6	4.2	3.8	4.1	4.1	3.8	4.1	4.1	3.8
38	4.8	4.0	3.6	4.2	4.2	3.6	3.7	3.8	3.6	3.7	3.7	3.6
40	4.6	4.0	3.6	3.9	3.9	3.6	3.4	3.4	3.5	3.3	3.4	3.5

(3) QAY260 作业范围如图 9 所示。

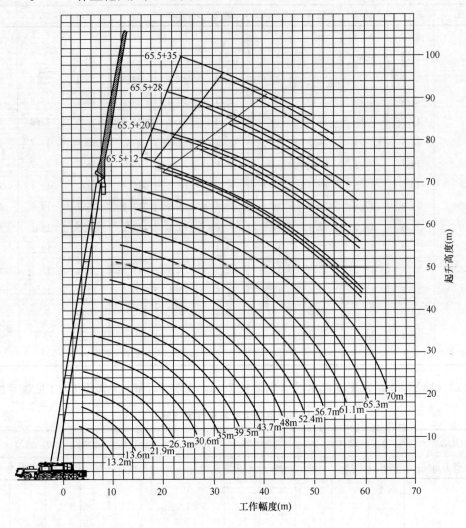

图 9　QAY260 作业范围图

4　"空中解体"拆除方案

塔吊"空中解体"工艺施工方法，其关键是在空中解体起重臂、平衡臂。主要施工步骤：拆除部分平衡重→拆卸起重臂 7～9 节→拆卸起重臂长拉杆→拆卸起重臂 5～6 节、3～4 节→拆除剩余平衡重→拆卸起重臂短拉杆→拆卸起重臂 1～2 节→拆卸起升机构及平衡臂→拆卸塔顶→拆卸回转塔身及回转总成→拆卸顶升套架→拆卸剩余全部锚固及标准节，共 12 个步骤。

4.1　拆除前准备工作

(1) 拆塔时配备 QAY260、QAY25 汽车吊各一台、10t 板车八辆，承担全部运输、吊装任务。

（2）确定 QAY260 汽车吊的位置，保证大吊车支脚位置有足够的强度。

（3）规划好码放塔件的位置，避免二次吊运。

（4）准备好吊装机械及各种吊具、索具及必备工具，见表 6 所列。

各种吊具、索具及必备工具表　　　　表 6

名　　称	规　　格	数　　量
呆扳手	46 寸	4 把
呆扳手	36 寸	2 把
呆扳手	55 寸	8 把
活动扳手	24 寸、12 寸	5 把
梅花扳手	30～32、24～27	6 把
吊索	6mϕ21.5	4 根
吊索	1.5mϕ19.5	4 根
吊索	4mϕ21.5	2 根
麻绳	90m	1 把
手锤	18 磅、14 磅、4 磅	6 把
钳子、改锥		10 件
撬杠		2 根
电工工具		1 套
卡环		12 个

（5）操作人员必须身体健康，经过专业培训，并取得上岗证。必须经过公司安全管理部相关人员检查后方可作业。

（6）在起重臂上弦靠近塔身处至待拆节点间安装拴挂安全带的 ϕ5 钢丝绳，拆卸作业时，将操作人员的安全带套在 ϕ5 钢丝绳上，钢丝绳在拉杆两边各设一根，中间部分挂在上弦拉杆托丫座上，用紧线钳拉紧。

4.2　安全注意事项

（1）进入现场要查明场地情况，安全员进行安全交底，拆装负责人进行技术交底和人员分工，制定切实可行的施工方案，在确保安全的情况下方能进行施工作业。

（2）施工现场要划出作业区，拉好警戒线，维持好现场秩序，严禁非工作人员进入现场。

（3）进入现场必须戴好安全帽，高空作业要穿好防滑鞋并系好安全带，拆卸作业时，将操作人员的安全带套在起重臂上预先安装的 ϕ5 钢丝绳上。

（4）汽车吊支车要可靠，塔件运输捆扎要牢靠，确保运输安全。

（5）对使用的起吊卡具等要认真检查，不得超载使用。

（6）禁止从高处向下抛掷物体，高空工具及物体应放在合适的容器中，严防不慎坠落。

（7）塔件码放要注意地面承受情况，保持合理的稳定平衡，吊点不平衡时要调整吊点，禁止操作人员做配重。

（8）严格遵守操作规程及拆装工艺，如遇特殊情况及时请示有关人员妥善处理。

（9）按"拆装人员职责及分工"组织作业，互相监督，齐心合作，确保安全。

（10）风力4级以上、雨天禁止安装、顶升作业。

4.3 拆塔工序

4.3.1 汽车吊安装至位置1

将QAY260汽车吊开到拆塔位置1，并支好吊车支腿，采用20m长副臂，安装位置如图10所示，此时汽车吊距塔身距离为40m。

在整个拆除过程中，汽车吊距吊点的距离不会超过40m，符合QAY260作业范围要求。

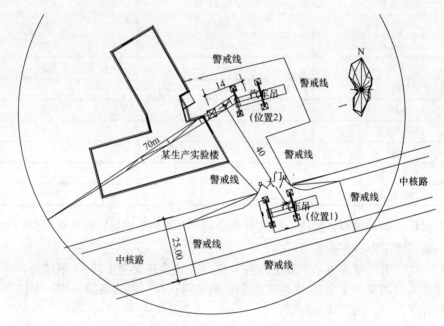

图10 汽车吊安装位置图

4.3.2 拆除部分平衡重

转动塔吊起重臂，将平衡臂朝向汽车吊，此时平衡臂端部的平衡重距汽车吊距离为20m，汽车吊相对位置如图11所示。

按表1所列，需要吊除4t重平衡重3块，2.5t重平衡重2块，1t重平衡重3块，共计7块，其中最大吊重为4t。平衡重需要留下1块4t，其他平衡重均吊除，如图12所示。

按QAY260副臂工况起重性表5中所列，此时汽车吊最大吊重为7.6t，性能符合要求。

拆除平衡重前，将主卷扬绳收起，大钩摘掉变幅小车收到臂根固定好。

吊平衡重块时，应注意：

（1）卡环必须卡牢，吊装平稳，不要晃动。操作人员将安全带系在平衡臂后部防护栏杆上。

（2）留下的1块4t平衡重，待拆卸起重臂后，再拆除。

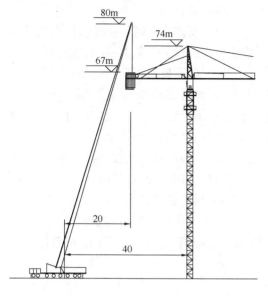

图 11　汽车吊相对位置图　　　　　　　　　　图 12　吊除平衡重

4.3.3　拆卸重臂第 7、8、9 节

按表 2 所列，塔吊起重臂第 7、8、9 节，实际总长度为 15.63m，重 1.28t，汽车吊吊点距汽车吊距离为 24m，汽车吊相对位置如图 13 所示。

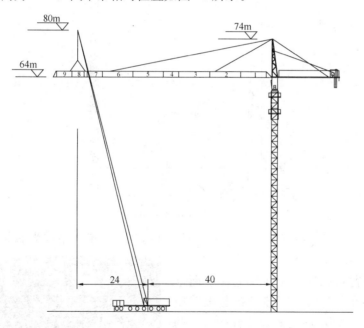

图 13　汽车吊相对位置图

按 QAY260 副臂工况起重性表 5 中所列，此时汽车吊最大吊重为 6.8t，汽车吊性能符合要求。

拆卸重臂第 7、8、9 节时，如图 14 所示，要选好起重臂平衡吊点，挂好专用吊具，吊车慢慢抬起，打去两个下弦销钉，调整吊车吊点高度，拆除上弦销钉，吊下起重臂。

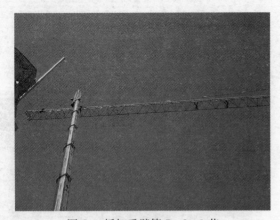

图 14　拆卸重臂第 7、8、9 节

应注意：

（1）拆卸作业时，必须将操作人员的安全带套在预先安装的 $\phi5$ 钢丝绳上。

（2）起重臂吊下前，将扣挂安全带的 $\phi5$ 的钢丝绳端移至起重臂第 6 节端部，移动 $\phi5$ 钢丝绳时，操作人员的安全带将扣挂在起重臂的上弦杆上。

（3）必须要用大绳在臂尖处捆好，地面用人拖住防止起重臂旋转。

4.3.4　拆卸重臂第 5、6 节

按表 2 所列，塔吊起重臂第 5、6 节，实际总长度为 15.42m，重 1.80t，汽车吊吊点距汽车吊距离为 18m，汽车吊相对位置如图 15 所示。

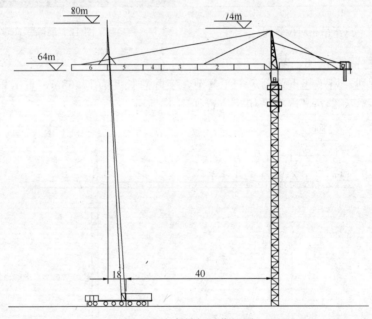

图 15　汽车吊相对位置图

按 QAY260 副臂工况起重性表 5 中所列，此时汽车吊最大吊重为 8.0t，汽车吊性能符合要求。

拆卸起重臂长拉杆：选好起重臂平衡吊点，挂好专用吊具，大吊车慢慢抬起重臂使拉杆放松，用 2t 捯链固定好长拉杆接口，调整长度后打开拉杆销钉，解开长拉杆，放松捯链，吊车慢慢下降到短拉杆受力，将长拉杆剩余部分捆绑在起重臂上，捆绑时必须捆牢。

拆卸重臂第 5、6 节，如图 16 所示，起重

图 16　拆卸重臂第 5、6 节

臂长拉杆捆绑在起重臂上后，大吊车将起重臂放平，按4.3.3步骤，打开起重臂销钉，拆卸起重臂第5、6节。

拆卸作业时注意事项同4.3.3，并在起重臂吊下前，将扣挂安全带的$\phi5$钢丝绳端移至起重臂第4节端部，移动$\phi5$钢丝绳时操作人员的安全带将扣挂在起重臂的上弦杆上。

4.3.5 拆卸重臂第3、4节

按表2所列，塔吊起重臂第3、4节，实际总长度为20.42m，重2.56t，汽车吊吊点距汽车吊距离为20m，汽车吊相对位置如图17所示。

按QAY260副臂工况起重性表5中所列，此时汽车吊最大吊重为7.6t，汽车吊性能符合要求。

拆除长拉杆：选好捆在起重臂上的长拉杆平衡吊点，挂好专用吊具，大吊车慢慢抬起重臂，使起重吊索微微受力，松开捆在塔吊起重臂上的绳索，打开长拉杆在塔顶上的销钉，吊下长拉杆。

拆卸重臂第3、4节，如图18所示，选好起重臂平衡吊点，挂好专用吊具，大吊车慢慢抬起，按4.3.3步骤，打去两个下弦销钉，调整吊车拆除上弦销钉，吊下起重臂第3、4节。

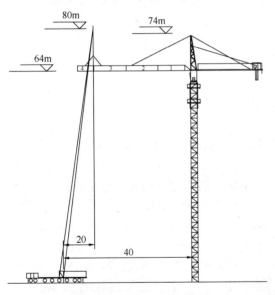

图17 汽车吊相对位置图

图18 拆卸重臂第3、4节

拆卸作业时注意事项同4.3.3，并在起重臂吊下前，将扣挂安全带的$\phi5$钢丝绳端移至起重臂第2节端部，移动$\phi5$钢丝绳时操作人员的安全带将扣挂在起重臂的上弦杆上。

4.3.6 汽车吊安装至位置2，卸下副臂

移动汽车吊，将QAY260汽车吊开到拆塔位置2，并支好吊车支腿，拆卸QAY260吊车副臂，采用主臂进行下一步拆除，此时汽车吊距塔身间距为14m。

4.3.7 拆除剩余平衡重

转动塔吊起重臂，将平衡臂朝向汽车吊，此时平衡臂端部的平衡重距汽车吊距离为14m，汽车吊相对位置如图19所示。

平衡重重 4t，按 QAY260 副臂工况起重性表 5 中所列，此时汽车吊最大吊重为 18t，性能符合要求。拆除剩余平衡重，如图 20 所示。

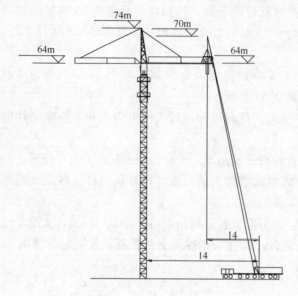

图 19　汽车吊相对位置图

图 20　拆除剩余平衡重

相关操作要求与 4.3.2 相同。

4.3.8　拆卸剩余 1、2 节重臂

按表 2 所列，塔吊起重臂第 1、2 节，实际总长度为 20.44m，重 3.92t，汽车吊吊点距汽车吊距离为 14m，汽车吊相对位置如图 21 所示。

按 QAY260 副臂工况起重性表 5 中所列，此时汽车吊最大吊重为 18t，汽车吊性能符合要求。

拆除短拉杆：选好起重臂平衡吊点，挂好专用吊具，大吊车慢慢抬起，使短拉杆放松，用 QAY25 小吊车轻轻吊起短拉杆，将短拉杆中间连接件解开，分为两段，一段捆绑在起重臂上另一段捆绑在塔帽上，必须捆牢。

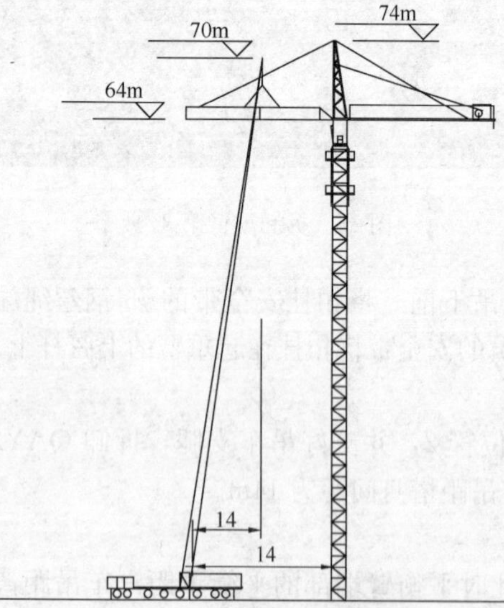

拆卸剩余 1、2 节重臂，如图 22 所示，

图 21　汽车吊相对位置图

图 22　拆卸剩余 1、2 节重臂

短拉杆固定好后，大吊车将起重臂放平，打去两个臂根销钉，拆除起重臂。

拆卸作业时注意事项同 4.3.3，至此，扣挂安全带的 φ5 钢丝绳可拆除。

4.3.9 拆卸起升机构及平衡臂

按表 2 所列，塔吊起重机构及平衡臂实际总长度为 21.5m，总重 14.1t，汽车吊吊点距汽车吊距离为 14m，汽车吊相对位置如图 23 所示。

按 QAY260 副臂工况起重性表 5 中所列，此时汽车吊最大吊重为 18t，性能符合要求。

选好平衡臂平衡吊点，挂好专用吊具，大吊车慢慢抬起，使平衡臂拉杆放松，用 QAY25 小吊车轻轻吊起短拉杆，分别将两根拉杆拆除吊下。然后，大吊车将起重臂放平，打去臂根销钉，拆除平衡臂，平稳吊下。拆卸起升机构及平衡臂如图 24 所示。

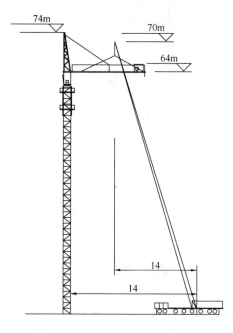

图 23　汽车吊相对位置图　　　　图 24　拆卸起升机构及平衡臂

拆卸时应注意：

（1）一定要使用专用吊具，确保打掉两个销钉后平衡臂处于平衡状态。

（2）必须要用大绳在臂尖处捆好，地面用人拖住防止平衡臂旋转。

4.3.10 拆卸塔顶

按表 2 所列，平衡臂前半部分实际总高度为 10.28m，总重 3.65t，汽车吊吊点距汽车吊距离为 20m，汽车吊相对位置如图 25 所示。

按 QAY260 副臂工况起重性表 5 中所列，此时汽车吊最大吊重为 18t，性能符合要求。

使用 4 根专用吊具，将塔顶挂好，吊具长度一致，使得塔顶处于垂直状态。拆除全部销轴，先缓慢起吊，确认没有任何连接部分后，起吊，平稳吊下。

4.3.11 拆卸回转塔身及回转总成

按表 2 所列，回转塔身及回转总成总重 6.49t，汽车吊吊点距汽车吊距离为 14m，汽车吊相对位置如图 26 所示。

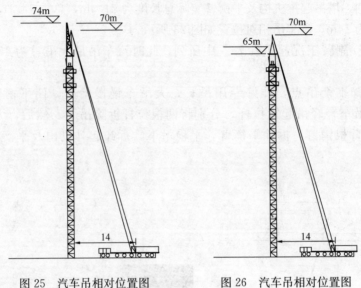

图 25　汽车吊相对位置图　　　　图 26　汽车吊相对位置图

按 QAY260 主臂工况起重性表 4 中所列，此时汽车吊最大吊重为 18t，性能符合要求。

拆回转塔身前先将司机室推回并固定好，使用 4 根专用吊具，将回转总成挂好，吊具长度一致，使回转塔身处于垂直状态。拆除全部销轴，先缓慢起吊，确认没有任何连接部分后起吊，平稳吊下。

4.3.12 拆卸顶升套架（含两个标准节）

按表 2 所列，顶升套架总重及两个标准节总重 7.54t，汽车吊吊点距汽车吊距离为 14m，汽车吊相对位置如图 27 所示。

按 QAY260 主臂工况起重性表 4 中所列，此时汽车吊最大吊重为 18t，性能符合要求。

拆顶升套架前，应先将顶升泵站吊到地面，套架内有两个标准节和套架一起拆除。拆卸方法与 4.3.11 拆卸回转塔身及回转总成相同。

4.3.13 拆卸剩余全部锚固及标准节

按顺序拆除剩余全部锚固及标准节，按表 2 所列，每件最大吊重为 5.5t，汽车吊吊点距汽车吊距离为 14m，汽车吊相对位置如图 28 所示。

按 QAY260 主臂工况起重性表 4 中所列，此时汽车吊最大吊重为 18t，性能符合要求。

拆除过程不再赘述。

至此，经过两天的拆除施工，"空中解体"拆除技术得以圆满实现，拆除工作胜利结束。

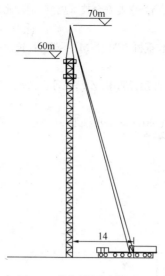

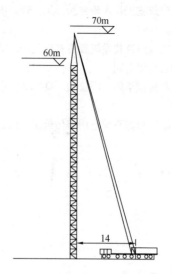

图 27　汽车吊相对位置图　　　　　　　图 28　汽车吊相对位置图

5　结语

通过某生产实验楼工程塔吊拆除过程中的实际应用，证明"空中解体"拆除技术，作为特殊情况或特殊条件下的非常规拆除技术，是一项可行的拆除技术。

但是，作为一种非常规的拆除技术，相比于常规的拆除方法，其危险性还是比较大的，以下几点必须引起我们注意：

（1）塔吊安装前，对于塔吊安装的位置（包括塔身的安装角度），必须进行认真细致的考虑，尤其是地下与地上结构外缘有较大变化的建筑，更应该引起我们的高度重视。本工程的塔吊"空中解体"是因设计变化造成的，我们更应该注意，我们在设计塔吊位置的时候，楼体本身地下与地上结构的变化等诸多因素，也就是说，从安装开始，就尽量避免采用危险性相对较高的"空中解体"拆除技术。

（2）一旦确定采用"空中解体"拆除技术，必须引起我们的高度重视，制定切实可行的拆除方案，并经公司相关部门研究论证，必要时必须组织专家论证。建设部 87 号文明确规定了起重吊装及安装拆卸工程的专家论证范围，符合论证范围的方案实施前，必须履行专家论证程序，修改完善后方可实施。

（3）方案实施过程中必须按照规定流程操作，各项安全、技术、应急措施准确到位，指挥人员经验丰富，指令准确到位，操作人员持证上岗，身体状态符合要求，胆大心细，方可做到万无一失。

参考文献

[1]　上海市建工设计研究院有限公司，上海市第四建筑有限公司. JGJ 196—2010 塔式起重机安装、拆除、使用安全技术规范[S]. 北京：中国建筑工业出版社，2010.

[2]　北京建筑机械化研究院，长沙建设机械研究院，四川建设机械（集团）股份有限公司. GB 5144—2006 塔式起重机安全规程[S]. 北京：国家标准局，2006.

［3］ 上海市建筑施工技术研究所. JGJ 80—1991 建筑施工高处作业安全技术规范［S］. 北京：中国计划出版社，1992.

［4］ 长沙中联重科科技发展股份有限公司. TC7525 塔式起重机说明书［M］. 湖南：长沙中联重科科技发展股份有限公司.

［5］ 徐州工程机械集团有限公司. QAY260 全地面起重机使用说明书［Z］. 江苏：徐州工程机械集团有限公司.

［6］ 李剑生. 塔吊起重臂空中解体施工方法：中国，CN200510038769. 3［P］. 2005-09-28.

探讨钢筋混凝土现浇楼板裂缝的原因及预防措施

胡美瑜

（北京城乡建设集团有限责任公司工程承包总部）

【摘　要】　几年来，在建筑施工和使用过程中，时常会发现现浇楼板有规则或不规则的裂缝，严重的裂缝会影响构件的承载力，降低结构的耐久性，并且影响正常使用，也给使用者带来一定的心理压力。随着人们生活水准的提高及住房制度的改革，人们对裂缝问题越来越重视，有时还会引发参建各方的责任纠纷。裂缝较难控制的原因是，由于混凝土施工和本身变形、约束等一系列问题，硬化成型的混凝土中存在着众多的微孔隙、气穴和微裂缝，正是由于这些混凝土建筑和构件通常都是带缝工作的，再加上其他多方面原因，如外荷载的作用、温度的变化、基础的不均匀沉降、混凝土的收缩徐变、构件的配筋不合理以及施工方法不当等，就会产生较长、较大的裂缝了。所以分析研究裂缝产生的原因及预控措施是十分必要的，并需普及到各相关部门、主要责任人及实际操作者，层层严格把关相互协作，才会有较好的效果。

【关键词】　裂缝危害；类型及特征；产生原因；控制措施；处理方法

1　裂缝的危害

（1）强度影响：根据裂缝深度和长度的大小，不同程度地减少了楼板的截面尺寸，破坏了楼板的整体性，易产生应力集中现象。在使用不当时，还会使裂缝再发展，引起钢筋锈蚀，进一步降低楼板的承载力。

（2）耐久性影响：当板缝不断的发展变化或使内部的受力钢筋等材料腐蚀，引起混凝土的碳化发展，降低混凝土的抗冻融、抗疲劳及抗渗能力等，将会减少结构的设计正常使用年限。

（3）抗渗性影响：在裂缝较深时或为通缝时，抗渗性就减弱很多，当上层的水渗漏到下层，或自线管渗漏进电器中，或者下层为设备层或人防层（人防层楼板不得有裂缝）时，就影响正常使用了。有腐蚀物质存在时，会沿着裂缝形成一条通道，会减低楼板的防腐能力。

（4）经济影响：当对较多的裂缝进行修复和加固处理时，会花费较多的人力和物力，当工程较大和裂缝较多时，直接费用或间接费用还是较大的。

（5）社会影响：在住户发现楼板有裂缝时，会有很多顾虑和不安，认为会对人身安全有影响，常会发生投诉和索赔现象，并对各责任方有不满情绪，影响社会和谐。

2　裂缝的类型及特征

根据裂缝的规律性、形态、发生部位以及分布情况划分裂缝可以有以下几种：塑性收缩裂缝、塑性沉降裂缝、龟裂、收缩裂缝、温度裂缝、纵向裂缝、横向裂缝、斜裂缝、八字和倒八字形裂缝、X形交叉裂缝、其他裂缝。

（1）网状、龟裂状的细裂缝：是指发生在混凝土表面的裂纹深度不超过0.2mm的网状裂缝，对混凝土的整体结构性能影响不大，但影响了外表的美观，而且时间一长，裂缝受到风吹雨蚀，很容易继续加深，最终影响到混凝土的耐久性。

（2）平行排列或鸡爪状裂缝：一般发生在新浇筑后的表面抹面处理阶段，裂缝深度大约在12mm，这种裂缝多数是由于混凝土表面水分蒸发过快，由混凝土内外水分含量差引起的。属于混凝土的塑性收缩裂缝。

（3）阳角45°斜角裂缝：在房屋四周阳角处（含平面形状突变的凹口房屋阳角处）的房间1m左右，即在楼板的分离式配筋的负弯矩筋以及角部放射筋末端或外侧，发生45°左右的板面斜角裂缝。

（4）宽窄不一裂缝：是由早期冻胀引起的裂缝，在结构表面沿主筋、箍筋方向出现宽窄不一的裂缝，深度一般到主筋。

（5）沿钢筋位置裂缝：通常在结构完工　段时间后，遇水后，尤其是地下室湿度较大，沿着钢筋位置出现的纵向裂缝，是表明钢筋正在生锈的一个重要征兆，是由于钢筋生锈体积膨胀引起的。如果不进行处理，将会导致混凝土开裂，保护层完全脱落，并引起钢筋严重锈蚀。这种裂缝对结构的耐久性和安全性影响很大，应进行彻底处理。

（6）无一定规律，面积较大裂缝：一般是由温度裂缝引起的，表面上纵横交错，梁板类长度尺寸较大的结构，裂缝多平行于短边；深入和贯穿性的裂缝一般与短边方向平行或接近平行，裂缝沿着长边分段出现，中间较密。裂缝宽度大小不一，受温度变化影响较明显，冬季较宽，夏季较窄。此种裂缝会引起钢筋的锈蚀，混凝土的碳化，降低混凝土的抗冻融、抗疲劳及抗渗能力等。

（7）混凝土酥松裂缝：一般是由化学反应引起的，混凝土中碱骨料反应和钢筋锈蚀引起的裂缝也是最常见裂缝，混凝土拌合后会产生一些碱性离子，这些离子与某些活性骨料产生化学反应并吸收周围环境中的水而体积增大，造成混凝土酥松、膨胀开裂。

（8）X形裂缝：一般发生在靠板中部位，这是在施工过程中，混凝土尚未有强度时，由于施工荷载过早且较集中时，使支撑产生位移，导致钢筋与混凝土之间脱离，形成混凝土表面的裂缝，这种裂缝是常见的，也是非常可怕的，所以这种裂缝应在施工中引起高度重视并加以避免。

（9）八字、倒八字形或其他规律裂缝：在梁板靠边缘处会出现对称规律裂缝，一般较深较宽。

3　产生的原因

一般主要有四种：商品混凝土质量有缺陷；施工质量没有得到有效的控制；设计缺少加强措施；使用不当。

3.1　商品混凝土质量原因

（1）目前已普遍采用商品混凝土进行浇筑，为满足坍落度大、流动性好的泵送要求，必然水灰比相对较大，当混凝土收缩凝固时，就会产生塑性收缩裂缝。而且受激烈的市场竞争的影响，各商品混凝土厂商的混凝土性能不够稳定，如：粉煤灰掺量大会影响混凝土的早期强度，砂石含泥量高会大大降低混凝土的抗拉强度，并可能引起碱骨料反应，遇水体积膨胀，致使现浇混凝土楼板出现裂缝。或采用低价位、低性能的混凝土外加剂，以及细度模数低、含泥量较高的中细砂作为降低价格和成本的主要竞争手段等原因。

（2）目前已普遍采用泵送商品混凝土进行浇筑，但受剧烈的市场竞争，导致总包单位与商混站在订购商品混凝土时，没有根据工程的不同部位和性质提出对混凝土品质的明确要求，只是片面压价和追求低价格、低成本而忽视了混凝土的品质，导致混凝土性能下降和收缩裂缝增多。

（3）碱性环境中化学反应导致裂缝产生，混凝土中含有高分子的 $Ca(OH)_2$，为含硅骨料提供了足够的碱性环境，在含硅骨料和 $Ca(OH)_2$ 发生化学反应超过了一定限度时，在混凝土内部产生一种膨胀力，导致混凝土产生裂缝。

3.2 施工时产生的裂缝

（1）塑性沉降裂缝：这是在施工过程中，混凝土尚未有强度时，由于施工荷载过早地作用，使支撑产生位移，导致钢筋与混凝土之间脱离，形成混凝土表面的裂缝，这种裂缝是常见的，也是非常可怕的，所以这种裂缝应在施工中引起高度重视并加以避免。

（2）龟裂：由于没有进行合理的养护引起的。裂缝很浅，常在初凝期间出现。这种裂缝对结构影响不大，一般不需处理。

（3）收缩裂缝：混凝土在硬化后在表面形成的裂缝。由于受到周围结构构件的约束或者养护不足，收缩量不同而引起的，裂缝一般与构件表面垂直。

（4）现浇板上过早施工而加荷引起的裂缝：《混凝土结构工程施工质量验收规范》GB 50204 规定，混凝土强度达到 $1.2N/mm^2$ 前，不得在其上踩踏或安装模板及支架。但有时由于为了抢时间、赶进度，在刚浇好的现浇板上或混凝土尚处在初凝阶段，就任意踩踏、搬运材料，集中堆放砖块、砂浆、模板等。过早的加荷，人为地造成了现浇板裂缝。

（5）板负筋下沉产生的裂缝：在楼面工程施工中各种交叉作业，楼面负筋位置的正确性难以得到保证，由于受到施工人员踩踏后会使钢筋弯曲、变形，致使负筋下陷，保护层过大，降低了板截面的有效高度，使板的承载能力达不到设计的要求，从而导致板裂缝的产生。

（6）早期冻胀引起的裂缝：在结构构件表面沿主筋、箍筋方向出现宽窄不一的裂缝，深度一般到主筋。

（7）温度作用产生的裂缝：温度差下产生的裂缝。混凝土由于受到搅拌以及结合态的 $Ca(OH)_2$ 与水等材料发生反应的影响，浇筑期的混凝土内部温度比较高，当高温度的混凝土应用于工程施工时，表层的温度将大幅度降低，而混凝土内部的温度仍处在高温或者次高温状态，阻碍了混凝土表面的收缩，又因为混凝土的抗拉能力低，因此极易发生裂缝。

3.3 设计原因

（1）抗裂配筋不合理

在房屋四周阳角处（含平面形状突变的凹口房屋阳角处）裂缝，其原因主要是混凝土的收缩特性和温差双重作用所引起的，并且越靠近屋面处的楼层裂缝往往越大。现行设计规范侧重于按强度考虑，未充分按温差和混凝土收缩特性等多种因素作综合考虑，配筋量因而达不到要求。而房屋的四周阳角由于受到纵、横两个方向剪力墙或刚度相对较大的楼面梁约束，限制了楼面板混凝土的自由变形，因此在温差和混凝土收缩变化时，板面在配筋薄弱处（即在分离式配筋的负弯矩筋和放射筋的末端结束处）首先开裂，产生45°左右的斜角裂缝。

（2）现浇板结构设计中只考虑强度要求外，未进行挠度及裂缝验算，未考虑施工不均匀性及混凝土本身的收缩因素。

（3）未采用较小直径密度分布的方式进行布筋，来防止温度及收缩引起的应力影响，未防止因混凝土自身收缩出现大量的应力集中点，使局部出现塑性变形产生裂缝。另外混凝土强度等级设计强度较高。

（4）未在楼板上设置一后浇带，及在楼板中间墙体支座处设有伸缩缝，使其释放内应力。

4　使用期间的裂缝

（1）构筑物基础不均匀沉降，产生沉降裂缝。

（2）使用荷载超负。

（3）野蛮装修，随意拆除承重墙或凿洞等，破坏既有建筑结构引起裂缝。

（4）周围环境影响，酸、碱、盐等对构筑物的侵蚀，引起裂缝。

（5）意外事件，火灾、轻度地震等引起构筑物的裂缝。

5　防治措施

5.1　商品混凝土站方面

（1）对于水泥品种的选用，要从水泥具备特性出发，水泥应优先选用非早强型、水化热低和质量稳定的普通硅酸盐水泥和粉煤灰水泥、矿渣水泥和低热水泥，减少混凝土自身收缩。混凝土中骨料的用量占体积的70%左右，必须注意粗骨料的质量，宜用粒径15～20mm的石子进行合理级配，含泥量<1%；砂子应用中、粗砂，含泥量<3%，砂率控制为40%左右，坍落度控制为14～20mm；注意粗骨料与细骨料选用过程中应该注意的事项，当使用活性骨料时，应使用低碱水泥。

（2）混凝土的各原材料的配合比要合理，除了注意水泥等原材料用量上的合理搭配外，还要适量加入一些掺合料（如粉煤灰等）并选用高效优质混凝土外加剂，改善和减小混凝土的收缩值，降低混凝土表面裂缝现象的发生。

（3）在订购商品混凝土时，应根据工程的不同部位和性质提出对混凝土品质的明确要求和责任要求，不能片面压价和追求低价格、低成本而忽视了混凝土的品质，导致混凝土性能下降和收缩裂缝增多。同时现场应逐车严格控制好商品混凝土的坍落度检查，以保证混凝土熟料的半成品质量。

（4）对商品混凝土有疑义时，及时请商品混凝土站相关负责人到现场进行分析解决，制定相应的措施，及时复查。增加7天试块，及时掌握混凝土质量。

5.2 设计方面

（1）在图纸会审时建议业主和设计单位对四周的阳角处楼面板配筋进行加强，负筋不采用分离式切断，改为沿房间（每个阳角仅限一个房间）全长配置，并且适当加密加粗。

（2）对于外墙转角处的放射形钢筋，根据实践检验，认为作用较小。其原因是放射形钢筋的长度一般不大（约1.2m左右），当阳角处的房间在不按双层双向钢筋加密加强而仍按分离式设置构造负弯矩短筋时，45°的斜向裂缝仍然会向内转移到放射筋的末端或外侧，而当采用了双层双向钢筋加密加强后，纵、横两个方向的钢筋网的合力已能很好地抵抗和防止45°斜角裂缝的发生和转移，并且放射形钢筋往往只有上部一层，在绑扎时常搁置在纵横板面钢筋的上方，导致钢筋交叉重叠，将板面的负弯矩钢筋下压，减少了板面负弯矩钢筋的有效高度，同时浇筑时钢筋弯头（即拐脚）容易翘起造成收面困难，所以建议重点加强加密双层双向钢筋即可。

（3）现浇板结构设计中除考虑强度要求外，还应进行挠度及裂缝验算，考虑施工不均匀性及混凝土本身的收缩因素，适当增加板厚，增强板的刚度。

（4）宜采用较小直径密度分布的方式进行布筋，为防止温度及收缩引起的应力影响，应适当提高配筋率，这样可提高混凝土体的极限拉伸应变及混凝土抵抗干缩变形的能力，防止因混凝土自身收缩出现大量的应力集中点，使局部出现塑性变形产生裂缝。

5.3 施工方面

（1）在混凝土浇筑时尽量考虑季节和天气情况，夏季尽量选择在下午进行浇筑，冬季选择在上午浇筑，且风小的时候，让发生凝缩变形时间避开气候最高和最低温度时间，在板面收面时，增加二次抹面，当是抗渗混凝土时，需进行三次抹面。

（2）加强楼面上层钢筋网的有效保护措施。

在实际施工中，由于板的上层钢筋一般较细较软，受到人员踩踏后就立即弯曲、变形、下坠；各工种交叉作业，造成施工人员众多、行走十分频繁，无处落脚后难免被大量踩踏；上层钢筋网的钢筋小马凳设置间距过大，甚至不设（仅依靠楼面梁上部钢筋搁置和分离式配筋的拐脚支撑）。建议楼面双层双向钢筋（包括分离式配置的负弯矩短筋）必须设置钢筋U形马凳，其纵横向间距不应大于700mm（即每平方米不得少于2只），特别是对于$\phi 8$一类细小钢筋，小马凳的间距应控制在600mm以内（即每平方米不得少于3只），才能取得较良好的效果。还需采取下列综合措施加以解决：

1）尽可能合理和科学地安排好各工种交叉作业时间，在板底钢筋绑扎后，线管预埋和模板封镶收头应及时穿插并争取全面完成，做到不留或少留尾巴，以有效减少板面钢筋绑扎后的作业人员数量。

2）在楼梯、通道等频繁和必需的通行处应搭设（或铺设）临时的简易通道，以供必要的施工人员通行。

3）加强教育和管理，使全体操作人员充分重视保护板面上层负筋的正确位置，必须行走时，应自觉沿钢筋小马凳支撑点通行，不得随意踩踏中间架空部位钢筋。

4）安排足够数量的钢筋工（一般应不少于3～4人或以上）在混凝土浇筑前及浇筑中及时进行整修，特别是支座端部受力最大处以及楼面裂缝最容易发生处（四周阳角处、预埋线管处以及大跨度房间处）应重点整修。

5）混凝土工在浇筑时对裂缝的易发生部位和负弯矩筋受力最大区域，应铺设临时性活动挑板，扩大接触面，分散应力，尽力避免上层钢筋受到重新踩踏变形。

（3）预埋线管处的裂缝防治

1）预埋线管，特别是多根线管的集散处是截面混凝土受到较多削弱，从而引起应力集中，容易导致裂缝发生的薄弱部位。当预埋线管的直径较大，开间宽度也较大，并且线管的敷设走向又重合于（即垂直于）混凝土的收缩和受拉力向时，就很容易发生楼面裂缝。因此对于较粗的管线或多根线管的集散处，增设垂直于线管的短钢筋网加强。建议增设的抗裂短钢筋采用 $\phi 6 \sim \phi 8$，间距≤150，两端的锚固长度应不小于300mm。

2）线管在敷设时应尽量避免立体交叉穿越，交叉布线处可采用线盒，同时在多根线管的集散处宜采用放射形分布，尽量避免紧密平行排列，以确保线管底部的混凝土灌注顺利和振捣密实。并且当线管数量众多，使集散口的混凝土截面大量削弱时，宜按预留孔洞构造要求在四周增设上下各 $2\phi 12$ 的井字形抗裂构造钢筋。

（4）材料吊卸区域的楼面裂缝防治

一般主体结构的楼层施工速度平均为5～7d左右一层，最快时甚至不足5d一层。除了大开间的混凝土总收缩值较小、开间又大的不利因素外，更容易在强度不足的情况下，受材料吊卸冲击振动荷载的作用而引起不规则的受力裂缝。并且这些裂缝一旦形成，就难于闭合，形成永久性裂缝，这种情况在高层住宅（尤其是层高较高时）主体快速施工时较常见。对这类裂缝的综合防治措施如下：

1）主体结构的施工速度不能强求过快，楼层混凝土浇筑完后的必要养护（一般不宜小于等于24h）必须获得保证。主体结构阶段的楼层施工速度宜控制在6～7d一层为宜，以确保楼面混凝土获得最起码的养护时间。

2）科学安排楼层施工作业计划，在楼层混凝土浇筑完毕的24h以前，可限于做测量、定位、弹线等准备工作，最多只允许暗柱钢筋焊接工作，不允许吊卸大宗材料，避免冲击振动。24h以后，可先分批安排吊运少量小批量的暗柱和剪力墙钢筋进行绑扎活动，做到轻卸、轻放，以控制和减小冲击振动力。第3d方可开始吊卸钢管等大宗材料以及从事楼层墙板和楼面的模板正常支模施工。

3）在模板安装时，吊运（或传递）上来的材料应做到尽量分散就位，不得过多地集中堆放，以减少楼面荷重和振动。

4）对计划中的临时大开间面积材料吊卸堆放区域部位（一般约 $40m^2$ 左右）的模板支撑架在搭设前，就预先考虑采用加密立杆（立杆的纵、横向间距均不宜大于800mm）和格栅增加模板支撑架刚度的加强措施，以增强刚度，减少变形来加强该区域的抗冲击振动荷载，并应在该区域的新筑混凝土表面上铺设旧木模加以保护和扩散应力，进一步防止裂缝的发生。

（5）加强对楼面混凝土的养护

混凝土的保湿养护对其强度增长和各类性能的提高十分重要，特别是早期的妥善养护可以避免表面脱水并大量减少混凝土初期伸缩裂缝发生。但实际施工中，由于抢赶工期和浇水将影响弹线及施工人员作业，因此楼面混凝土往往缺乏较充分和较足够的浇水养护延续时间。为此，施工中必须坚持覆盖塑料膜或麻袋进行一周左右的妥善保湿养护，并建议采用喷 HL 混凝土养护剂和养护液进行养护，达到降低成本和提高工效，并可避免或减少对施工的影响。

5.4 使用方面

（1）在建成以后，根据房屋设计使用功能要求编制工程使用说明书，并补充说明盐类和酸类物质会对钢筋混凝土有较大侵蚀作用，不得直接与楼板进行接触。

（2）在装修和使用中，不得随意改变房间使用功能和堆载过于集中。

6 裂缝处理方法

6.1 表面修补法

非关键部位对承载力无影响的板面裂缝宽度在 0.2mm 之内的，裂缝又没有贯通的，可不采取处理措施。也可采用在裂缝的表面涂抹水泥浆、环氧胶泥或在混凝土表面涂刷油漆、沥青等防腐材料，在防护的同时为了防止混凝土受各种作用的影响继续开裂，通常可以采用在裂缝的表面粘贴玻璃纤维布等措施。

6.2 灌浆、嵌缝封堵法

当混凝土板面裂缝宽度在 0.2mm 以上时，可用环氧树脂灌浆修补，材料以环氧树脂为主要成分，加入增塑剂（邻苯二甲酸二丁酯）、稀释剂（二甲苯）和固化剂（乙二胺）等组分。修补时先用钢丝刷将混凝土表面的灰尘、浮渣及松散层仔细清除，严重的用丙酮擦洗，使裂缝处保持干净。而后选择裂缝较宽处布置灌浆嘴子，嘴子的间距根据裂缝大小和结构形式而定，一般为 300~500mm。有裂缝的混凝土经灌浆后，一般要在 7d 后方可加载使用。环氧树脂灌浆修补法可恢复板的整体性和使用功能，使用效果比较理想。

6.3 结构加固法

一般采用碳纤维加固，碳纤维应垂直于裂缝，粘贴宽度为 600mm（缝每边 300mm）为宜，既能起到良好的抗拉裂补强作用，又不影响粉刷和装饰效果。首先打磨混凝土表面，使用丙酮擦拭一遍，保持表面干燥、干净。按甲与乙 3：1 的比例，准确称取各组分并充分搅拌均匀，将调好的胶粘剂均匀地涂刷到粘结面，胶量必须充足、饱满；将裁好的碳纤维粘于混凝土粘贴面，使用刮板往复碾压，使碳纤维平直延展，胶粘剂充分渗透；在碳布表面涂刷胶粘剂，继续往复刮涂碾压赶出气泡，并使胶粘剂均匀覆盖碳布，静置 1~2h 至指干，重复碾压消除因纤维浮起和错动可能引起的气泡、粘结不实等。严重时也可采用加大混凝土结构的截面面积，在构件的角部外包型钢、采用预应力法加固、粘贴钢板加固、增设支点加固以及喷射混凝土补强加固等方法。

6.4 混凝土置换法

混凝土置换法是处理严重损坏的混凝土的一种有效方法，此方法是先将损坏的混凝土剔除，然后再置换入新的混凝土或其他材料。常用的置换材料有：普通混凝土或水泥砂浆、聚合物或改性聚合物混凝土或砂浆。

7 结论

钢筋混凝土结构中现浇楼板裂缝是较普遍存在的一种现象，它的出现不仅会降低建筑物的抗渗能力、耐久性和承载力，也会影响建筑物的使用功能，因此从设计和施工全过程中，针对各影响因素要考虑全面、细致，严格遵守设计和施工规范，对楼板裂缝进行认真研究、区别对待，采用合理的方法进行处理，在施工中采取各种有效的预防措施来预防裂缝的出现和发展，确保结构工程质量，让用户放心，各方满意。

参考文献

[1] 中国建筑工业出版社．新版建筑工程施工质量验收规范汇编[M]．北京：中国建筑工业出版社，2003.
[2] 王铁梦．工程结构裂缝控制[M]．北京：中国建筑工业出版社，1997.

住宅产业化工业化安装施工技术研究

徐 扬

（北京住总集团有限责任公司）

【摘 要】 住宅产业化是按照"建筑设计标准化、部品生产工业化、现场施工装配化、物流配送专业化"的原则建造的住宅，是利用工业化生产方式，取代当前半手工半机械化的建造方式，是住宅建造方式的一种变革。采用标准化、系统化、通用化的住宅部件，装配式的施工工艺，来保证最终产品的功能和质量。它具有提高质量，缩短工期，节约能源，利于环保等诸多优势，是今后行业发展的方向。

本文作者通过的实践，列举了回龙观 1818—028 地块 3 号住宅楼项目住宅产业化的工程实例，对于工业化生产方式的住宅产业化应用做了较详细的论述。对实施中所应用的预制构件涉及楼梯、楼板（叠合板），其规格、品种、使用部位以及运输、吊装、安装就位等施工工艺均做了详细的说明，在工程施工中，我们不断探索实践，从构件生产到运输，从设计到安装，不断总结改进，为适应未来发展，掌握住宅工业化核心施工技术积累了宝贵的经验，为同类工程日后实施奠定了基础。同时通过对比分析，说明住宅产业化的一些问题所在。

【关键词】 住宅产业化；预制构件；吊装；对比分析

1 住宅产业化简述

1.1 住宅产业化的概念

住宅产业化，就是采用社会化大生产的方式进行住宅生产和经营的组织方式。住宅产业化的主要任务是科技成果的产业化和生产方式的工业化。住宅产业化就是以住宅市场需求为导向，以住宅的开发建设为平台，以建材、轻工等行业为依托，以工业化生产各种住宅构配件、成品、半成品，以现场装配为基础，以人才科技为手段，通过将住宅生产全过程的设计、构配件生产、施工建造、销售、物业运行管理与维护等多种产（行）业进行有机集成和链接，形成产业链，从而实现住宅产供销一体化的生产经营形式，实现科技含量高、经济效益好、资源消耗低、环境污染少的住宅建设。

1.2 住宅产业化的发展

近年来，我国住宅建筑飞速发展，全国城乡住宅每年竣工面积达到 12～14 亿 m^2，住宅投资额超万亿元，约占全社会固定资产投资的 20% 左右。住宅的建造和使用对资源占用和消耗都是巨大的。初步统计测算，城市建成区用地的 30％用于住宅建设，城市水资源的 32％在住宅中消耗，建筑能耗占全国总能耗 27.5％左右，住宅建设耗用的钢材占全国用钢量的 20％，水泥用量占全国总用量的 17.6％。

针对这些问题，建设部联合国家计委、国家经贸委、科技部、建材局等八家部门制订了《关于推进住宅产业现代化提高住宅质量的若干意见》（国办发〔1999〕72 号），指出了推进住宅产业化、实现住宅产业化、从而提高住宅质量的发展方向。

2010 年，北京市住建委联合市规委、市国土资源局、市发改委、市财政局等八家局、委部门发布了《关于推进本市住宅产业化的指导意见》（京建发〔2010〕125 号）。2011年，市住建委将有效期延长至 2015 年 12 月 31 日。

2010 年底，市住建委和市规委共同推出《北京市混凝土结构产业化住宅项目技术管理要点》，并说明产业化住宅是指按照"建筑设计标准化、部品生产工厂化、现场施工装配化、物流配送专业化"原则建造的住宅，并对各种结构类型构配件的预制化率进行了明确要求。

以上这几点都有力地说明了，国家对推行住宅产业化的决心。

1.3 住宅产业化的优势

1.3.1 提高工程质量

工业化的住宅建造方式能提供高质量、高品质、高耐久、节能、品质合格的住宅，解决长期住宅存在的各种各样的建筑质量问题。由于部件产品大多是在工厂生产制造，须遵照一定的作业流程和质量控制标准，较之现场施工更易保证质量。

1.3.2 缩短工期、提高效率

通过预制生产和装配式生产方式可大幅度减少建造周期，减少施工及管理人员数量，使原来现场繁琐的支模、绑筋，浇灌混凝土等工序由工厂化生产的预制构件所代替，使作业现场只通过简单的拼装工艺来完成。另外由于预制构件表面平整、光洁、省去了装修工程大量的工序，大大缩短了工期。

1.3.3 节约能源，利于环保

由于生产标准化，系列化预制结构构件生产成型模具一次性投入后，可在多幢建筑中重复使用，减少了材料的浪费，提高了利用率，节约了资源，同时也降低了成本，减少了现场大量湿作业，以及材料和水资源的浪费，避免了扬尘、噪声，降低了环境污染的程度。

1.3.4 保障房的建设优势

当前保障房的建设所占比重越来越大，作为一项国策是今后实施的重点。保障房户型规格较少，非常适合住宅产业化政策的实施，同时保障房涉及民生，需纳入政府规范化管理的轨道，采用标准化的生产方式，易于管理，成本可控。

2 住宅产业化在回龙观 1818—028 地块 3 号住宅工程中的应用

2.1 工程概况及特点

回龙观 1818—028 地块住宅项目位于昌平西二旗北路北侧，包括六栋住宅楼和一个地下车库，总建筑面积为 122292m²，均为保障性住房项目。由北京住总万科房地产开发有限责任公司建设，设计单位为北京市住宅建筑设计研究院，监理单位为北京帕克国际工程咨询有限公司，由北京住总第三开发建设有限公司总承包。预制构件生产单位为北京城建建材工业有限公司，塔吊安装租赁单位为北京建祥起重设备安装有限公司，吊具加工单位为北京市建筑工程研究院有限责任公司。

2.1.1 建筑工程概况

本工程 3 号楼为工业化试点工程，建筑面积为 20390m²，其中地上建筑面积为 19720m²，标准层建筑面积为 700m²，地下 2 层地上 28 层，地上为单元式普通住宅，层高 2.8m，地上住宅分为两个单元，平面成矩形，建筑物总长 46.36m，总宽 18.96m，总高 79.5m，有凹凸阳台；一梯 4 户，分为 A、B、C 三种户型，户内部分为初装修，公共部分装修到位。

2.1.2 结构工程概况

结构工程概况 表 1

序号	项 目	内 容		
1	结构形式	基础	钢筋混凝土平板式筏基	
		墙体	剪力墙结构	
		楼板	12 层以下、28 层	现浇结构
			13～27 层	叠合板楼板
		楼梯	7 层以下、28 层	现浇楼梯
			8～27 层	预制楼梯
2	抗震等级	工程设防烈度	8 度	
		剪力墙抗震等级	二级	
3	预制楼梯	种类	YTB1、YTB2	
		规格	4320mm×1270mm×150mm	
		重量	3.7t	
4	预制叠合板	种类	25 种	
		最大规格	4630mm×2790mm×60mm	
		最大重量	2t	
5	叠合板现浇层	配筋	8@200	
		混凝土强度	C30	
		混凝土厚度	60mm	

2.1.3 工业化概况

本工程预制构件使用部位：地上 13～27 层部分顶板为叠合板楼板，楼梯 8 层以上为预制楼梯。

2.2 工程预制构件情况

2.2.1 预制叠合板

数量：每层 38 件，15 层，共 570 块；

配筋：8@200 单层双向，桁架筋：3ϕ12，详见图1：

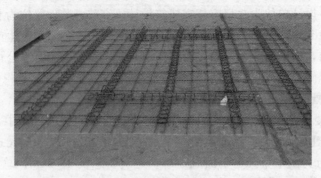

图1 预制叠合板配筋

预制叠合板混凝土强度等级 C30，叠合板厚度 60mm，胡子筋外露 135mm，详见图2。

图2 预制叠合板   图3 预制楼梯

2.2.2 预制楼梯

数量：每层 4 件，20 层，共 80 件；

混凝土强度等级 C30，楼梯主筋 ϕ2、ϕ16；

楼梯板厚度 150，放置在现浇休息平台 L 型梁上，搭接长度 150mm，上端焊接固定，下端自由滑动，做浆厚度 20mm，立缝采用 C35CGM 灌浆料塞平（图3）。

预制板具体规格尺寸表   表2

序号	名称	型号	规格（跨度×宽×厚）(mm)	数量（块）	所在层	部位
1	叠合板	YB26.1-1-D	2430×2695×60	15	13-27	C 户型
2		YB26.1-2	2430×2695×60	15	13-27	
3		YB33.1-1	3130×2695×60	15	13-27	
4		YB33.1-2	3130×2695×60	15	13-27	
5		YB32.1-1	3030×3190×60	15	13-27	
6		YB32.1-2-D	3030×3190×60	15	1327	
7		YB35.1	3330×3030×60	15×4	13-27	B 户型
8		YB35.2	3230×3800×60	15×3	13-27	
9		YB35.2-D	3230×3800×60	15×1	13-27	
10		YB34.1-1	3230×3090×60	15×2	13-27	

序号	名称	型号	规格（跨度×宽×厚）(mm)	数量（块）	所在层	部位
11		YB34.1-2	3230×3090×60	15×4	13-27	
12		YB34.1-3	3230×3090×60	15×1	13-27	
13		YB34.1-3-D	3230×3090×60	15×1	13-27	B户型
14		YB48.1-1	4630×2790×60	15×2	13-27	
15		YB48.1-2	4630×2790×60	15×2	13-27	
16		YB29.1-1	2730×4400×60	15×1	13-27	
17		YB29.1-2	2730×4400×60	15×1	13-27	
18	叠合板	YB29.1-2-D	2730×4400×60	15×1	13-27	
19		YB32.2-1	3030×1400×60	15×1	13-27	
20		YB32.2-2	3030×1400×60	15×2	13-27	A户型
21		YB32.4-1	3030×2790×60	15×2	13-27	
22		YB32.4-2	3030×2790×60	15×1	13-27	
23		YB32.4-2-D	3030×2790×60	15×1	13-27	
24		YB32.3-1	3030×2790×60	15×1	136-27	
25		YB32.3-2	3030×2790×60	15×1	13-27	
合　计				共570块，每层38块		

预制楼梯具体规格表　　　　　　　　　　　表3

序号	名称	型号	规格（跨度×宽×厚）(mm)	数量（块）	所在层	部位
1	预制楼梯	YTB1	4320×1270×150	20×2	8-27	楼梯间
2		YTB2	4320×1190×150	20×2	8-27	
合　计				80件		

2.3 施工准备

2.3.1 工业化施工总体流程

见图4。

2.3.2 施工准备

(1) 为保证构件生产能力及构件质量，选择北京城建建材工业有限公司，作为预制构件生产厂家。

(2) 预制构件深化设计，根据电气专业图纸、建筑平面图及测量定位铅直点激光布置

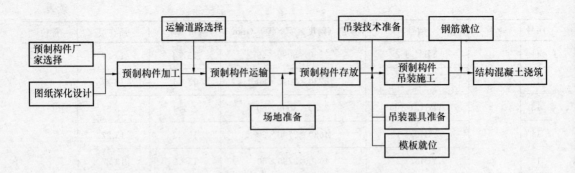

图4 工业化施工流程

图等，对灯具接线盒、电气预留洞、烟风道留洞以及铅直仪激光投测孔进行深化设计，确定了各种预留洞的几何形状、尺寸及位置，对每种规格的预制板进行详细标注，作为厂家的加工依据。详见下图5、图6：

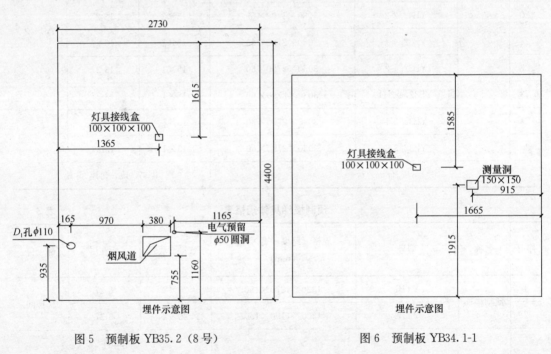

图5 预制板 YB35.2（8号）　　　　　图6 预制板 YB34.1-1

（3）存放场地设置。

考虑到现场构件存放区及构件卸车区必须设置在塔吊吊重范围内，最终选择在3号楼东北侧设置预制板及预制楼梯存放场地，预制板每次进场1层即25种规格共38块预制板，按如下方式进行码放，根据不同规格分类码放，东西码放5排共22.9m，南北码放6排共24.66m，板间间距0.5m，所有预制构件提前编制编号，施工时由专业技术人员现场指挥吊装。

详细布置见图图7。

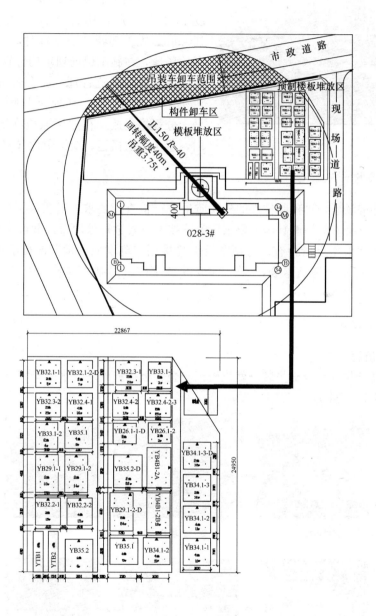

图 7　叠合板现场码放

2.4 构件运输与存放

为防止运输过程中构件破损、倾覆，每块叠合板下沿预制板长向紧靠吊环处应放通长垫木，上下对齐、对正、垫平、垫实。堆放高度不大于5层，构件下部用木方垫离车体100mm。施工现场平面布置时，考虑预制构件存放场地，在施工现场划出构件存放场地范围，标以警示牌，规范管理；叠合板成品预制构件放在3号楼东北角，场地应平整、硬化。分型号、分规格码放，存放区域应在塔吊工作范围内，避免二次搬运、交叉干扰（图8）。

图8 构件运输图

2.5 构件验收

预制构件进场后，对预制构件的外观质量进行检查，要求外观质量不得有严重缺陷，对露筋、疏松、夹渣等一般缺陷，要求厂家按技术方案进行处理后，重新检查验收；对预制构件成品尺寸采用尺量检查；对预制板裂缝采用"刻度放大镜"进行检查，出现大于0.1mm的裂缝按不合格品退场，≤0.1mm的裂纹按《预制构件技术处理修补方案》补修，复查合格后方可使用。

2.6 叠合板安装

2.6.1 工艺流程

模板标高验收→叠合板吊装→就位校正→叠合板拼缝处理→水电安装→钢筋绑扎→验收→混凝土浇筑（图9）。

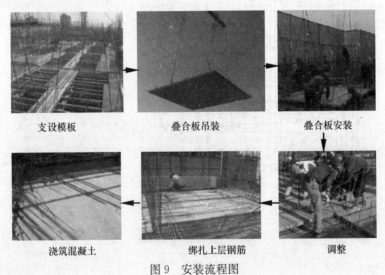

| 支设模板 | 叠合板吊装 | 叠合板安装 |
| 浇筑混凝土 | 绑扎上层钢筋 | 调整 |

图9 安装流程图

2.6.2 支设模板

支撑体系采用碗扣架上部为可调"U"形托，间距1200mm×1200mm，次龙骨：50mm×100mm木方，间距400mm。主龙骨：100mm×100mm木方，间距1200m，顶板模板沿墙四周按 300mm 宽铺设，解决站人问题。详细做法见图 10。

图 10　叠合板吊装

由于型号较多，吊点分为 4 点和 8 点，起吊时吊绳应与构件垂直，因此吊装钢扁担设计应满足所有构件吊装要求（图 11～图 14）。

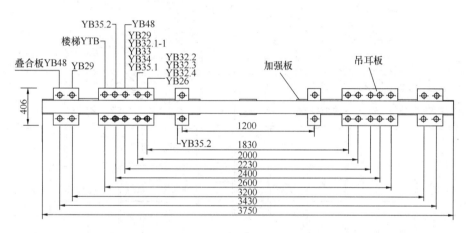

图 11　钢扁担设计图

根据叠合板吊装示意图，吊装简化编号及安装方向。按顺序安装预制叠合板（图 15）。

2.6.3　叠合板安装

墙体浇筑时，低于板底 10mm，顶板模板采用圈边龙骨外贴多层板（图 16）。

预制叠合板吊装至待安装位置以上 500mm 处，调整胡子筋与竖向钢筋的位

图 12　现场实施效果照片

置，使墙体竖向钢筋与预制板胡子筋穿插不受影响再将预制板安装到位。最后进行预制板标高校正（图 17）。

2.6.4　叠合板拼缝节点调整

两叠合板交接处缝隙宽度 40mm，为防止叠合板拼缝处混凝土胀模，采用拼缝处安装木条方法防止拼缝胀模（图 18、图 19）。

叠合板安装完成后开始布设预埋预留水电管线，再进行上铁钢筋绑扎。

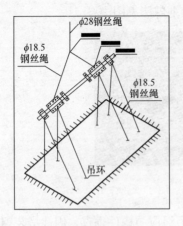

图 13 叠合板吊装

图 14 现场实施效果照片

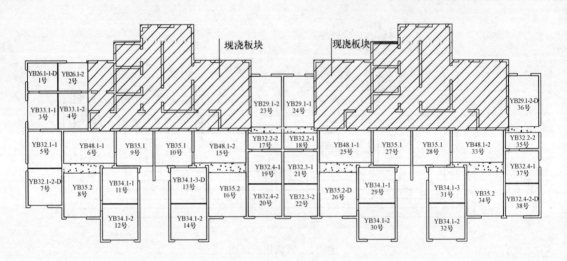

图 15 预制楼板吊装编号图

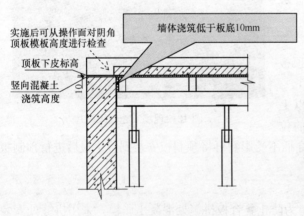

图 16 叠合板安装图

图 17 叠合板调整

158

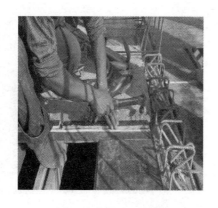

图18 绑扎上层钢筋   图19 浇筑效果

2.6.5 顶板现浇层混凝土

现浇层混凝土为60mm，浇筑前清理基层并洒水湿润，使现浇层混凝土与叠合板结合紧密。

2.7 预制楼梯安装

梯段吊装应在本层两个休息平台（含梯梁）混凝土浇筑、养护后进行，结构每上去一层吊装两跑楼梯板。

2.7.1 施工流程

控制线→复核→起吊→就位→校正→焊接→隐检→验收→成品保护（图20）。

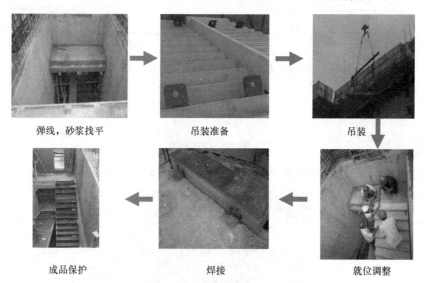

图20 预制楼梯安装流程

2.7.2 吊装准备

预制楼梯吊装采用厂家设计的吊装件，使用M20高强螺栓连接，螺栓使用三次后更换。详细做法见图21：

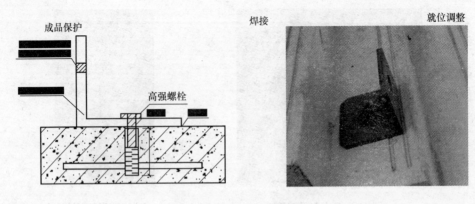

图 21　预制楼梯吊点设置

2.7.3　吊装

起吊角度：为便于安装，预制楼梯起吊时，角度略大倾斜于梯自然倾斜角度吊装（自然倾斜角度 34°，起吊时倾斜角度为 36°）。

2.7.4　就位调整及焊接

预制楼梯连接处，立缝采用 CMG 灌浆料填实，详细做法见图 22：

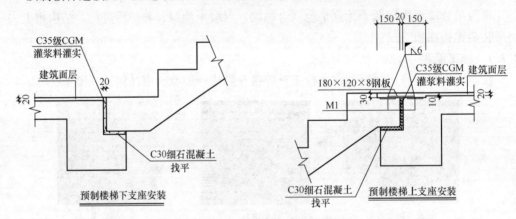

图 22　焊缝灌浆

楼梯与休息平台上端连接采用钢板焊接，详细做法见图 23：

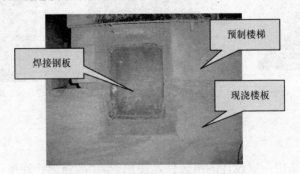

图 23　预制楼梯安装效果图

3 综合分析

3.1 预制构件工期、用工、经济分析

3.1.1 叠合板

本工程2号、3号楼结构完全相同，2号楼顶板为常规施工，顶板无叠合板，3号楼为叠合板，故将2号、3号楼进行对比。

经 济 对 比 表4

叠合板费用对比表

序号	项目名称			现浇顶板(2号)		叠合板(3号)		对比结果(现浇-叠合板)(元)
				工程量	合价(元)	工程量	合价(元)	
1	人工费				16614.03		28961.48	−12347.45
2	材料费		钢筋	8.268t	40347.84	6.558t	32003.04	8344.80
3		木方	50mm×100mm	1284 根	34668.00	700 根	18900.00	15768.00
4			100mm×100mm	264 根	14784.00	264 根	14784.00	0.00
5		模板	2440mm×1220mm	240 张	34800.00	144 张	20800.00	13920.00
6			现浇混凝土	65.50	28820.00	36.15	15906.00	12914.00
7			预制构件	0.00	0.00	29.35	39556.80	−39556.80
8			其他材料费	1.00	1112.13	1.00	1626.07	−513.94
9	机械费		机械费	1.00	471.51	1.00	5165.38	−4693.87
10			其他机械费	1.00	348.26	1.00	201.58	146.68
直接费合计					171965.77		207672.35	−6018.58

通过以上经济分析对比可以看出，目前从综合经济效果上，叠合板施工与常规全现浇顶板施工相比，综合成本每层增加6018.58元，主要原因是：

预制构件模具费用：本工程叠合板构件生产总造价约110万元，其中叠合板模具9套，成本约27万，模具费用所占比例为20%左右；

叠合板运输：叠合板的运输平均每车可运12块，运输费用摊销较大，构件模具费用及运输费用造成预制构件成本较高。

材料：叠合板施工，现场经优化，5mm×10mm木方节省50%，顶板模板节省70%，顶板模板材料节省29688元。

用 工 对 比 表5

楼号	模板工(工时)	钢筋工(工时)	吊装工(工时)	水电工(工时)	合 计
2号楼	9	9	0	6	24
3号楼	9	9	12	8	38

人员投入上，叠合板施工增加吊装工、水电工共计 14 人，人工费每层比现浇楼板多投入 12347.45 元。

用 时 对 比　　　　　　　　　　　　表 6

楼号	顶板支模（小时）	底铁绑扎叠合板吊装（小时）	水电安装（小时）	负弯矩筋绑扎（小时）	混凝土浇筑（小时）	合计（小时）
2 号楼	6	绑扎 2.5	3	3	3	17.5
3 号楼	5	吊装 3	4	3	2	17

叠合板和现浇楼板施工时间上，叠合板顶板支模、混凝土浇筑用时比现浇板节省，但吊装、水电安装上用时较多，综合用时叠合板施工比现浇板少 0.5 小时，整体施工进度用时节省不太显著。

3.1.2　预制楼梯

预制楼梯经济对比　　　　　　　　　　　　表 7

项　　目	材料费（元）	人工（元）	机械设备（元）	综合（元）	时间（分钟）
预制楼梯	4000	50	95	4145	20
现浇楼梯（结构）	2700	380	30	3110	150
项目	结构修理	装修材料费	装修人工费	装修机械费	综合
现浇楼梯（装修）	150	800	600	200	1750

现浇楼梯施工与预制楼梯施工省费用：1750＋3195－4145＝715 元，即预制楼梯节省 715 元。

3.2　工业化施工的成效

3.2.1　节能减排效果显著

在工业化的实施过程中，对其物耗、能耗进行了统计，并与传统建造方式进行了比较，结果如下：顶板模板节省了 70%，顶板龙骨节省了 50%，废钢筋节省 40.63%，养护用水节省了 19%，由于工业化项目涉及较多的构件吊装，施工耗电量没有显著地降低，仅为 2%，数据表明，工业化住宅项目与传统住宅项目相比，节约资源方面的优势显著。

3.2.2　效率提升

在施工过程中，就传统建造方式的 2 号楼与工业化建造方式的 3 号楼进行了工期对比，叠合板每层施工时间比传统楼板施工方式用时节省 0.5 小时，效率提升不显著；预制楼梯与传统现浇楼梯施工用时相比，效率提升约 87%，效果显著。

3.2.3　降低环境影响

构件工厂化，减少了现场混凝土浇筑，降低了垃圾的产生，减少了混凝土车辆及设备的清洗，降低废水的产生。工业化作业的实施，减少了现场操作工艺，降低了施工噪音的产生。

3.2.4 质量的提升

预制构件观感好，精度高，减少了结构的修理，为装修提供了便利条件，避免了装修材料的浪费。预制构件采用蒸养方式，保证了混凝土强度，降低了混凝土养护周期。预制构件安装便捷，减少了现场施工量，直接达到了品质坚固、安装便捷、外表美观。

3.3 工业化施工之路：

工业化施工，虽然有着很多优点，但不得不看到，工业化的发展道路上还存在着一些需要解决的问题。

（1）住宅产业化的实施与当前大量采用的全现浇系统做法，对施工人员来说最突出的问题是施工工艺的变迁，随之而来的即是施组方案，技术交底，检查验收等多项管理内容的改变，因此各级管理人员要加强学习，不断实践，尽快掌握核心技术进入新的领域，做到与时俱进。

（2）工艺的改变带来工种的变化，钢筋工、木工、混凝土工逐步减少，起重工、电焊工、测量工的人数相应增加，因此，各施工单位要提前做好招工培训准备。

（3）全现浇工艺的施工，无论是层与层连接，还是柱、梁、墙、板等部位的连接都是以现场浇筑完成的。因此，对于各部分几何尺寸，位置偏差相对要求较松。而对于预制构件的装配式施工而言，它不是"软连接"而是"硬碰软"，甚至是"硬碰硬"。工业化生产的构件尺寸是完全有保证的，现浇与之连接的部件（无论是预制还是现制构件）尺寸、位置如偏差过大，将造成结合障碍且影响安装，难以保证结构安全。因此对施工企业而言，管理要精细化，各工种要专业化并增设一些具体方案措施，保证结构各部件的几何尺寸及位移控制。

以上这些都是我们下一阶段应该继续分析、总结、研究的地方，也是我们需要探索的方向。

参考文献

[1] 北京市住房和城乡建设委员会，北京市规划委员会．北京市混凝土结构产业化住宅项目技术管理要点[2]．2010．

[2] 楚先锋．中国住宅产业化发展历程分析研究[J]．住宅产业，2009，5：12-14页．

混凝土结构无损拆除技术在北京饭店二期
——商业部分改造工程中的应用

焦 冉 刘 坤 石 颖

（北京建工集团有限责任公司总承包部）

【摘 要】 北京饭店二期改扩建工程的结构无损拆除改造施工，需要在已建成的建筑物内切除钢筋混凝土楼板约 2300m²，钢筋混凝土及钢结构框架主、次梁 50 余根，截面 900mm×900mm 钢筋混凝土框架柱 1 根，柱高 11.300m。总计钢筋混凝土结构拆除工程量约 510m³。

本次结构无损拆除施工，考虑到施工进度控制、现场安全、施工噪声及环境控制等因素，放弃运用传统的采用风镐、电锤、液压钳等工具进行结构破碎的拆除方法，采用了圆盘锯、水钻等金刚石类切割工具进行无损静力切割的结构拆除施工方法。最大限度避免对原结构承载能力及结构耐久性产生不利影响，而且施工现场内的施工噪声低、振动小，基本无施工粉尘，现场环境控制良好。

由于本次施工全部在已建的建筑物内部进行，现场已无法采用大型吊运机械辅助施工。为此，根据施工现场条件，在能保证施工安全条件下设计了专用吊运设施，满足了施工操作正常进行，又节约了施工成本增加了效益。

【关键词】 结构改造；无损拆除；吊运设施；设计

1 绪论

随着社会的不断进步，建筑改造工程日渐增多。但是我国在建筑改造工程施工方面的机械化水平较低，大部分施工还是停留在手工作业基础上，如敲、凿、砸等工艺。这样不仅劳动强度大、作业效率低、施工进度慢而且施工质量也不能很好保证，严重制约了我国的既有建筑改造工程施工技术的进步。

由于本工程结构抗震设防烈度 8 度，设计使用年限为 50 年，结构安全等级为二级，设计上对结构的整体安全要求较高。经结构改造施工后，结构的安全等级指标不能降低。用传统的风镐、振动锤等拆除工具施工首先对需保留的结构损伤较大，其次施工噪声很大，产生粉尘多，施工速度、质量亦不好控制，不能满足各方面要求。为了满足结构安全、保证施工质量及进度并达到施工现场绿色环保等要求，我们采用了金刚石圆盘锯、水钻等无振动结构拆除工具进行无损切割施工，以达到上述要求。

并且，结构无损拆除施工技术是建设部推广的 10 项新技术（2010 年版）中结构加固改造部分中的一项。该技术在本工程的成功运用，不仅对本次改造工程加快施工进度、保证施工质量、降本增效等方面起到积极作用，还对该施工技术的积极推广起到了很好的作用。

2　工程概况

北京饭店二期改扩建工程是一个集商业、酒店式服务公寓、会议、停车于一体的大型综合物业项目。位于北京市最为繁华的王府井大街南端，老北京饭店建筑群的北侧，毗邻建筑规模宏大、功能高端的东方广场建筑群，总用地面积 4.41 万 m^2，总建筑面积 274814m^2，是王府井地区新的地标式建筑。

由于该工程功能定义高端、时尚，此次建筑方案调整很大，结构改造工程主要在本项目的商业部分进行。该部分地下 4 层为钢筋混凝土框架剪力墙结构，地上共 8 层为钢框架

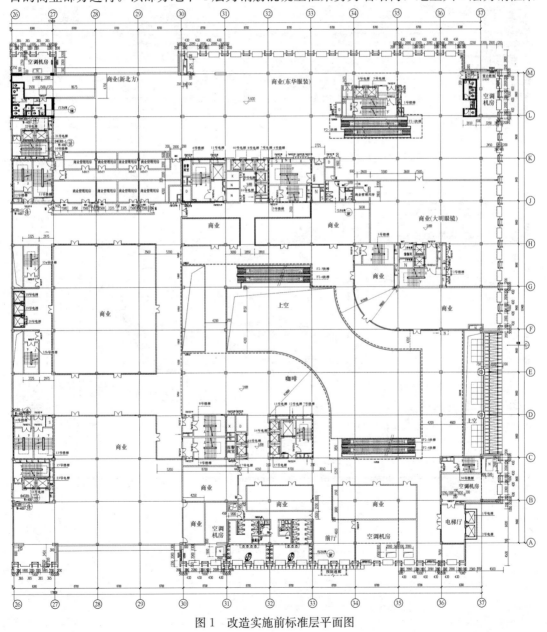

图 1　改造实施前标准层平面图

结构，建筑面积约 8 万 m²。

改造工程涉及室内中庭空间加大、改变原设计 14 部自动扶梯的位置，新增 10 部自动扶梯、增设 2 部大跨度越层超高扶梯等内容。为此，需要拆除钢筋混凝土楼板约 2300m²；拆除钢筋混凝土框架梁 18 根，最大截面 500mm×700mm；钢结构框架梁 30 余根；钢筋混凝土框架柱 1 根，截面 900mm×900mm，柱高 11.3m，结构拆除工程量较大（图 1～图 4）。

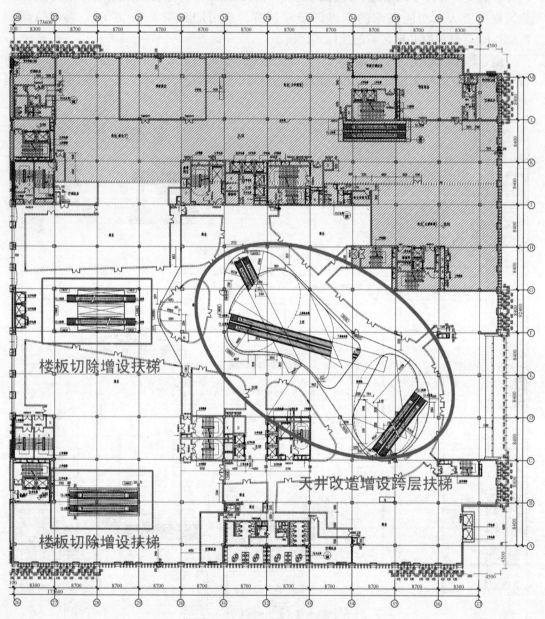

图 2 改造后五层建筑平面图

注：阴影部分为非改造区域

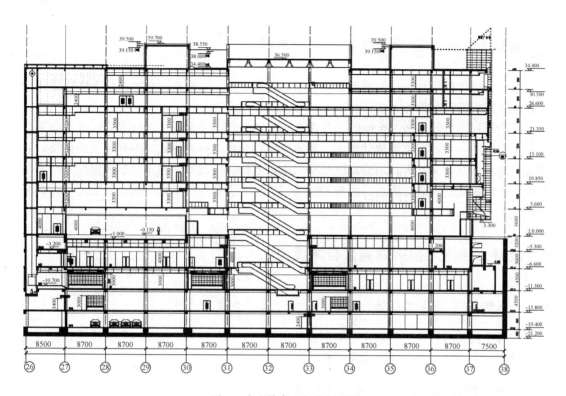

图3 改造前商业部分剖面图

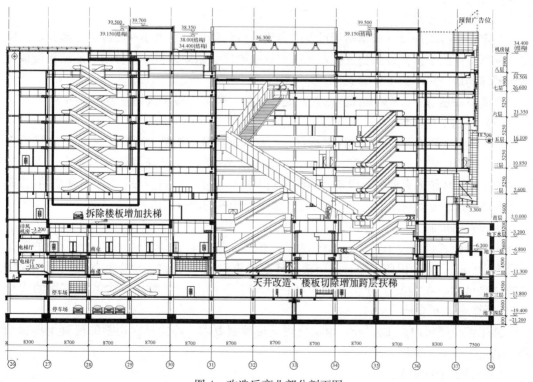

图4 改造后商业部分剖面图

3 混凝土结构无损拆除基本概念与原理

结构无损性拆除技术俗称静态切割技术，是指在拆除过程中对保留结构不产生任何外界破坏作用力的有效拆除方法。

结构无损性拆除是通过金刚石工具在高速运转下对钢筋混凝土进行磨削，并依靠冷却水带走产生的粉屑，最终形成切割面，来实现构件分离的拆除方式。不存在大的振动，对需保留的结构基本无冲击，不会对混凝土结构造成微裂纹破坏，也不会造成混凝土与钢筋间的粘结因振动而失效，因此不影响未拆除结构的受力和使用寿命，这是其他类型的拆除方法无法实现的。

4 混凝土结构无损拆除施工技术要点

4.1 拆除施工顺序的确定

混凝土结构拆除施工过程中必须遵循结构静力拆除的原则，施工时严格按图执行。具体拆除顺序为：楼板→次梁→主梁→柱。

4.2 地下室局部板、梁、柱结构拆除施工

4.2.1 楼板拆除施工

（1）施工工艺流程：

确定楼板拆除部位→根据吊运设备能力确定拆除楼板分块大小→放线确定楼板切割位置线→拆除范围下部搭设防护→按预先确定好的顺序分割结构板→将分割后的结构楼板吊运至破碎场地破碎→渣土外运。

以地下一层（-6.900m 标高位置）局部拆除框架梁、板做扶梯井为例见图5。

（2）吊固工作准备：

由于改造工程全部在建筑物内部进行，尤其地下部分结构最大净高仅有 6m，扣除已安装的机电管线位置，实际净高仅有 4.9m。同时楼层结构的允许活荷载只有 $3.5kN/m^2$，致使现场无法使用传统的大型吊装设备。为此我们根据现场条件，自行设计采用了 Q235B 级碳素钢焊接而成的专用吊运龙门架，主要用于混凝土构件切割分离后的吊运工作。

由于在吊拆施工时，切割下的结构分块与原结构分离的一刹那会有向下的冲击力，这个冲击力会比其自重大 1.1～1.5 倍。为了考虑施工安全，在切割时每块结构分块的重量控制在 500kg 以内。因此，吊运龙门架设计起吊重量按 1t 考虑。根据起吊龙门架钢梁的验算结果可知，在混凝土分块重量控制在 500kg 以内时，能保证拆除吊运工作的安全（设计验算见第五节）。

施工部位楼板厚度 120mm，根据分块重量控制要求，确定每次切割的混凝土楼板面积不超过 $1.7m^2$，如图 6 所示。

（3）吊固工作施工：

先用水钻将分好区块的混凝土板钻孔，以备吊装时拴绳使用。每个分块面积在 $1.4m^2$ 左

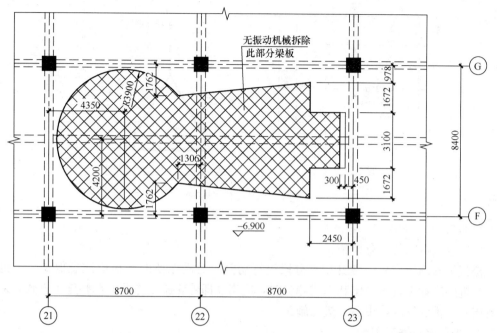

图5 地下一层局部切除梁板做扶梯井位置平面图

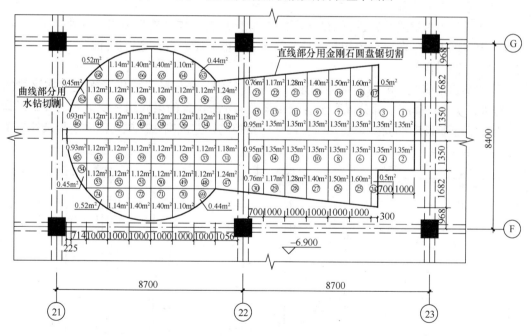

图6 楼板切除分块简图

右，为保证吊运时的稳定，在板上钻4个直径100的拴绳孔，用钢丝绳吊紧，如图7所示。

（4）楼板拆除施工：

首先根据图纸要求，在现场放好拆除范围边线，用圆盘锯或水钻将混凝土楼板与周围结构分离，然后将分离的结构吊出切割工作面后进行破碎处理，依次类推。楼板部分的切割范围只到框架梁的两侧，切割时不能破坏框架梁结构。该施工部位楼板总计切割74块，

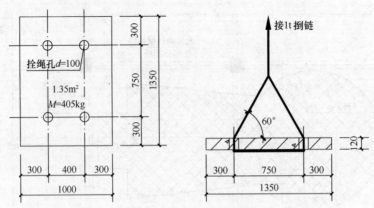

图7 楼板吊装切割示意图

最大块的重量为480kg。

（5）楼板拆除的应急措施：

楼板拆除施工应从一端开始，分段进行切割。对需保留的楼板应注意保护，不得损伤。当拆除时如发现不稳定状态或趋势时，应当立即停止施工作业，调整施工方式并采取有效措施，消除安全隐患后再进行施工。

4.2.2 框架梁拆除施工

（1）施工工艺流程：

框架梁采用盘锯或水钻进行切割拆除，拆除顺序为：先次梁后主梁，先小梁后大梁，先拆跨中后拆支座的顺序分跨切割，分跨吊运。不能无序、盲目进行拆除。

（2）吊固工作准备：

框架梁切割前对分段后的梁体用龙门架进行吊固，两侧的吊固钢丝绳应绑在该梁的1/3跨处。切割梁体跨中部分混凝土前应在该梁1/3跨位置的梁底用$\phi300\times6$钢管做好临时支撑，保证拆除时的安全。切割时应同样严格控制切割范围，次梁切割时不得破坏框架

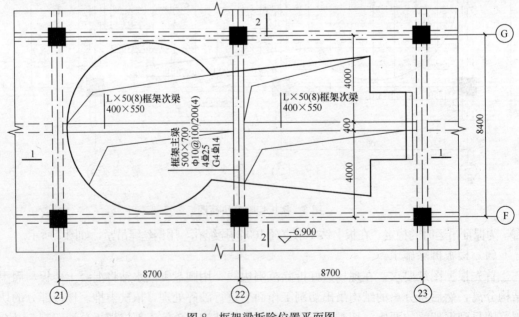

图8 框架梁拆除位置平面图

主梁结构，主梁切割时不能破坏柱子结构。

（3）框架梁切割施工：

框架梁切割拆除时，先用水钻将该框架梁第一段要拆除部分切割成梯形豁口（图8、

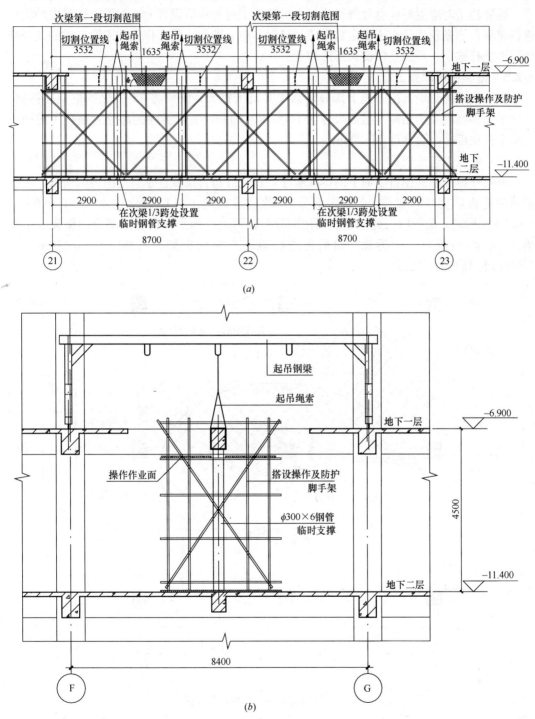

图 9　框架梁拆除位置剖面图

（a）1-1 剖面图；（b）2-2 剖面图

图 9），防止第一切除段与未切除部分卡住，以免造成结构分块无法顺利吊出，影响吊运设备安全等问题。

（4）框架梁拆除的应急措施：

拆除施工时应做好应急处理措施，在拆除施工过程中应设置专人对拆除过程中的构件进行观测，当发现构件有不稳定状态或趋势时，应立即停止施工作业并采取有效的处理措施后再进行施工，严禁立体交叉拆除作业。

4.2.3 框架柱拆除施工

本次改造施工中，由于地下部分局部天井范围扩大，需要将 35/D 轴的框架柱拆除。该柱子为钢筋混凝土结构，截面尺寸为 900mm×900mm。需拆除的部分为该柱子的地下二层至首层部分，总高度 11.300m。

（1）施工工艺流程：

框架柱拆除应遵循自上而下的拆除顺序，首先应将首层该柱承载范围内的楼板、主次梁等构件拆除完毕（见图 10 阴影部分），然后进行地下一层部分柱体（−6.900m～−0.100m 标高）的拆除。此部分框架柱拆除后，再进行地下一层相应部分的楼板、主次梁（−6.900m 标高）的拆除，然后再进行地下二层的框架柱柱体（−11.400m～−6.900m 标高）的拆除施工。

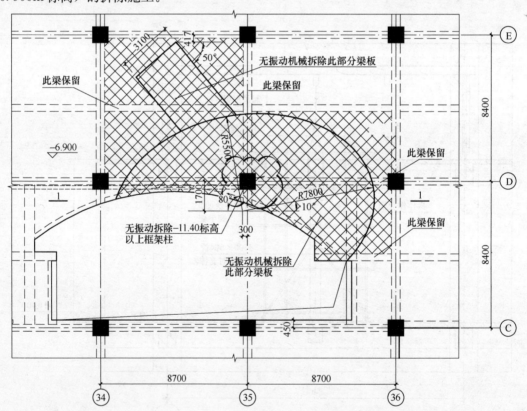

图 10　结构局部梁、板拆除平面图

（2）拆除施工吊固准备：

拆除时应根据现场设置的起吊设备的性能确定框架柱的分块重量（单块重量限定

2000kg），确定切割位置，而后围绕柱体搭设围护和操作脚手架（见图11），在柱子上测量并放出切割线及吊点位置，用水钻切割出吊装孔后穿好吊装绳索并预先施加一定的起吊

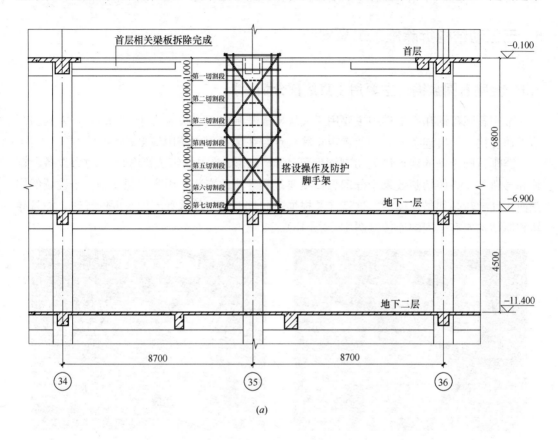

(a)

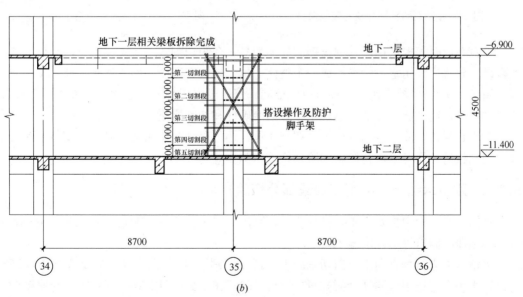

(b)

图 11　结构局部梁、板拆除剖面图

(a) 1-1 剖面图（地下一层框架柱拆除）；(b) 1-1 剖面图（地下二层框架柱拆除）

173

拉力后用圆盘锯沿柱截面进行水平切割。最后将切割下的混凝土柱吊运至破碎场地进行破碎，依次完成框架柱的拆除工作。

5 无振动结构拆除施工工具安装

5.1 金刚石圆盘锯（主要用于直线部分切除）

金刚石圆盘锯在本工程中主要用于大块楼板开洞施工（长度大于 500mm），因其切割施工速度快、切口连续、振动及噪声小等优点，在本工程中使用最多。

金刚石圆盘锯的锯片最大切割深度可达到 700mm，主要组成部分就是动力设备、锯片和导轨。要想使切割效果十分理想，主要是其导轨的安装，因为要想得到一个连续的切割面，其导轨必须是连续的，这就涉及根据不同长度的构件选择不同长度的导轨，而且导轨和原结构要有牢固的连接（图 12、图 13）。

图 12 金刚石圆盘锯导轨安装及调整　　　　　图 13 金刚石圆盘锯切割作业

导轨布设时需根据选用的圆盘锯的具体型号，在距切割线一定距离范围内平行于切割线敷设。导轨之间用定位销连接成一个整体，每根导轨有四个支座，均布分开，支座与楼板采用 M12 膨胀螺栓连接，这样可以保证同一直线段内切割刀口连续，一次性切割完成。施工过程既快捷又能很好的保证切割位置的准确性和切割质量。

金刚石圆盘锯除了可以进行垂直切割作业，还可以进行有角度切割。当安装了配套的倾斜切割板后，便可以进行倾斜和阶梯状的切割作业。

5.2 金刚石水钻（主要用于曲线部分切除）

水钻在本工程中主要用于"排孔法"切割出一些尺寸较小的洞口（长度小于 500mm）及不规则曲线洞口等部位的施工。

水钻可以进行垂直向下方向切割施工（楼板切割），还可以方便的固定在剪力墙结构上进行水平方向切割（墙体开洞）（图 14）。其施工时也可以用 M12 膨胀螺栓与原结构固定，方法简单可靠（图 15）。

水钻由机架、金刚钻筒、液压油泵等组成。多用于切割块的吊装孔施工，亦可采取排孔法配合其他切割设备或独立完成一项切割任务。其优点在于：当其他设备（圆盘锯）在切割过程中遇到切割盲点时，可利用钻孔机打通盲点，顺利完成整个切割施工。由于可选用不同型号钻头，其钻孔直径范围为18～1000mm，钻孔深度一般可达6000mm。

图14　剪力墙水钻切割施工　　　　　图15　水钻排孔法切割后的楼板

6　现场吊运设施的选择与设计

6.1　梁、板切割吊运龙门架设计

根据施工部位的现场条件，考虑到原有工程遗留下的型钢材料，经过复合计算，设计并且加工了专用吊运龙门架。

吊运龙门架主梁采用Ⅰ25a热轧工字钢（表1），梁底焊接ϕ25钢筋做吊钩，钢柱及支撑采用□200×200×6矩形钢管焊接（图16、图17），并对其主梁的抗弯承载能力进行验算。

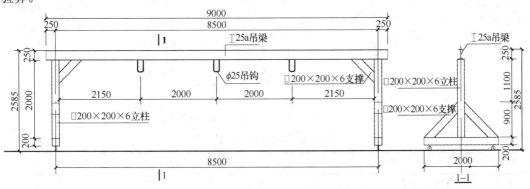

图16　简易起吊龙门架示意图

Ⅰ25a起吊钢梁截面参数表　　　　　　　　　　　　　　表1

序号	项　目	符　号	数　值	单　位
1	截面积	A	4851.36	mm²
2	截面惯性矩（主轴）	I_x	50170000	mm⁴
	截面惯性矩（副轴）	I_y	2806000	mm⁴

序号	项　目	符　号	数　值	单　位
3	最大边界距离	h	125	mm
4	截面抵抗矩	W_x	401360	mm³

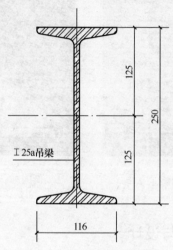

图 17　起吊钢梁截面简图

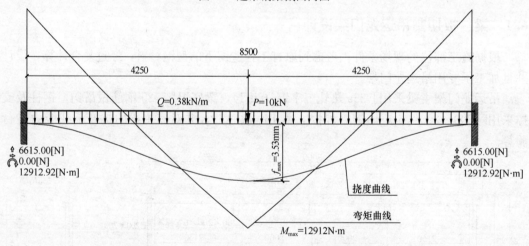

图 18　简易起吊龙门架主梁计算简图

Ⅰ25a 起吊钢梁强度验算结果　　　　　　　　　　　　　　　　表 2

序号	项　目	符　号	数　值	单　位
1	截面惯性矩（主轴）	I_x	50170000	mm²
2	最大边界距离	h	125	mm
3	设计强度	$[f]$	215	N/mm²
4	弹性模量	E	21000	N/mm²
5	最大弯矩值	$M_{x\max}$	12912	N・m
6	最大应力	σ	32.17	N/mm²
7	最大变形量	s	3.53	mm
8	安全系数		6.68	

根据验算结果，主梁内最大应力 $\sigma = 32.17\text{N/mm}^2 < [f] = 215\text{N/mm}^2$（图18），变形量 $s = 3.53\text{mm}$，为设计跨度的 $\dfrac{1}{2400}$，因此，该吊运龙门架主梁的强度、刚度能够满足使用需要，结构安全（表2）。

6.2 框架柱切割吊运龙门架设计

此吊运龙门架主要针对 35/D 轴地下二层（-11.400m）至首层（-0.100m）的框架柱切割拆除工作，吊运龙门架设计考虑了被拆除框架柱的施工高度、分段重量及操作脚手架的操作范围等因素（图19、图20）。

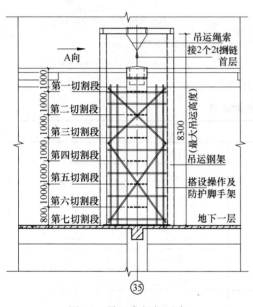

图 19　吊运龙门架示意

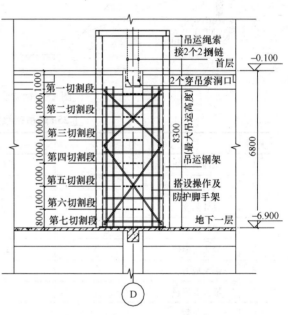

图 20　A 向视图

吊运龙门架立柱采用 $\phi273\times10$ 钢管，柱顶焊接工 25a 钢梁作为起吊主、次钢梁（图21、图22），该龙门架主要对其立柱的受压抗失稳能力进行复合验算。

框架柱截面尺寸为 900mm × 900mm，

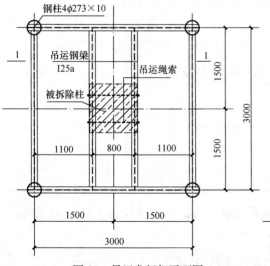

图 21　吊运龙门架平面图

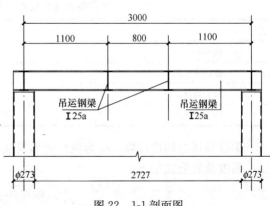

图 22　1-1 剖面图

每1m作为一个切割单元，单块重量为2025kg，考虑吊运时的突加荷载，该吊运龙门架荷载按3t计算（图23）。

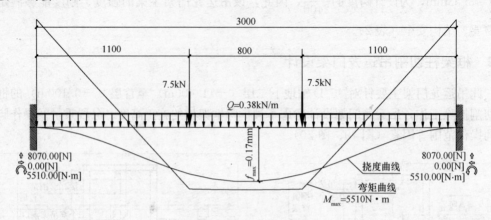

图23　钢梁受力计算简图

Ⅰ25a 起吊钢梁强度验算结果 表3

序号	项　　目	符　号	数　值	单　位
1	截面惯性矩（主轴）	I_x	50170000	mm²
2	最大边界距离	h	125	mm
3	设计强度	$[f]$	215	N/mm²
4	弹性模量	E	21000	N/mm²
5	最大弯矩值	M_{xmax}	5510	N·m
6	最大应力	σ	13.73	N/mm²
7	最大变形量	s	0.17	mm
8	安全系数		15.66	

根据验算结果（表3），主梁内最大应力 $\sigma = 13.73\text{N/mm}^2 < [f] = 215\text{N/mm}^2$。因此，该吊运龙门架主梁的强度、刚度能够满足使用需要，结构安全（表4）。

根据钢梁计算结果，传导至柱顶的集中荷载 $P = 8.07\text{kN}$，弯矩 $M = 5.51\text{kN·m}$，钢柱设计高度 $H = 8.300\text{m}$，计算时按底部固定上部自由考虑，计算简图，见图24。

龙门架钢柱截面参数表 （$\phi273 \times 10$ 钢管） 表4

序号	项　　目	符　号	数　值	单　位
1	截面积	A	8262.4	mm²
2	截面惯性矩	I_x	71540000	mm⁴
3	最大边界距离	h	136.5	mm
4	截面抵抗矩	W_x	524102.6	mm³

钢柱按压弯构件计算，γ_x 为截面塑形发展系数取1.15，强度设计值 f 取215N/mm²。强度验算公式如下：

$$\frac{N}{A} + \frac{M}{\gamma_x W_x} \leqslant f \text{（钢结构设计规范：公式5.2.1）}$$

代入公式：$\dfrac{8700\text{N}}{8262.4\text{mm}^2}+\dfrac{5.51\times10^6\text{N}\cdot\text{mm}}{1.15\times524102.6\text{mm}^3}=10.19\text{N/}$ $\text{mm}^2<215\text{N/mm}^2$，结构安全。

稳定性验算公式如下：

$$\dfrac{N}{\varphi_x A}+\dfrac{\beta_{mx}M_x}{\gamma_x W_x\left(1-0.8\dfrac{N}{N'_{Ex}}\cdot\right)}\leqslant f\text{（钢结构设计规范：公式 5.2.2-1）}$$

$$N'_{Ex}=\pi^2EA/(1.1\lambda_x^2)=44284.62\text{N}$$

式中　β_{mx}——等效弯矩系数：按悬臂构件考虑取 1；

　　　φ_x——受压稳定性系数的确定；

　　　l_0——计算高度，按构件底部固定上端自由考虑，取 16.6m；

　　　i——截面回转半径：$i=\sqrt{\dfrac{I}{A}}=\sqrt{\dfrac{71540000\text{mm}^4}{8262.4\text{mm}^2}}=$ 93.05mm；

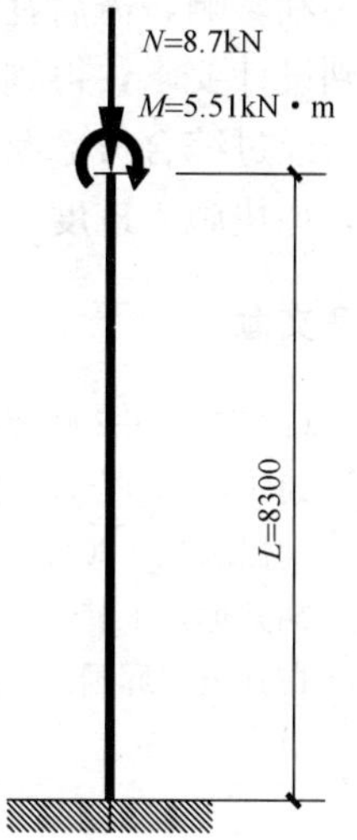

图 24　钢柱受力计算简图

　　　λ_x——长细比：$\lambda_x=\dfrac{l_0}{i}=\dfrac{16.6\times1000\text{mm}}{93.05\text{mm}}=187.4$。

按 a 类截面，查表获得：$\varphi_x=0.225$

将上述参数代入公式得：

$$f=\dfrac{8700\text{N}}{0.225\times8262.4\text{mm}^2}+\dfrac{1.0\times5.51\times10^6\text{N}\cdot\text{mm}}{1.15\times524102.6\text{mm}^3\times\left(1-0.8\times\dfrac{8700\text{N}}{44284.62\text{N/mm}^2}\right)}$$

$$=15.56\text{N/mm}^2$$

$f=15.56\text{N/mm}^2<[f]=215\text{N/mm}^2$，截面受压稳定性能满足要求。

7 结论

无损拆除施工方法是用金刚石类工具在高速运转下对钢筋混凝土进行磨削，产生的粉屑等靠冷却水带走，最终形成平整的切削面。施工时振动很小，对需要保留的钢筋混凝土没有冲击，不会影响原结构的受力能力和使用寿命，这是其他类型的机械拆除方法无法做到的。因此，对于有大量需要保留的结构改造工程的施工，这种结构拆除方法是最适用的，这种施工方法已经入选到 2010 年版建筑业十项新技术成果中，有很强的推广价值。

由于本次改造工程全部在室内进行，如果采用通常的风镐、电锤和液压钳等工具进行结构拆除施工，主要需考虑混凝土碎块坠落时会造成很大的施工安全隐患，而且拆除施工过程中产生的大量混凝土碎块大小不一、重量不等，坠落时会对下一层的楼板等结构产生破坏作用，还将会产生大量的粉尘、噪声。采取防护措施需要安装大量的脚手架和防护棚，防护设施的重复拆卸工作量很大。这样，从成本、工期、质量等方面都不能保证施工作业的顺利进行。

经过采用结构无损拆除施工方法后，对于需保留的钢筋混凝土结构，建设单位委托了相应的结构检测单位进行了现场检测。检测结果表明，静力拆除施工未对原钢筋混凝土产生不利影响，需后补的钢筋混凝土可以与原结构共同受力，承载能力及结构耐久性能均可达到设计要求，得到了业主、监理及设计单位的积极评价。在施工中，根据现场实际条件，经过综合考虑及合理安排设计了实用的吊运辅助工具配合施工，也对施工方安全生产，加快施工进度，创利创效等方面起到了积极作用。

参考文献

[1] GB 50017—2003 钢结构设计规范[S]. 中国计划出版社，2003.
[2] 建筑业 10 项新技术应用指南编委会. 建筑业 10 项新技术(2010)应用指南[M]. 北京：中国建筑工业出版社，2011.
[3] 胡井远，王赫男，宋红智. 混凝土结构无损拆除技术的应用[M]. 天津建设科技，2011，3.
[4] 白凡玉，邱国江. 静力切割技术在奥体中心体育场改造工程中的应用[M]. 建筑结构，2007，7.

超高层建筑钢结构桁架避难层深化设计及施工

谢中原

（中建一局集团第二建筑有限公司）

【摘　要】　随着国家经济迅猛发展，300m 以上的超高层建筑层出不穷，其中超高层结构所特有的桁架避难层因其钢结构吊装量大、节点深化困难、钢结构与土建结构交叉节点多等诸多因素，成为整个超高层结构施工阶段的难点，本文详细阐述了桁架避难层深化及施工的关键技术，为类似工程提供参考与借鉴。

【关键词】　伸臂桁架；环形桁架；深化设计；超高层结构

1　工程概况

无锡苏宁广场工程位于无锡市崇安区核心商业区，是集酒店、办公、餐饮、娱乐、公寓为一体的综合体项目，总建筑面积 32 万 m²，其中北塔楼地上 68 层，地下 4 层，建筑总高度 328m。

本工程为内筒外框混合结构，核心筒为双连筒形式，外框架柱为 14 根劲性柱及 2 根钢管混凝土柱，外框架梁为钢梁，外框架楼板为钢筋桁架楼板。其中 26 层、42 层、61 层为桁架避难层，由核心筒内置劲性桁架（3 道）、外伸臂桁架（6 道）与外框架柱及环状桁架相连，使内外筒形成整体，以增加结构的整体刚度和抗侧向位移能力。最重一榀桁架重 64t，长 35m，高 6.8m。具体形式见图 1、图 2。

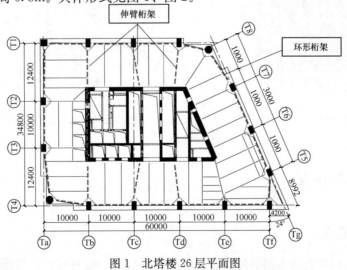

图 1　北塔楼 26 层平面图

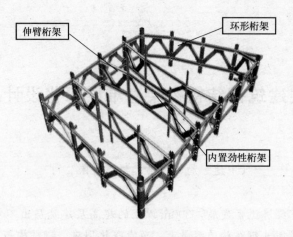

图2 三维效果图

本工程核心筒采用液压爬模进行施工，核心筒施工领先外框架钢结构施工6～7层，领先外框架劲性柱、楼板土建施工10层。现场共布置两台动臂塔，1号型号为M600D，臂长45m，2号为M440D，臂长55m，塔吊最小吊重为10t，最大吊重为20t，具体布置位置及塔吊覆盖范围见图3、图4。

图3 北塔楼施工现场

图4 北塔楼平面布置图

2 施工难点与特点

2.1 钢结构工程

桁架与普通构件有所不同的特点是，桁架弦杆较弱，腹杆较强。桁架整体重量较大，

182

最重一榀桁架重约 64t，长约 35m，高约 6.8m。已超出塔吊的吊装能力，无法整榀进行安装，且桁架整体截面超高超宽，无法运输。

避难层钢构件数量多、质量大、焊接工作量大且质量要求高、桁架安装精度要求高，核心筒施工一般 3 天一层，只有对钢结构施工进行合理安排方可满足进度要求。

2.2　钢筋工程

核心筒暗柱、暗梁及外框架柱部位钢筋数量多、钢筋型号大，在伸臂桁架部位的暗柱、暗梁钢筋绑扎及在环形桁架部位的钢筋绑扎极为困难。

2.3　模板工程

北塔内筒模板体系采用液压爬模系统。液压爬模体系设计过程中必须考虑机位不与伸臂桁架冲突；原设计伸臂桁架的预留牛腿，为确保架体爬升，需对模板设置插板，牛腿部位爬架也要进行高空改造，工期长且安全隐患大；钢模板对拉螺栓容易与钢结构桁架冲突，导致无法合模。

桁架避难层是整个超高层结构施工阶段的难点，为保证桁架层的顺利施工，在施工准备阶段应结合土建施工工艺对桁架层进行合理深化设计，在施工阶段应合理安排工序，保证现场施工质量。

3　钢结构桁架避难层深化设计

3.1　钢结构桁架分段设计

将桁架分成多个吊装单元进行分段、分片运至现场、安装（分段形式见表1）。桁架根据现场实际情况和塔吊起重性能进行吊装分析，综合考虑桁架构件重量及距离塔吊远近等诸多因素，根据现场布置塔吊起重性能计算分析，使构件现场吊装符合要求，其中部分构件需要双机抬吊，其余构件均可单机起吊。

桁架分段外形示意		表 1

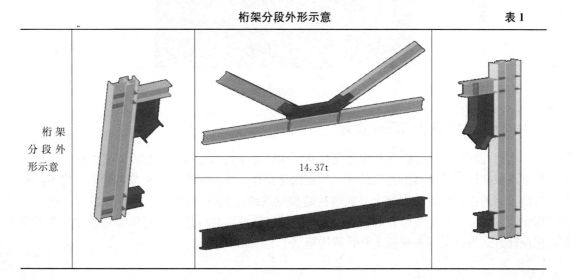

桁架分段外形示意

14.37t

重量	18.1t：双机抬吊	2.57 t：单机起吊	18.1t：双机抬吊
桁架分段外形示意			
重量	5.66t：单机起吊	5.57t：单机起吊	7.63t：单机起吊	5.8t：单机起吊

由于桁架结构对空间就位精度要求很高，为保证现场顺利吊装，同时保证结构精度。每榀桁架在运至现场前均需在加工厂进行预拼装（图5）。

图5　桁架预拼装

3.2　桁架与钢筋节点深化设计

桁架与钢筋节点需深化部位主要包括：伸臂桁架与暗梁节点深化设计、伸臂桁架与暗柱节点深化设计及环形桁架与劲性柱节点深化设计。伸臂桁架与暗梁节点深化方式为：通过设置钢筋连接板或在腹板上开孔解决暗梁钢筋绑扎问题（图6）；伸臂桁架与暗柱节点深化设方式为：在暗柱位置焊接连接板解决暗柱钢筋绑扎问题；环形桁架与劲性柱节点深化设计方式为：通过在腹板上开孔解决箍筋绑扎问题（图7）。

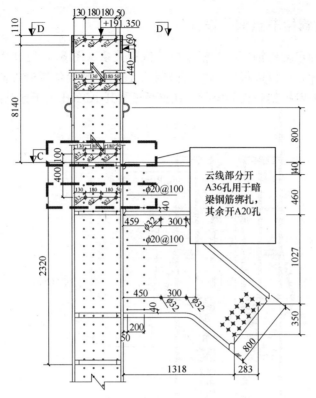

图 6 内筒钢柱节点深化

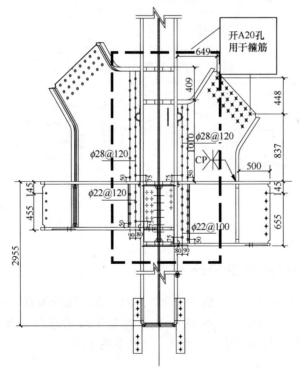

图 7 桁架层外框钢柱节点深化

3.3 桁架与对拉螺栓节点深化设计

首先通过深化确定爬模钢模板与桁架层的位置关系（图8），通过微调模板位置（调节钢模板的下包尺寸，可以进行5cm左右微调），使对拉螺栓位置避开伸臂桁架翼缘板位置，当对拉螺栓与伸臂桁架腹板冲突时，在翼缘板上开A32孔用于穿对拉螺栓（图9）。

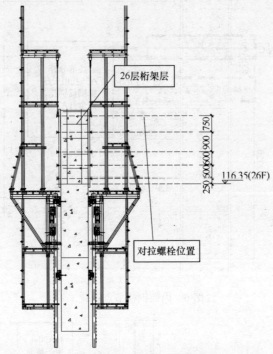

图8 爬模与桁架层相对位置图

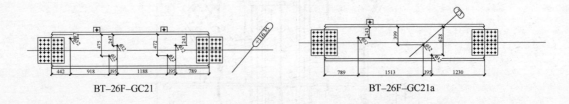

图9 内置桁架斜腹杆位置对拉螺栓深化图

3.4 伸臂桁架牛腿部位深化设计

为了确保内筒桁架施工进度及施工安全，通过与设计院的沟通，重新设计内筒伸臂桁架钢柱牛腿连接方式（见图10、图11），由厂家加工改为现场焊接，焊接完毕后焊缝100%探伤，避免了液压爬模架体空中解体，从而节约工期。

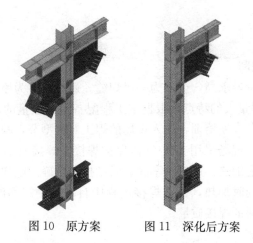

图 10　原方案　　　图 11　深化后方案

4　钢结构桁架避难层施工

4.1　施工流程

施工流程见图 12。

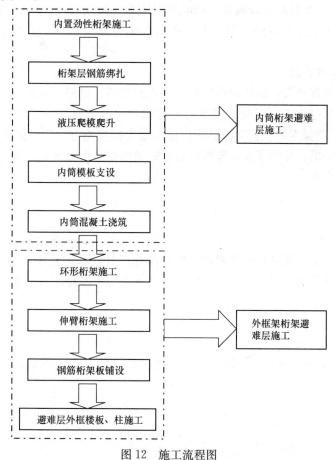

图 12　施工流程图

4.2 施工注意事项

4.2.1 钢结构焊接质量控制

本工程钢结构焊缝质量要求高，全部为一级焊缝。避难层多为厚板焊接，最大厚度为50mm。针对现场焊接工程量大的特点，根据本工程配备足够数量的优秀焊工，并提前对现场典型厚板接头焊接进行专项培训，进入现场的焊工对典型节点的焊接必须熟练，且焊接水平稳定，焊接质量高。现场采用 CO_2 气体保护焊接，焊接效率高、焊接变形小。焊前预热和焊后热保温采用电加热，加热效率高、温度控制准确。电加热采用计算机远程控制，对复杂截面多点多面同时加热，且在焊接过程中自动控制层间温度。当风速 $>3m/s$ 时，必须设置防护棚，以保证焊接质量。

4.2.2 内筒桁架钢筋绑扎

避难层内置桁架处钢筋施工主要难点在于梁柱交汇和伸臂桁架牛腿处的节点钢筋绑扎处理和内置桁架斜腹杆与暗柱重叠处箍筋绑扎处理。梁柱交汇和伸臂桁架牛腿处最复杂的节点平面呈十字状分布。在钢结构深化设计时，综合考虑钢结构、土建之间的关系和现场施工时的情况，对节点进行深化设计，在劲性钢柱上开设梁主筋穿孔或焊接连接板，牛腿和劲性钢梁上开设箍筋穿孔。现场施工时节点处箍筋采用开口箍，呈"U"字形，按照规范要求的5d搭接长度对双开口箍进行双面焊接闭合。因现场操作精度偏差，部分梁主筋无法插入劲性钢柱上预开设的孔洞，采用弯锚焊接的方式，将梁主筋与钢柱腹板焊接在一起。

4.2.3 混凝土浇筑振捣

因避难层钢筋直径大、钢结构截面尺寸大，封模后，混凝土下料口有效尺寸较小，加上超高层混凝土泵送施工，混凝土浇筑与振捣难度大。浇筑过程中控制混凝土坍落度在 (200±20) mm，确保混凝土流动性。为保证混凝土振捣充分密实，采用小直径振捣棒伸入剪力墙内进行振捣，并加强人员监控，必要时用振捣棒振动模板，直至混凝土浆液溢出剪力墙下部模板为准。

5 结束语

无锡苏宁广场工程通过对桁架避难层精心深化设计，施工安排合理，质量控制到位，确保了桁架避难层的施工进度及施工质量，成功攻克桁架避难层施工这一超高层结构施工难题。

参考文献

[1] 建筑施工手册(第五版)编委会. 建筑施工手册(第五版)[M]. 北京：中国建筑工业出版社，2010.

大跨度钢结构连廊整体拼装、同步提升技术
在实际施工中的应用

黄俊富　李公璞　李松伟　黄孜宏　刘彦明

（中建一局华江建设有限公司）

【摘　要】　本文主要阐述了（徐矿）明星国际商务中心一期工程重 540t、跨度 33.4m、提升高度 50m 的钢结构连廊在拼装胎架上整体拼装、焊接完成后，采用液压同步提升器整体提升就位，并与预留牛腿焊接。该技术对拼装胎架的选择及加固、连廊的整体焊接及整体提升过程进行详细介绍。提升过程整体用时约 10h，提升过程无附加过载现象。通过该项目的具体实施取得了良好的效果。

【关键词】　钢结构连廊；整体拼装；同步提升技术的应用

1　工程概况

（徐矿）明星国际商务中心一期工程位于南京市建邺区科技园区内，建筑面积 117252.31m²，建筑高度 100.45m，地下 2 层地上 23 层，东西塔楼 16 层以上通过钢结构连廊连成整体。其中 16～17 层钢结构连廊一次整体提升桁架总吨位约 540t（含四榀主桁架、桁间支撑、水平斜向剪刀撑、腹杆、压型楼层板），整体桁架位于 1/7 轴线至 1/11 轴线之间，宽度方向位于 A、D 轴线以内，整体提升高度约 50m，连廊净跨度 33.4m。桁架上弦杆件规格为 H1200-30-36×500，下弦杆件规格为 H1300-40-50×500。17 层以上（桁架上部结构）杆件则由现场散拼完成（图 1～图 4）。

2　方案比较

本工程中钢结构连廊的拼装焊接在投标阶段和具体实施阶段的方案比较如下（详见附表 1）。

方案一（投标方案）：选用型号为 D1100 的大型固定式塔吊，该塔吊在回转半径 35m 的位置最大起重量为 32t，因此在图纸深化设计时将单次吊装杆件的最大重量控制在 32t 之内，确保吊装构件能精准就位。

方案二（实施方案）：选用液压同步整体提升技术，该技术选用 YS-PP-60 型液压泵源系统、YS-SJ-180 型液压提升器和 YS-CS-01 型计算机控制系统组合控制。将桁架在连廊正下方的拼装平台上拼装焊接成整体，采用钢绞线将提升器与连廊桁架连接，通过提升器的往复运动，将连廊整体提升就位焊接。

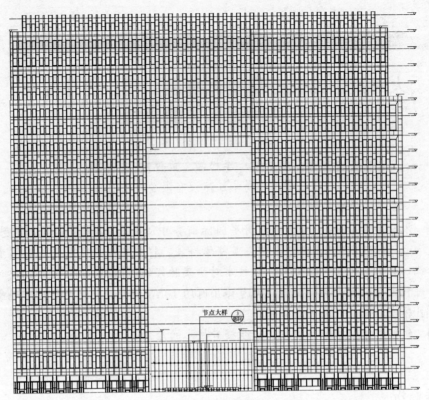

图1 外立面图

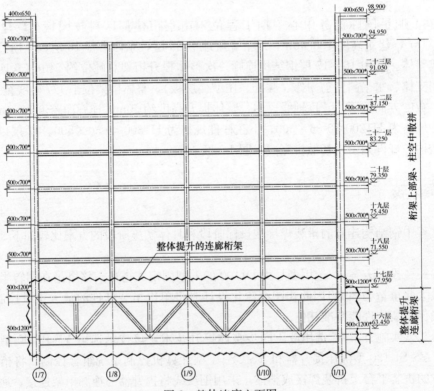

图2 整体连廊立面图

190

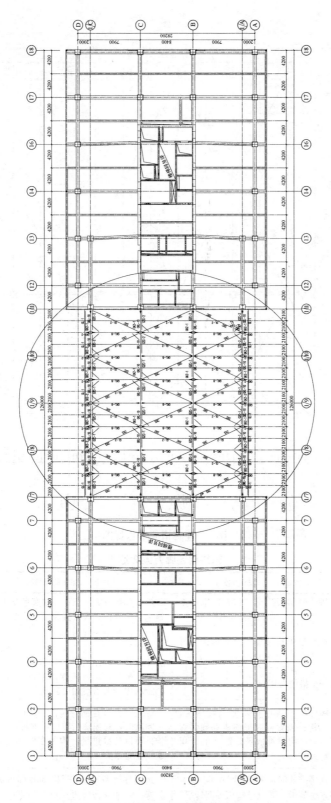

图 3 连廊桁架平面布置图

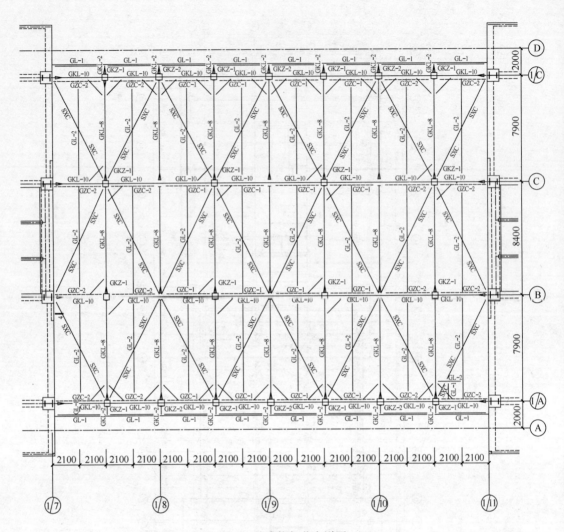

图 4 连廊桁架节点详图

钢结构连廊方案比选表　　　　　　　　　　　　　　　　　　表 1

	比选内容	方案一（投标方案）	方案二（实施方案）	备注
1	工效	拼装焊接及涂饰工作在高空中进行，施工难度大、降低工作效率	拼装焊接及涂饰工作在拼装胎架上进行，施工易于操作，大大提高工作效率	
2	安全措施的投入及加固措施	在高空中拼装焊接及涂饰构件时需要在连廊下部搭设超高脚手架，做好安全防护工作，需要投入大量的安全措施费用	构件在胎架上拼装成整体，只需要在整体连廊周围做好临边防护就可确保安全。胎架及其下部结构加固均采用回收型钢进行，且吊装完毕后该加固型钢还可以继续回收利用，无需增加过多成本	
3	场地使用	构件在空中散拼需要连续施工，因此构件需要同时提前进场确保焊接需要，构建堆放场地需要的面积比较大	焊接工人可在钢骨构件及其他钢结构施工间歇时，对连廊桁架构件进行拼装焊接，构件可以分批进场，构件堆放场地相对来说不需要很大	
4	塔吊的选型及吊次的选择	连廊拼装时需要选用 D1100 以上的大型塔吊才能满足起重量的要求，且拼装过程中长时间占用塔吊，增加塔吊的使用频率和时间	选用常规型号塔吊 H3/36B 即可满足吊装要求，部分构件可用汽车吊进行配合施工，不会长时间占用塔吊，同时减少塔吊吊次不足对施工的影响	

	比选内容	方案一（投标方案）	方案二（实施方案）	备注
5	施工工期	空中拼装、焊接及涂饰、楼承板的铺设施工需要约75天完成	地面台架上拼装焊接及涂饰、楼承板铺设约7.5天，空中悬停0.5天、一次提升就位1天，总工期约10天	
6	费用	选用大型塔吊D1100租期至少1年，年租赁费用为130万元	每个提升点位费用为4万元，共计8个点位，综合提升费用为32.4万元	仅机械设备比较

3 施工工艺流程

准备工作→钢结构连廊拼装、焊接→钢结构连廊整体提升→分级卸荷。

4 施工操作要点

4.1 准备工作

4.1.1 连廊牛腿预留施工

为实现连体结构从地面直接整体提升至安装位置，需事先将桁架结构与两侧钢骨柱连接的端部断开。牛腿端头先与钢骨柱内的钢骨焊接安装到位，且桁架的上弦杆件同下弦杆件断开的接口应自上而下成阶梯形，以便桁架顺利提升到位，如图5、图6所示。

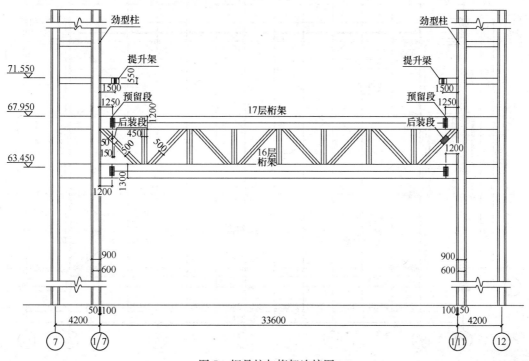

图 5　钢骨柱与桁架连接图

图 6 桁架预留牛腿

4.1.2 上部吊装点的预留施工

上层连廊两端改装加固成提升梁（上部提升吊装点），提升吊点共计 8 处，提升梁上布置液压提升器，并通过专用钢绞线与设置在连廊桁架上弦杆顶部的下部吊装点连接，见图 7。通过受力情况分析，平均分配提升点的最大荷载，并根据提升梁的悬挑长度来计算提升梁和斜撑的截面尺寸。提升梁与斜撑均与对应的混凝土钢骨柱翼缘板连接（加固方法详见图 8）。在该部位钢结构深化设计阶段将提升梁和斜撑一起深化设计，同时在构件加工车间焊接完毕后运抵施工现场。

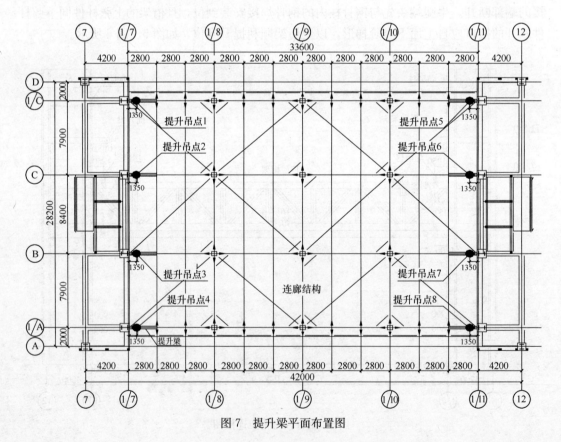

图 7 提升梁平面布置图

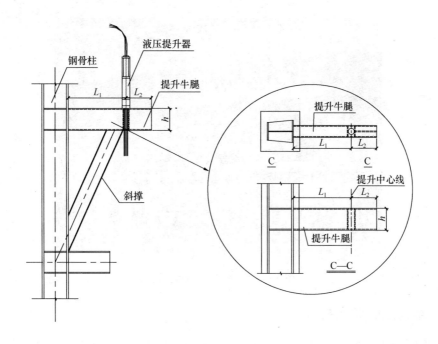

图 8　提升梁加固图

4.1.3　拼装胎架的制作及结构加固

　　整体提升部分的连廊桁架在拼装胎架上拼装焊接，拼装胎架位于钢结构连廊正下方裙房的屋面上，该部位屋面梁局部采用钢立柱及水平型钢杆件进行支撑。其拼装胎架支点位于框架柱或支撑钢立柱的顶端，且支撑钢立柱位于地下室框架柱顶部，确保上部连廊在拼装焊接过程中产生的荷载通过混凝土梁直接传给竖向柱直至传递到基础底板上。加固点布置如图 9、图 10 所示。

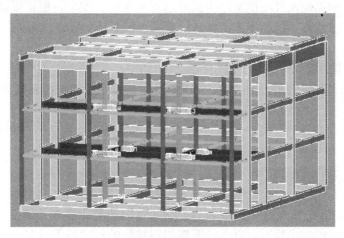

图 9　拼装胎架及加固效果图

注：黄色构件为拼装胎架，红色及绿色构件为加固立柱，蓝色构
件为水平加固型钢，其余为原混凝土结构构件

图 10　拼装胎架及加固实景图

4.2　钢结构连廊测量拼装

在钢结构连廊主桁架拼装之前，针对与主桁架连接的各个牛腿进行测量工作，将各牛腿之间的标高及距离误差在平面图中进行详细标注。钢结构连廊在拼装胎架上拼装焊接时其各构件之间的距离及高差严格按照已测的数据进行施工，同时充分考虑连廊在吊装过程中产生的挠度变形，确保连廊与牛腿在高空中的对接口能够充分吻合。

连廊主桁架在拼装过程中采用激光铅垂仪将上部牛腿投影下来，水准仪进行标高检测。进行反复测量检测工作，充分确保连廊桁架提升后在空中能对接吻合。

4.3　连廊桁架整体提升

为确保提升钢结构及外围框架结构提升过程的平稳、安全，根据提升钢结构的特性，拟采用"吊点油压均衡，结构姿态调整，位移同步控制，分级卸载就位"的同步提升控制策略。

4.3.1　提升分级加载

通过试提升过程中对桁架钢结构、提升设施、提升设备系统的观察和监测，确认符合模拟工况计算和设计条件，保证提升过程的安全。

以计算机仿真计算的各提升吊点反力值为依据，对钢结构进行分级加载（试提升），各吊点处的液压提升系统伸缸压力应缓慢分级增加，依次为 20%、40%、60%、80%；在确认各部分无异常的情况下，可继续加载到 90%、95%、100%，直至提升钢结构全部脱离拼装胎架。

在分级加载过程中，每一步分级加载完毕，均应暂停并检查，如：上、下吊点结构、钢结构等加载前后的变形情况，以及外围框架钢结构的稳定性等情况。一切正常情况下，可继续下一步分级加载。

当分级加载至桁架钢结构即将离开拼装胎架时，可能存在各点不同时离地，此时应降低提升速度，并密切观察各点离地情况，必要时做"单点动"提升。确保钢结构各点同步、平稳离地。如图 11 所示。

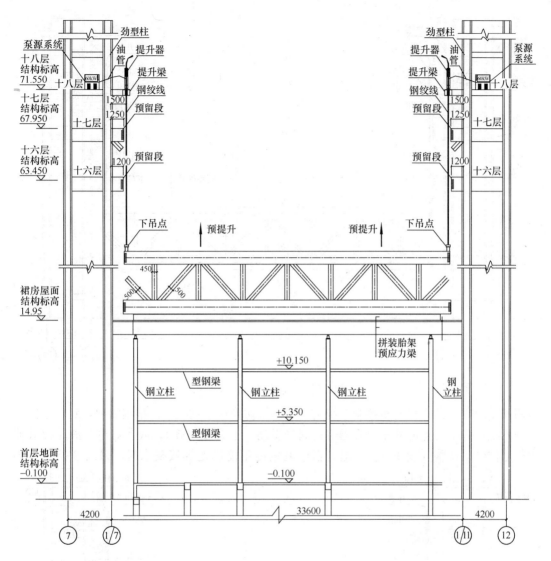

图 11　钢结构连廊预提升

4.3.2　结构离地检查

钢结构离开拼装胎架约 150mm 后，利用液压提升系统设备锁定，空中停留 4h 作全面检查（包括吊点结构，承重体系和提升设备等），并将检查结果以书面形式报告现场总指挥部。各项检查正常无误，再进行正式提升。

4.3.3　姿态检测调整

用测量仪器检测各吊点的离地距离，计算出各吊点相对高差。通过液压提升系统设备调整各吊点高度，使钢结构达到水平姿态。

4.3.4　整体同步提升

以调整后的各吊点高度为新的起始位置，复位位移传感器。在钢结构整体提升过程中，保持该姿态直至提升到设计标高附近。如图 12 所示。

4.3.5　提升过程微调

钢结构在提升及下降过程中，因为空中姿态调整和杆件对口等需要进行高度微调。在

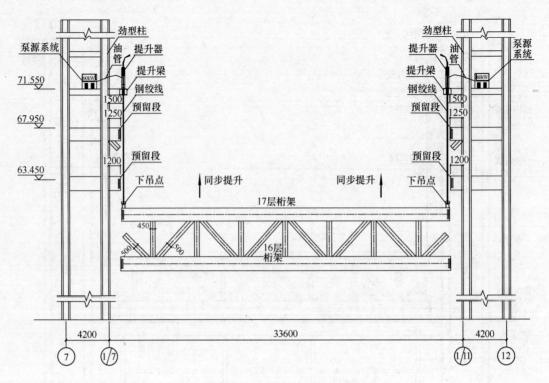

图 12 钢结构连廊正式同步提升

微调开始前，将计算机同步控制系统由自动模式切换成手动模式。根据需要，对整个液压提升系统中各个吊点的液压提升器进行同步微动（上升或下降），或者对单台液压提升器进行点位微动调整（图 13）。当提升器微调精度不能满足焊接要求时，采用 8 条型号为

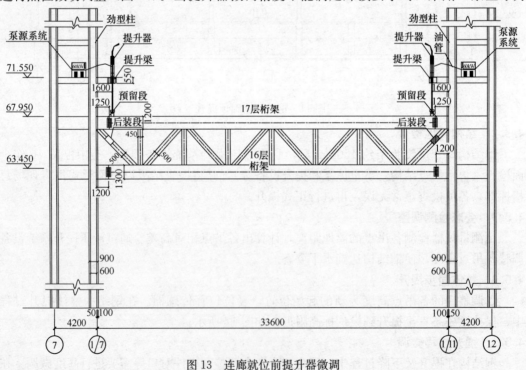

图 13 连廊就位前提升器微调

198

HS-VT10 捯链调节水平方向的姿态偏差，将捯链一端固定在框架柱上，另一端连接在连廊桁架下悬杆件上，通过捯链调节水平方向后，做临时固定。竖直方向采用千斤顶细微调节（图 14），直至焊接点完全吻合后停止微调。

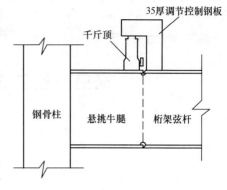

图 14　连廊就位时千斤顶竖向微调

4.4　提升就位后卸荷

提升钢结构提升至设计位置后暂停；各吊点微调使巨型连廊桁架各层弦杆精确提升到达设计位置；液压提升系统设备暂停工作，保持提升钢结构的空中悬停姿态，巨型桁架各层弦杆与预装结构对口焊接固定，并安装后装斜腹杆后装分段，使其与支座及两侧钢框架结构形成整体稳定受力体系。通过探伤检测合格后准备分级卸荷。

液压提升系统设备同步分级卸载，按照 95％、90％、80％、60％、40％、20％至钢绞线完全松弛；进行钢结构的后续高空安装；拆除液压提升系统设备及相关临时措施，完成钢结构的整体提升安装。

5　结束语

徐矿明星国际商务中心工程钢结构连廊采用液压同步整体提升技术，在整体提升过程中，桁架结构可利用液压提升系统设备长时间在空中精确悬停，有利于本工程的实施；液压提升器锚具具有单向运动自锁性，使提升过程十分安全，提升过程中构件可在任意位置长期可靠锁定；液压提升器通过液压驱动，运动惯性小，启动、停止过程加速度极小，对被提升构件及提升框架结构几乎无附加动荷载（振动和冲击）；液压提升设备体积小、自重轻布置灵活方便；仅用时 10h 就一次将 540t 重的超大构件整体提升就位，其提升速度 4～9m/h。就位后测量对接口的最大尺寸偏差 10mm 之内，结构整体下挠值也满足设计要求。该提升技术同以往的空中散拼相比即节约资金（仅节约大型塔吊租赁费用近 100 万元）、加快施工进度、降低施工难度，同时在安全生产方面得到了很大的保证，取得了良好的效果。

钢筋小桁架自承式楼板施工技术

刘　佳　熊　壮　胡志军　周　沫

（中建一局五公司）

【摘　要】　钢筋小桁架自承式楼板的构成是将钢筋加工成钢筋桁架，并将钢筋桁架与压型钢板焊接连接成一体的组合楼板。其自身具有足够刚度及强度，铺设后不需另行搭设支撑，省去了支模、拆模的工序。同时钢筋形成桁架，替代部分楼板钢筋，减少了现场钢筋绑扎量，具有节约成本加快工期等特点。本文对自承式楼板的施工工序及关键技术作了详细介绍。

【关键词】　钢筋小桁架自承式楼板；安装；施工技术；节点

1　工程概况

杭政储出【2004】69 号地块项目位于杭州市钱江新城，东南紧邻钱塘江，东北靠京杭大运河，西北侧为江干区文体中心，西南侧为水岸帝景（住宅）及杭州棋院，项目总用地面积约 11958m²，总建筑面积 99705m²，其中地上 71000m²，地下 28705m²，地上为 28 层，地下为 3 层，建筑高度 99.6m（室外地面至主楼屋顶）。结构形式为钢结构—钢筋混凝土结构的混合结构，建筑功能为文体活动及配套服务的综合性物业。其中地下 3 层至地上 28 层主楼区大部分均采用钢筋小桁架自承式楼板结构见图 1、图 2。

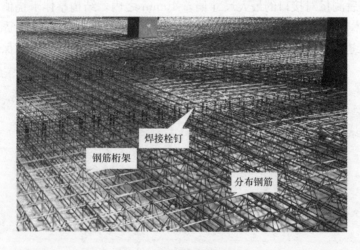

焊接栓钉

钢筋桁架

分布钢筋

图 1　楼承板铺设效果图

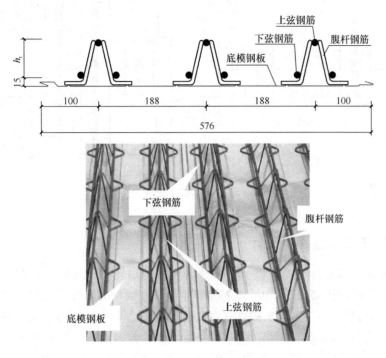

图 2　自承式楼板大样图

2　工程重点和难点

（1）楼板的几何尺寸、钢筋桁架的构造尺寸及钢筋桁架与底模的焊接质量要求严格，加工任务重、工作量大。

（2）建筑要求精度严格，过程中需要测量人员进行全程监控，制定可靠措施实现过程纠偏，确保安装位置的定位及精度的控制。

（3）自承式楼板需要在加工厂加工完成后在现场进行吊装焊接，支座竖筋、板端、板边及边模板与钢梁或栓钉焊结需严格控制。

（4）板边及异形处经过切割的位置处保证无漏浆部位存在。

（5）板与梁、柱的节点形式多，确保每个节点按设计图纸施工到位。

3　工艺流程

楼承板作为主体结构的重要受力构件，由于结构设计情况不同，不同区域的楼承板规格型号也不同，在楼承板出场前后，应对照图纸检查楼承板尺寸、钢筋桁架构造尺寸等是否符合设计要求。检验合格后，将不同型号的楼承板码放于相应的楼板区域进行安装施工，施工流程如下。

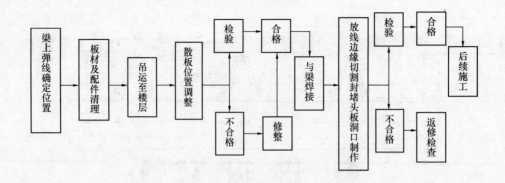

4 关键技术

4.1 楼承板施工节点深化设计

本工程钢筋小桁架自承式楼板上、下弦钢筋采用热轧 HRB400 级，腹杆钢筋采用冷轧光圆钢筋，底模钢板采用 0.5mm 厚的镀锌钢板。在铺设时，楼承板与钢结构构件（钢梁、钢骨梁、箱型柱等）、混凝土构件（混凝土梁、剪力墙等）均有相交，且楼承板的放置方向依据其受力方向也有不同，导致其与梁、柱、剪力墙的节点形式多，如何将板与梁、柱、墙合理衔接成为钢筋小桁架自承式楼板施工的控制要点，因此在节点深化设计阶段应对各个节点进行合理连接，以充分发挥钢筋小桁架自承式楼板的优越性。

4.1.1 楼承板与钢结构构件的连接

（1）楼承板与钢梁节点：楼承板在铺设时根据其受力方向与钢梁连接，即钢筋桁架方向垂直于钢梁布置，节点布置见图 3。钢筋桁架垂直梁布置时，该节点为受力节点，应保证桁架竖筋焊接在梁的翼缘上，钢筋桁架支撑在钢梁上的长度应不小于 50mm，且在楼承板底模上焊接栓钉固定。

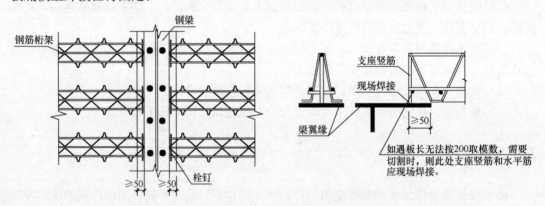

图 3　钢筋桁架垂直梁布置节点

（2）楼承板与箱型柱节点：对于梁柱交接处的楼承板采取了如下加强措施，见图 4、图 5。

1）在钢梁或箱型柱上焊接 L75×5 角钢支撑件；

2）在 1/2 横向柱距范围内设板面加强筋。

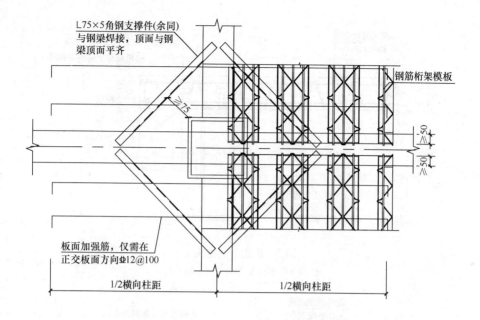

图 4　楼承板与箱型柱连接节点 1（柱四周为钢梁）

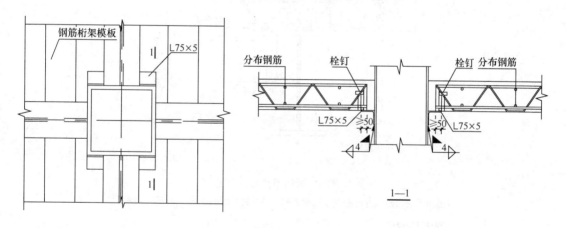

图 5　楼承板与箱型柱连接节点 2（柱四周为钢骨梁或混凝土梁）

（3）楼承板板块间连接节点：每一区域楼板均由若干块楼承板拼接而成，板块与板块之间采用扣合的方式连接。

（4）楼承板封边构造：封边做法取决于楼承板的放置方向及悬挑长度，悬挑长度超过 150mm 的，除添加附加钢筋外，板边需采取额外的加固措施，见图7、图8、图9。

图 6　楼承板间连接节点

4.1.2　楼承板与混凝土构件的连接

（1）与剪力墙的连接节点：当楼承板垂直于剪力墙边时，除加设附加钢筋外，采用角钢固定等加固措施，见图10；当楼承板

203

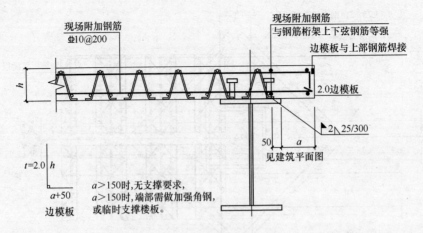

图 7 板边节点做法 1
（适用于钢筋桁架方向平行于边梁时）

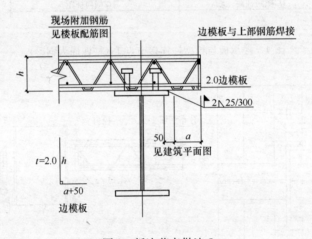

图 8 板边节点做法 2
（适用于钢筋桁架方向垂直于边梁方向，且悬挑长度小于或等于150mm时）

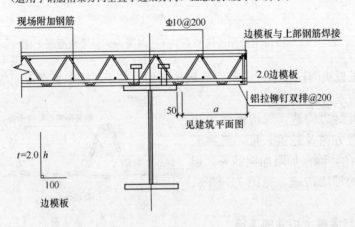

图 9 板边节点做法 3
（适用于钢筋桁架方向垂直于边梁方向，且悬挑长度大于150mm时）

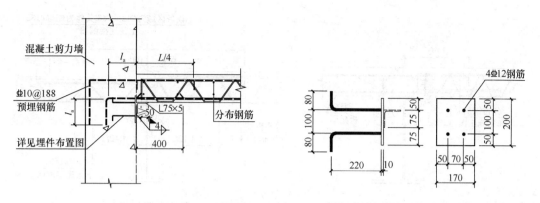

图 10　楼承板与剪力墙连接节点 1（剪力墙作为受力支座时）

平行于剪力墙时，采用与垂直于钢筋桁架方向等强的钢筋作为附加钢筋进行连接见图 11。

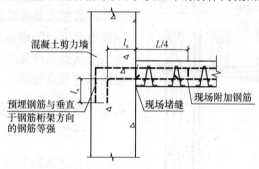

图 11　楼承板与剪力墙连接节点 2
（剪力墙不作为受力支座时）

　　（2）与混凝土梁的连接节点：钢筋桁架平行混凝土梁连接时，需楼承板分布钢筋锚入梁内，形成锚固节点，见图 12；钢筋桁架垂直梁布置时，需在桁架端部设附加钢筋，并在桁架端部设临时支撑，见图 12。

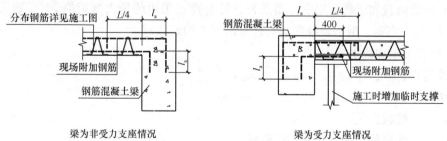

梁为非受力支座情况　　　　　　　　　梁为受力支座情况

图 12　楼承板与混凝土梁连接节点

　　（3）与混凝土板的连接节点：楼承板与混凝土板的连接取决于其与端部钢梁的布置方向，当楼承板垂直端部钢梁布置时，该节点为受力节点，现浇板筋需锚入楼承板中，并满足一定的锚固长度，见图 13。

4.1.3　特殊节点构造

　　（1）楼承板降板节点构造：对于卫生间等部位存在降板的区域，与混凝土结构降板一样，需根据现场情况对楼承板附加钢筋采取弯起措施见图 14。

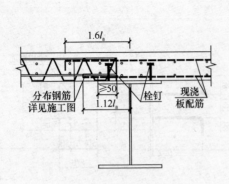

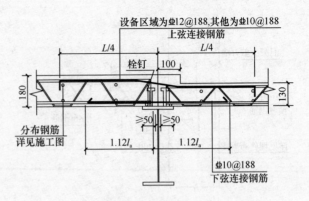

图 13 楼承板与混凝土楼板连接节点　　　　图 14 降板节点

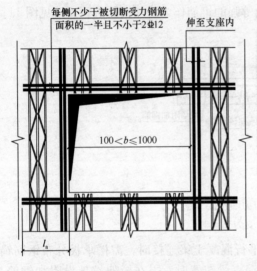

图 15 矩形洞口补强钢筋构造

（2）楼承板洞口加强构造：当楼承板上开孔时必须按要求设洞边加强筋及边模，且钢筋桁架模板的钢筋及钢板必须待楼板混凝土强度达到设计强度后方可切断。洞边加强筋的布置节点见图 15。

4.2 楼承板在承受荷载条件下的强度计算

与普通钢筋混凝土楼板不同，楼承板本身具有一定的刚度，不需设临时支撑，但施工前需按照自重、混凝土重量、施工荷载等受力情况下，对一定跨度下的楼承板自身刚度、强度进行验算。验算公式可按下式进行：

（1）计算恒载和活载作用下，楼承板计算跨度范围内的最大弯矩值 M1、剪力值 V1 及挠度 δ（最大弯矩、剪力及挠度均为计算跨度 l_0 的函数）；

1）计算支座和跨中弯矩值：

支座弯矩：$M_支 = \alpha_{1F} g_1 l_0^2 + \alpha_{2F} g_2 l_0^2 + \alpha_{3F} p_2 l_0^2$

跨中弯矩：$M_中 = \alpha_{1M} g_1 l_0^2 + \alpha_{2M} g_2 l_0^2 + \alpha_{3M} p_2 l_0^2$

式中　g_1——楼板自重；

g_2——除楼板自重以外的永久荷载；

p_2——楼面活荷载；

$M_支$——支座弯矩；

$M_中$——跨中弯矩；

α_{1F}，α_{1M}——楼板自重作用下，根据施工阶段桁架连续性确定的支座或跨中弯矩系数；

α_{2F}，α_{2M}——除楼板自重以外的永久荷载作用下，根据使用阶段楼板连续性确定的支座或跨中弯矩系数；

α_{3F}，α_{3M}——楼面活荷载作用下，根据使用阶段楼板连续性、考虑活荷载不利布置确定的支座或跨中弯矩系数。

2）根据各支座和跨中的弯矩值，分别进行荷载组合

根据荷载组合公式得出各支座和跨中的最大弯矩值及最大剪力值：

$$M_1 = \gamma_{01}(\gamma_G M_{1GK} + \gamma_Q M_{1QK}) \tag{1}$$

$$V_1 = \xi\gamma_{01}(\gamma_G g_1 + \gamma_Q p_1)l_0 \tag{2}$$

式中　γ_{01}——施工阶段结构重要性系数，取 0.9；

　　ξ、ζ——剪力分配系数、挠度系数，根据结构形式查《建筑结构静力计算手册》得；

　　γ_G、γ_Q——永久荷载分项系数和可变荷载分项系数，分别取 1.2、1.4；

　　g_1、p_1——永久荷载和可变荷载；

3）计算施工阶段钢筋桁架模板的挠度值

$$\sigma_1 = \zeta \times \frac{(g_1 + p_1)l_0^4}{100 E_s I_0} \tag{3}$$

式中　E_s——钢筋弹性模量，取 190000N/mm²；

　　I_0——钢筋桁架截面有效惯性矩，由 $I_0 = \frac{\pi D_1^4}{64} + A_s' x_c^2 + \frac{\pi D_2^4}{32} + A_s x_t^2$ 得出：

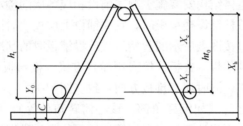

其中 D_1、D_2 分别为上弦、下弦钢筋直径；

A_s'、A_s 分别为受压、受拉区钢筋截面面积；

$$x_c = x_h - Y_0$$
$$x_t = h_{t0} - x_c$$

$$Y_0 = \frac{A_S \times \left(c + \frac{D_2}{2}\right) + A_S \times x_h}{A_S + A_S'}$$

（2）施工阶段桁架杆件均为拉压杆，应进行上下弦杆强度、受压弦杆和腹杆稳定性及桁架挠度验算。

上下弦钢筋强度验算：$\sigma = N/A_S \leqslant 0.9 f_y$ $\qquad\qquad$ (4)

受压弦杆及腹杆稳定性验算：$N/\psi \leqslant f_y'$ $\qquad\qquad$ (5)

挠度验算：$\sigma_1 \leqslant \min\left[\frac{l_0}{180}, \ 20\text{mm}\right]$ $\qquad\qquad$ (6)

其中弦杆轴力 $N = M_1/h_{t0}$

f_y——钢筋抗拉强度设计值；

f_y'——钢筋抗压强度设计值；

　σ——上下弦杆应力；

　ψ——轴心受压构件的稳定系数，按国家标准《钢结构设计规范》GB 50017 附录 C
　　采用。其中受压弦杆的计算长度取 0.9 倍的受压弦杆节点间距，腹杆的计算长
　　度取 0.7 倍的腹杆节点间距。

4.3 施工阶段

4.3.1 材料进场与存放

（1）进场验收：对进场构件必须进行质量外观检查，结果需满足设计要求。外观尺寸需满足：宽度允许偏差±4mm；长度允许偏差楼承板长≤5.0m时为±3mm，板长＞5.0m时为±4mm。其桁架尺寸允许偏差：钢筋桁架高度为±3mm，钢筋桁架间距为±10mm，桁架节点间距为±3mm。

（2）现场存放：为避免钢筋桁架楼承板进入楼层后人工再倒运，配料按楼层、区域细分，尽量做到准确无误。材料运到现场后，宜直接吊运至安装区域钢梁上，利于成品保护。特殊情况可堆于指定临时场地并做好成品保护。楼承板在现场存放时，须略微倾斜放置，以保证水分能从板的缝隙中流出，避免楼承板产生水斑。捆与捆之间加垫木，叠放高度不得超过3捆。

4.3.2 钢筋小桁架自承式楼板安装

（1）楼承板平面及立面施工顺序：每层楼承板的铺设宜从起始位置向一个方向铺设，边角部分最后处理；随主体结构安装施工顺序铺设相应各层的楼承板，为保证上层钢柱安装时人员操作安全，每节柱铺设楼承板时，宜先铺设上层板，后铺设下层板。

（2）楼板铺设前，应按图纸所示的起始位置放设铺板时的基准线。对准基准线，安装第一块板，并依次安装其他板。楼板连接采用扣合方式，板与板之间的拉钩连接应紧密，保证混凝土浇筑时不漏浆，同时注意排板方向一致（图16）。

（3）平面形状变化之处（如钢柱角部、核心筒转角处等），可将自承式楼承板切割，可采用机械或氧割进行，再将端部的竖向钢筋还原就位之后进行安装，切割前要核对切割尺寸，复核后在模板上放线。

（4）与钢柱相连的梁上翼缘上的加劲板，在铺设自承式楼承板时将出现自承式楼板高低不平的现象，当碰到加劲板时，可将楼承板割孔。

（5）跨间收尾处若板宽不足576mm（标准桁架模板宽度），可将自承式楼板沿钢筋桁架长度方向切割，切割后板上应有一或二榀钢筋桁架，不宜将钢筋桁架切断。

（6）若不得已将钢筋桁架裁断，应采用同型号的钢筋将钢筋桁架重新连接进行恢复，并进行补强。施工过程中严格按顺序进行，逐步进行质量检查，安装结束后，进行隐蔽工程验收。

（7）保证支座竖筋、板端与钢梁及边模焊结牢固（图17、图18、图19）。

图16 楼承板铺设

图17 楼承板板端与钢梁焊接固定

图 18　楼承板边模板焊接固定　　　　　　图 19　楼承板支座竖筋焊接固定

4.3.3　栓钉施工

按照设计要求和《建筑钢结构焊接技术规程》JGJ 81—2002 要求，对栓钉质量进行检查，进行焊接工艺试验合格后投入生产。采用栓钉专用熔焊机进行施工（图 20）。

质量控制要点：安装前先放线，定出栓钉的准确位置，并对该点进行除锈、除漆、除油污处理，以露出金属光泽为准，并使施焊点局部平整。瓷环保持干燥，施焊后清除瓷环，便于质量检查。焊机安放平稳，电焊线完整无破皮。同时施工时保护好焊线及焊枪。栓钉焊接应按工艺文件参数操作，并且每班前 10 个栓钉施焊后，即进行打弯质量检查，然后进行批量施工。

4.3.4　管线敷设

由于钢筋桁架的影响，板中的敷设管线宜采用柔韧性较好的材料。由于钢筋桁架间距有限，应尽量避免多根管线集中预埋，并尽量选用小直径管线，分散穿孔预埋（图 21）。电气接线盒的预留预埋可事先将其在镀锌板上固定，钻 $\Phi 30$ 及以下小孔，钻孔应避免钢筋桁架楼承板变形而影响外观或导致漏浆。

图 20　栓钉焊接　　　　　　　　　　图 21　管线敷设

4.3.5　附加钢筋施工

根据设计图纸，在楼承板板面及支座连接处均设有支座连接筋及负筋，连接筋与负筋与钢筋桁架绑扎见图 22；洞口边设置加强筋（图 23）。在附加钢筋施工过程中，应注意对已铺好的钢筋桁架楼承板的保护工作，不宜在镀锌板上行走或踩踏。禁止随意扳动、切断钢筋桁架；若不得已切断钢筋桁架，应采用同型号的钢筋将钢筋桁架重新连接修复。

图 22　附加钢筋绑扎　　　　　　图 23　预留洞口处理

4.3.6　混凝土浇筑

除一般混凝土施工工艺注意事项外，还应注意以下几点：

（1）在混凝土浇筑前，钢筋桁架楼承板安装及栓钉焊接完成并验收合格；

（2）混凝土浇筑过程中，应随时将混凝土铲平（图 24），控制楼承板上混凝土堆积高度在 300mm 以内，防止荷载过大压弯楼承板；在泵管位置因施工荷载较大需加设临时支撑（图 25）。

（3）设临时支撑时，跨度小于 8m 的楼板，待混凝土强度达到设计强度的 75％以上方可拆除支撑，大于 8m 的楼板，待混凝土强度达到设计强度之后方可拆撑。

图 24　混凝土浇筑　　　　　　图 25　楼承板底模及支撑加固

5　质量保证体系及措施

1. 建立质保体系：本工程将充分利用我公司现有的较完善的质保体系，并与工程项目管理相结合，在施工现场设立各专业施工班组 QC 小组。

2. 保证工程质量的几项措施

实行优质工程目标管理，对质量管理人员进行专门培训，对 QC 小组进行指导，结合工程项目具体情况，使施工班组每位人员都自觉重视施工质量。

所有施工机具和检测工具在施工前都必须进行检查、检测和计量，特别是测量工具和仪器都必须保证在检测期内有合格的计量证明，未经计量的测量工具和测量仪器不准带入施工现场。

所有供应的材料，应进行抽样检查，所有材料及零配件都应有出厂合格证明书，在确认质保期内，所有合格证明齐全。

施工时，必须严格执行国家颁发的或建设部颁发的有关国家验收规范和标准。

对于施工的环境必须有严格的管理制度，特别是对材料、设备及其零部件等应采取保护措施。

施工现场的材料应有专人负责保管，对产品的保护应建立制度。对施工测量的现场应确保符合测量条件。

做好土建、装饰的配合工作和中间验收工作。

坚持按设计图纸进行施工，不得随意修改，没有设计修改同意签证书而进行修改的工程不进行质量评定。

6 结语

钢结构构件工厂产业化生产大大缩短了工程工期。多高层钢结构的迅猛发展对工程工期提出了更高的要求，而楼板的施工方法是影响工期的重要因素。钢筋小桁架自承式楼板以其具有节约材料、施工速度快、质量高、使用性能良好的优点而被越来越广泛地应用，并且已经在实践中取得良好的经济效益和建筑效果，但同时对其制作、加工以及其与安装工程、土建工程的配合提出了更高的要求。通过在钢结构设计阶段，使钢结构楼承板与土建结构进行可靠连接，并满足现场钢结构安装施工需要，减少施工难度及劳动强度，提高作业效率，而且大大缩短了施工工期；通过对钢筋小桁架自承式楼板结构的施工，熟悉并掌握了楼承板的施工技术，积累了宝贵的施工经验，为以后的施工打下了基础。

参考文献

[1] 鄢长，武科，于晓野，王冬冬. 海控国际广场钢筋桁架组合楼承板关键施工技术[J]. 施工技术，2011，40(355)：4-7.

[2] 吴能斌，邵泉，郁政华. 广州新电视塔钢筋桁架组合楼板施工技术[J]. 施工技术，2006，35(6)：15-17.

[3] 陈世鸣. 压型钢板－混凝土组合楼板的承载力研究[J]. 建筑结构学报，2002，23(3)：12-13.

[4] 北京钢铁设计研究总院. GB 50017—2003 钢结构设计规范[S]. 北京：中国计划出版社，2003.

[5] 刘世美，陈文虎，吴玉彪. "钢筋桁架自承式楼板"施工中应注意的问题[J]. 建筑技术开发，2006，5：112-114.

长阳半岛装配整体式剪力墙结构工业化住宅施工组织总结

李　浩　孔祥忠　李永敢　王召新

（中建一局集团建设发展有限公司）

【摘　要】　为了客观分析对比工业化住宅与传统现浇结构住宅在施工组织方面的差异，本文通过作者组织长阳半岛工业化住宅楼与长阳半岛传统现浇结构住宅楼的施工经历，对工业化住宅楼施工组织要点进行阐述，并与类似户型传统现浇结构住宅在施工组织工序划分及关键线路形成等问题进行对比分析，找出引起两者施工组织差异的本质原因，最后对高装配化率工业化住宅施工组织可能面临的问题及可能发展的方向进行预测分析，对高装配化率工业化住宅施工组织模式的变革进行展望。

【关键词】　工业化住宅；传统现浇结构住宅；装配化率；施工组织

1　引言

北京市工业化住宅已历经假日风景 B3、B4，假日风景 D1、D8，长阳半岛三个项目。工业化住宅由于预制构件的使用，其结构工程量与传统现浇结构住宅相比，已经有了一定的变化，这一变化必然带来施工组织方面的差异。现阶段已实施工业化住宅项目存在装配化率差异较大、工人数量程度较低等问题，工业化住宅在施工组织方面的优势并不明显，工业化住宅施工组织方面的研究、工业化住宅与传统住宅施工组织差异方面的对比研究均较为少见。本文详细介绍了工业化住宅施工组织的特色，并选取与所介绍的工业化住宅具有相同体型、相同户型的传统现浇结构住宅与之对比，找出工业化住宅与传统现浇结构住宅施工组织的差异，并对高装配化工业化住宅的施工技术特点进行预测分析。

2　长阳半岛工业化住宅施工组织总结

2.1　长阳半岛工业化住宅施工组织

2.1.1　长阳半岛工业化住宅简介

长阳半岛工业化住宅是北京市在建的装配化率最高的项目，共 4 个单体，每个单体 9 层，装配整体式剪力墙结构，建筑面积 5 万 m²，运用了预制外墙板、预制阳台、预制叠合板、预制飘窗、预制楼梯、预制装饰板六类预制构件，装配化率为 35%。结构施工采用构件安装与现浇作业同步进行的方式，即预制墙板与现浇墙体同步施工，预制叠合类构件安装与楼板现浇同步施工，预制楼梯板、预制装饰板随层安装、预制飘窗错层安装的方式进行。

212

该工程自 2011 年 5 月开始装配施工，2011 年 9 月完成结构封顶，现已进入装修施工阶段。

2.1.2 机械选型与施工场地布置

　　施工场地布置，首先应进行起重机械选型工作，然后根据起重机械布局，规划场内道路，最后根据起重机械以及道路的相对关系确定堆场位置。工业化住宅与传统住宅相比，影响塔吊选型的因素有了一定变化。同样，增加的构件吊装工序，使得塔吊对施工流水段及施工流向的划分均有影响。

　　（1）根据场地情况及施工流水情况进行塔吊布置；考虑群塔作业，限制塔吊相互关系与臂长，并尽可能使塔吊所承担的吊运作业区域大致相当。

　　（2）根据最重预制构件重量及其位置进行塔吊选型，使得塔吊能够满足最重构件起吊要求。

　　（3）根据其余各构件重量、大钢模重量、布料机重量及其与塔吊相对关系对已经选定的塔吊进行校验。

　　（4）塔吊选型完成后，根据预制构件重量与其安装部位相对关系进行道路布置与堆场布置。由于预制构件运输的特殊性，需对运输道路坡度及转弯半径进行控制，并依照塔吊覆盖情况，综合考虑构件堆场布置。

　　（5）预制构件堆场的布置，需对构件排列进行考虑，其原则是：预制构件存放受力状态与安装受力状态一致。

2.1.3 施工流水段划分与施工流向

　　本工程按照图 1 所示中间道路将现场分为两个场地，每个场地两个单体，每个场地

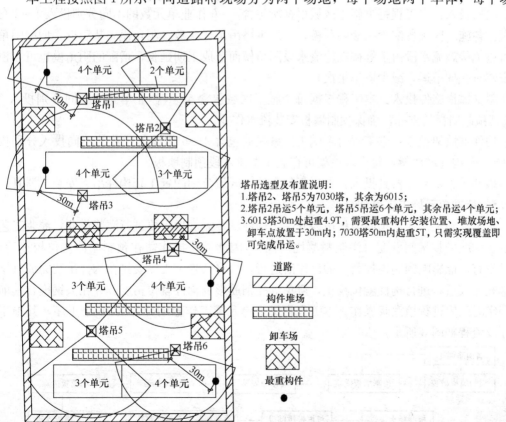

塔吊选型及布置说明：
1. 塔吊2、塔吊5为7030塔，其余为6015；
2. 塔吊2吊运5个单元，塔吊5吊运6个单元，其余吊运4个单元；
3. 6015塔30m处起重4.9T，需要最重构件安装位置、堆放场地、卸车点放置于30m内；7030塔50m内起重5T，只需实现覆盖即可完成吊运。

图 1　长阳半岛现场平面布置示意图

内，依据每台塔吊覆盖范围又分为三个施工区域，每个区域内有一台塔吊负责作业，并按照作业区域配置相应数量的构件堆场、架料堆场、模板堆场等，每个区域分别包含4～6个作业单元，各个单元各自为一个流水段，考虑施工流向由塔吊吊运开始，将流水施工流向定为自中间单元向两侧单元流水作业（若采用两侧向中间流水的方式，会导致中间相邻单元由于两侧流水步距不协调导致楼层差的问题，采用中间流向两侧的方式则可避免层差出现，详细原因此处不再赘述），其施工段划分及流向见图2所示：

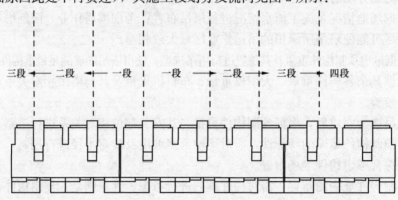

图2　长阳半岛施工流水段划分及流向图

2.1.4　资源投入情况

模板投入：本工程每个施工区域根据所包含4～6作业单元数的不同分别投入1～2套模板。各施工区域各配置一套阴角模，以减少塔吊吊运次数（阴角模先装后拆，增配阴角模可避免待施流水段由于等待在施流水段阴角模而造成工期延长，增配的阴角模也可在模板安装时扎捆吊运，减少塔吊吊次）。

斜支撑措施件投入：本工程根据每个施工区域包含4～6作业单元的不同分别投入2～3套预制墙板斜支撑，确保预制墙板安装流水作业。

构件堆放架投入：本工程每个施工区域根据包含4～6作业单元数的不同投入分别投入1～2个构件堆放架，每个堆放架可存放1个流水段预制墙板。

构件吊、安装工器具投入：本工程每个施工区域分别配置1套构件吊、安装工器具。

2.1.5　标准单元施工工序划分

本工程施工作业从预制墙板吊装开始，构件吊装完成后需要进行灌浆作业，灌浆工艺存在4～6h的技术间歇期（灌浆料凝固时间），因此灌浆操作需在预制墙体就位校正后，并且没有可能影响预制构件就位的操作后进行，故将其施工工序安排在构件吊装完成且钢筋绑扎完成后，进行构件就位校正，避免绑扎钢筋影响构件就位精度，并在大钢模合模前的一定时间内进行该灌浆操作。本工程将每个单元施工作业划分为了10个工序，其施工工序及流程如图3所示：

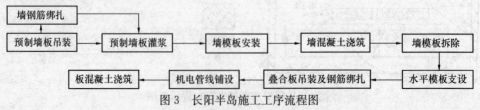

图3　长阳半岛施工工序流程图

2.1.6 关键工序施工组织

（1）构件吊装顺序组织：

预制构件吊装分四次进行：①吊装预制墙板，吊装时工人位于楼层部位及外架进行安装操作；②墙体拆模后，首先进行装饰板吊装，然后吊装预制阳台、叠合板，施工时工人于叠合板面外架进行安装操作；③楼板浇筑完成后进行下一层楼梯板吊装，吊装完的楼梯板可兼做作业面通道使用；④上一层预制墙板吊装完成后，塔吊闲时进行下层预制飘窗吊装。吊装次序如图 4 所示：

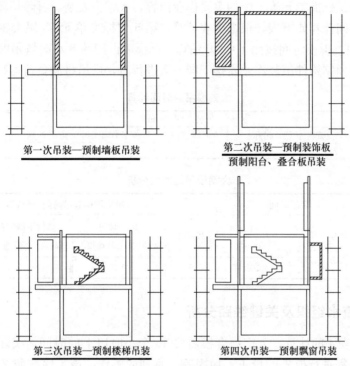

第一次吊装—预制墙板吊装

第二次吊装—预制装饰板
预制阳台、叠合板吊装

第三次吊装—预制楼梯吊装

第四次吊装—预制飘窗吊装

图 4　长阳半岛预制构件吊装顺序示意

（2）构件吊装吊次计算：

预制构件吊装是施工流水作业的开始工序，该工序占用时间直接影响单元施工流水组织，单块预制构件吊装时间由预备挂钩、安全检查、回转就位、安装作业、起升回转的固定时间、由起升、落钩至地面的可变动时间组成。按照平均水平考虑，取建筑物中间层及标准单元构件数量作为吊次计算基础，其标准单元预制构件吊装耗费时间如下表 1、表 2 所示，根据下表计算，5 层位置标准单元 12 块预制构件吊装工序需占用 3 小时塔吊时间。

预制构件吊装时间计算　　　　　　　　　　　　　　　　表 1

吊装时间（分钟）						
预备挂钩时间	安全检查时间	起升时间	回转就位时间	安装作业时间	起升回转时间	落钩至地面时间
2	2	变量	1.5	7	1.5	变量

楼层	标高	起吊时间		单构件起吊时间（min）			
		数量（块）	时间（分钟）	固定时间	起升时间（高度/上升速度）	落钩下降时间（高度/下降速度）	总时间
5层	13.5m	12	12×15＝180	14	0.5	0.5	15

（3）大钢模吊装吊次计算（表3、表4）：

大钢模工程是标准单元施工中的主要作业内容，大钢模安装、拆除均需耗费大量塔吊吊次，其占用时间计算如下表，根据下表计算，第5层标准单元65块大钢模安装需占用10小时塔吊时间，拆模时间按照1：0.6估算，拆模需占用约6小时塔吊时间。若将模板安装拆除工序与预制构件吊装作业安排于同一天进行时，塔吊将满负荷运行。

大钢模吊装时间计算 表 3

吊装时间（min）						
预备挂钩	安全检查	起升	回转就位	安装作业	起升回转	落钩至地面
2	2	变量	1.5	2	1.5	变量

大钢模吊装时间分析 表 4

楼层	标高	起吊时间		单块钢模起吊时间（分钟）			
		数量（块）	时间（min）	固定时间	起升时间（高度/上升速度）	落钩下降时间（高度/下降速度）	总时间
5层	13.5m	65	65×10＝650	9	0.5	0.5	10

2.1.7 施工流水组织及关键线路分析

根据表1～表4的计算，大钢模合模需要10个小时以上的时间，实际施工中，模板吊装完成后，还需进行模板的校正、加固等一系列的工作，该工序按照2个工作日来考虑，其余工序按照1个工作日来考虑，其施工组织网络图见图5。

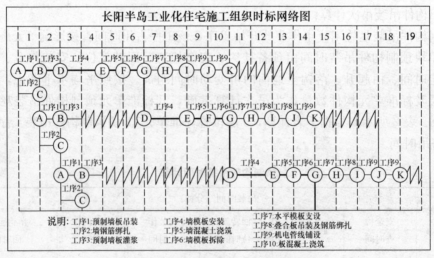

图 5 长阳半岛施工时标网络图

216

根据该网络图 5 所知，工序 4、工序 6 为控制各流水段施工的关键工序，即大钢模从一段安装、使用、拆除到转入下一流水段安装、使用、拆除是施工流水组织的关键，若按照工序 1 完成及转入下一流水段工序 1 组织施工，工序 1、工序 2、工序 3 将有机动时间。长阳半岛项目根据该网络图所表明的施工关键线路，将下一流水段工序 1 在施工流水段第 5 个工作日工序 5 施工时插入，则能保证各流水段按照大模板的流向进行流水作业。在该时点插入下一流水段工序 1 的前提下，每个工作日塔吊占用时间如下表 5 所示，当流水段工序 4 与上一流水段工序 8 同时进行、流水段工序 8 与下一流水段工序 2 同时进行时，塔吊作业时间将达到 12 小时，这时需安排塔吊夜间作业，方能保证施工流水的正常进行。

长阳项目工作日塔吊累积作业时长表 表 5

流水作业时塔吊累积作业时间表			
作业内容及描述	作业时间（h）	累积作业内容	累积时间（h）
预制构件吊装（12 块）	3	前一段墙混凝土吊运	4
墙钢筋吊运（3.5T）	2	前一段大钢模拆除吊运（65 块）	8
水电管线吊运	1	前一段架料、叠合板吊运	5
大钢模吊装（65 块）	10	前一段楼板钢筋吊运	12
墙混凝土吊运	1	后一段预制构件吊装（12 块）	4
大钢模拆除（65 块）	6	后一段墙钢筋吊运（3.5T）	8
架料、叠合板吊运	4	后一段水电管线吊运	5
楼板钢筋吊运	2	后一段大钢模吊装（65 块）	12
楼板混凝土吊运	1	后一段墙混凝土吊运	2

2.1.8 施工劳动力组织

按上文所述，除工序大钢模合模按照 2 个工作日考虑外，其余各工序均按照 1 个工作日进行考虑配置，为实现该作业时长每个标准单元所需投入的劳动力如表 6 所示，因吊装作业、大钢模拆合模作业受塔吊吊运制约，工人数量的增加无法提高施工作业速度，而其余工序的人员配置均考虑可在 1 个工日内完成来进行人员配置。

标准单元劳动力需求表 表 6

工种	吊装工	灌浆工	钢筋工	大钢模工	混凝土工	木模板工	机电工
人数	5	5	15	4	6	10	8

2.1.9 长阳半岛工业化住宅施工组织细节

（1）预制墙板吊装前先吊运 2～3 吊钢筋，并优先绑扎内墙钢筋，然后进行预制墙板吊装，可避免吊装墙钢筋对吊装构件的影响；

（2）预制墙板拼接处暗柱钢筋晚于内墙钢筋绑扎，避免对构件吊装造成影响；

（3）预制墙板精确校正工序安排在钢筋绑扎完成后，墙体合模前进行，避免对预制墙板支撑件造成扰动；

（4）叠合板吊装时为避免叠合板甩出钢筋与墙体暗梁纵筋冲突，可在吊装前将纵筋抽出，待吊装完成后重新绑扎。

2.2 长阳半岛工业化住宅与传统现浇结构住宅施工组织对比分析

对比基准：本文进行工业化住宅楼与现浇结构住宅楼施工组织对比，其工业化住宅楼参照长阳半岛工业化住宅11～6号楼（简称工业化住宅楼），现浇结构住宅楼参照长阳半岛4～3号楼（简称传统结构住宅楼），两单体均为9层七单元，标准单元面积均为220m²，户型一致。

2.2.1 传统结构施工工序划分及关键线路分析

传统现浇结构住宅楼施工网络图如图6所示。

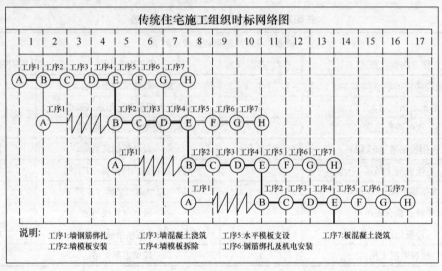

图6 传统结构施工时标网络图

2.2.2 基础工序对比分析

工业化住宅与传统现浇结构住宅施工相比，在墙钢筋绑扎、墙模板安装、墙混凝土浇筑、墙模板拆除、水平模板支设、板混凝土浇筑这六个工序相同的基础上，增加了吊装预制构件、灌浆、叠合板吊装三个工序，由于叠合板桁架钢筋对机电管线铺设的影响，楼板机电管线作业时间延长，占用了1个工作日。与传统现浇结构施工组织相比较，新增的预制墙板吊装、灌浆作业，导致了墙模板安装作业时间后延2个工作日，但预制墙板吊装工序与墙钢筋绑扎同时进行，该工序对整个流水段作业时间无影响，灌浆技术间歇时间，减慢了墙模板安装速度，使得墙模板安装增加了1个工作日，随后由于机电管线铺设工序作业时间的延长，增了1个工作日，这样共使得整个流水段施工作业时间较传统结构增加3个工作日（图7）。

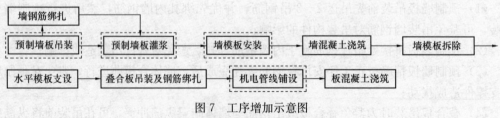

图7 工序增加示意图

注：虚线为工业化住宅增加的工序

218

2.2.3 资源投入对比分析

工业化住宅与传统住宅按照标准单元考虑，由于工业化住宅采用预制外墙板减少了外墙模板用量，相对传统现浇结构减少22%；采用叠合板及预制阳台减少了水平模板及架料用量，相对传统结构木材减少40%，架料用量减少10%；此外还减少了现场30%现浇作业、75%的外墙保温及抹面作业、70%的小金属焊接作业（栏杆安装等）、减少了30%的窗副框安装作业。结构及装饰施工阶段的资源投入较传统现浇结构略有降低。

2.2.4 工期对比分析

（1）结构工期对比：

依上文所述，工业化住宅施工速度约为10d/层，由于工业化住宅为新工艺，施工磨合期较长（约20d/首层），长阳半岛9层7单元工业化住宅结构工期约为100d。而同样体量9层7单元传统现浇结构施工速度约为6～7d/层，工期约为60d。工业化住宅结构施工速度明显慢于现浇结构施工。

（2）宏观工期对比：

工业化住宅预制外墙板预留了安装外窗用的木砖，结构封顶后即可立即实现外围封闭，较传统施工外围封闭时间减少了2个月（传统住宅结构封顶后需进行窗洞剔凿修补、副框安装、防水处理、副框收口等工作，约需要1～2个月）；预制外墙、预制飘窗预制完成了保温层及装饰层，使得外装修时间较传统住宅缩短3个月（外装修粘贴保温、抹抗裂砂浆等工序约需要2～3个月），减少了装饰吊篮或外架的使用时间，为建筑外围工程提前插入创造了条件；预制楼梯预埋了安装栏杆用的孔洞、预制飘窗预埋了安装栏杆用的埋件、预制墙体预留了安装水电设备的管槽，减少了装饰工程中开洞、安装埋件、墙体开槽等作业时间约1个月。综上所述，虽然工业化住宅结构工期较传统住宅将滞后约1.5个月，宏观工期仍可缩短2～3个月。

2.2.5 结构、机电、装修工程量详细对比表

长阳半岛220㎡标准单元实体工程量对比表　　　　　　　　　表7

施工阶段	资源类别	传统结构项目	工业化住宅项目	备注
结构阶段土建	墙体钢模版	550m²	450m²	含楼梯定型模板
	墙体钢筋	5T	3.5T	
	墙体混凝土	45m³	35m³	已预制
	墙体洞口木模板	32m²	12m²	
	墙体洞口木方	3.2m³	1.2m³	
	顶板水平模板	270m²	70m²	含楼梯水平模板
	水平板支撑体系	200m²	190m²	架料
	埋件	28个	0个	全部预制
结构阶段水电	墙体线管预留预埋	80m	67m	部分预制
	线盒预留预埋	128个	96个	部分预制
	空调、水、电及燃气管洞口预留	16个	13个	部分预制

施工阶段	资源类别	传统结构项目	工业化住宅项目	备注
装修阶段土建	外墙装饰	145m²	45m²	含保温及抗裂砂浆
	装饰抹灰	61m²	0	外围砌筑及阳台
	阳台、飘窗抹滴水线	32m	0	全部预制
	楼梯抹防滑槽	40m	0	全部预制
	外墙门、窗附框安装	18樘	0	全部预制

如表7所示，除结构施工阶段钢筋、模板、混凝土体量有所降低外，机电专业预留预埋工程量也有了一定的降低，装饰阶段各施工内容工程体量下降尤为明显，这也正是工业化住宅较传统结构住宅施工组织模式变革、宏观工期明显缩短的本质原因。此外，由预制构件厂生产的构件仍然需要投入模板等资源，但构件厂具有生产效率高、模板周转次数多、材料损耗少的优势，这也正是工业化住宅较传统住宅有更好的社会效益的本质原因。

2.3 高装配化率工业化住宅施工组织展望

2.3.1 工业化住宅装配化率的发展趋势

随着工业化住宅技术水平的不断成熟，工业化住宅装配化率必然会逐步提高，在长阳半岛所采用预制外墙、叠合板、楼梯板、阳台板、飘窗、装饰板六类构件基础上，可逐步实现楼梯间墙体预制、部分内墙预制、楼梯梁预制、厨房卫生间叠合板化等。按照长阳项目标准单元为依据进行推论，当预制装配化率达到50%、85%时，其标准单元工程量对比见表8（其中50%装配化率工程量参数按照在设工业化住宅项目计算得来、85%装配化率工程量按照发达国家装配剪力墙实施方案推论得来）：

高装配化率标准单元工程量对比表 表8

项目	传统结构	长阳半岛项目装配化率35%	50%装配化率	50%装配化率备注	85%装配化率（核心筒现浇）	85%装配化率备注
大钢模	550m²	430m²	300m²	约35块	100m²	约16块
墙钢筋	5T	3.5T	1.5T		0.5T	
墙混凝土（含预制墙）	45方	35方	25方	20方吊装约24块	7方	38方吊装约45块
水平模板	180m²	90m²	60m²	—	30m²	
板钢筋	2.5T	1.5T	1T	—	0.5T	
板混凝土	25方	13方	7方	18方吊装约12块	4方	21方吊装约14块

2.3.2 50%装配化率施工组织特色

当装配化率达到50%时，大钢模配置量锐减，其吊装时间将缩减至5~6个小时；预制构件数量有所增加，其吊装时间将增至5~6个小时；大钢模吊装时间与预制构件作业时间基本相当，吊装作业增加的施工工序与减少的结构施工工序基本平衡；水平模板数量进一步减少。若仍按照长阳项目工业化住宅的施工组织模式进行施工，预制墙板吊装仍将占用 1 个工作日，预制墙板灌浆占用 1 个工作日，墙模板安装将由原来的 2 个工作日，缩减为 1 个工作日，水平模板支设进一步减少，将与叠合板吊装及板钢筋绑扎共同占 1 个工作日，机电管线铺设与板混凝土浇筑共同占用 1 个工作日。综上所述，标准单元施工工期将缩减至 8 个工作日，与传统现浇结构施工速度相似。

2.3.3 85%装配化率的关键线路

当装配化率达到 85% 时，大钢模配置数量进一步减少，其吊装时间将缩减至 2~3h，大钢模吊装已不再是施工关键工序；预制构件吊装数量进一步增加，吊装时间将达到 8~10h，成为新关键工序；水平模板数量进一步减少。若仍按照长阳项目的施工组织方式进行，预制墙板吊装占用 1 个工作日，预制墙板灌浆占用 1 个工作日，核心筒模板及浇筑混凝土占用 1 个工作日，模板拆除及水平模板支设占用 1 个工作日，叠合板吊装、钢筋绑扎、机电安装将占用 1 个工作日，板混凝土浇筑占用 1 个工作日。综上所述，标准单元施工工期将缩减至 6 个工作日，超过传统现浇结构施工速度。其中现浇核心筒由于受模板支设、混凝土浇筑、模板拆除三道工序的影响，将成为制约施工组织的影响因素，可采用类似混凝土核心筒，外围钢结构吊装的模式组织施工，即优先施工核心筒、保持核心筒与外围结构 2 层左右的层差，逐步吊装外围预制构件，采取预制构件节点部位二次浇筑的方式组织施工，施工效率将有更进一步的提高，工业化结构的施工速度将明显优于传统结构。

随着工业化住宅技术水平的不断提高，工业化住宅装配化率也会随之提高，装配化率的提高，将会从施工组织的本质上改变传统施工组织模式与施工组织形态，施工组织流水段划分将会由传统现浇结构单元式划分向着以现浇核心筒为中心的吊装区域划分演变；施工流水关键线路将会由传统现浇结构施工模板流向控制向着吊装流向控制演变。

3 结束语

工业化住宅装配化率即结构中预制构件体量与结构总体量的比值，装配化率的高低是衡量工业化住宅技术水平成熟度的一个重要标志。现阶段，北京市工业化住宅装配化率仅达到 35%，且没有工业化住宅成熟的施工经验、没有配套的产业化工人、甚至没有与之匹配的合同承包模式，在这样的情况下，工业化住宅的优势不够明显，尤其由施工工序增加导致了结构工期较传统现浇结构住宅工期有了明显延长，而工业化住宅使得装饰工期减少、装饰作业提前插入而带来的宏观工期缩短的效益却不容易被发现，相反更容易被认为具有增加结构施工难度、拖延结构工期等问题。这也是由于目前工业化住宅装配化率水平低下所导致的必然结果。但随着住宅装配化率逐步提高、施工组织经验进一步积累、产业化工人及相关行业逐步成熟、承包模式的进一步完善，工业化住宅的施工组织必将发生根本变化，工业化住宅的优势终将显现。

关于我国脚手架标准体系的建议

陈 辉[1] 陈 红[2]

（1. 北京工业职业技术学院；2. 中国建筑一局（集团）有限公司）

【摘 要】 在近十年的发展中，我国建筑业取得了长足的进步，产业规模不断扩张，谈到建筑业，就不得不谈在建筑业中占有绝对重要比例的钢筋混凝土建筑。同样，谈到钢筋混凝土不得不谈模架业。因为模架业在整个建筑结构施工领域中是最具有普遍联系和普遍意义的应用技术专业，所以，模架业的科技进步是建筑工程施工应用技术科技进步的重要组成部分。本文结合国内建筑用模板、脚手架产品工程应用情况，从脚手架标准体系的建立、国家及地方标准现状、施工现场施工情况、同时吸取建筑工程中频发的脚手架和支撑架坍塌事故经验教训，提出目前脚手架产品标准体系的构想，使国家标准体系更清晰、工程中设计更合理、使用更安全。

【关键词】 标准；脚手架；标准体系建立

1 我国脚手架行业概况

脚手架是为了施工人员作业方便而建造的临时结构或设施，是建筑施工必不可少的施工装备。我国最早、最传统的脚手架是用木头或竹竿搭设的，称木脚手架或竹脚手架；20世纪60年代引进扣件式钢管脚手架，现已成为使用量最多的脚手架，约占脚手架总量的70%；20世纪80年代又引进了门式脚手架和碗扣式脚手架，现在碗扣式脚手架多被用作支撑架，尤其是现浇混凝土桥梁支撑架，碗扣式脚手架约占60%；20世纪90年代末各种盘销（扣）式脚手架开始引入国内市场，以上是最基本的脚手架类型。

20世纪80年代，随着高层超高层建筑的增多，为节省材料，脚手架不再从地面一直搭设到顶，而是从中间悬挑搭设（底部脚手架可拆除往上倒），称悬挑脚手架；90年代初更发展成附着升降脚手架，这种脚手架不论建筑物多高仅需搭设3～5倍楼层高度（可用基本脚手架搭设而成），利用自身的升降机构和升降动力设备，可沿建筑物爬升和下降。因此，建筑物越高经济性越优越，且避免了悬挑脚手架反复拆除搭设带来的危险，减轻了劳动强度；另外，用于装修作业的手动吊篮（多数地区已禁用）、电动吊篮、擦窗机以及新引进的附着式电动施工平台等也已开发使用，这些虽然是提供脚手架的功能（提供施工操作平台），但是同传统脚手架已有很大不同，是机电一体化的产品，脚手架向设备化方向发展。支撑架主要是用于现浇混凝土的模板支撑架和其他用途的临时支撑架，多用上述最基本的脚手架组装而成，也有一些专门用作支撑的支撑架，如独立钢支柱等。

上述产品在上市之初因无标准可依，各厂家各行其是，名称混乱不堪，产品规格繁多，品质差异更是巨大，很多劣质产品充斥市场，恶性事故不断发生，已经发展到如果禁用不合格产品（用最早设计要求衡量）则建筑市场会有70%以上工程停工的窘境，整治无法下手，如不尽快规范，脚手架市场将更加混乱，会对社会产生更大危害！

随着我国城市现代化建设的发展，出现许多楼层高、跨度大、超厚现浇板的建筑结构形式，高大模板架空间结构体系的应用也越来越多，因此在建筑工程中采用超常规高大模板现浇混凝土施工的情况也越来越多。但是由于人们对该体系的认识不足，理论研究不到位，导致近年来在我国许多省市不断发生模板支撑架坍塌事件，如：江门2004年"10·7"事故、北京2005年"9·5"事故、贵阳2005年"10·27"事故、大连2006年"5·19"事故、江苏2006年"8·24"事故、淄博2006年"9·30"事故、广西2007年"2·12"事故、湖南2007年"8·13"事故、广州2007年"6·13"事故、郑州2007年"9·6"事故等，尤其是2007年9月6日14时许，在位于郑州市航海路和中州大道路口往北100m左右正在施工中的富田太阳城，发生的中心采光井模板支架突然垮塌的事故，经确认共造成7死17伤，使人深感震惊和不安，并造成严重的经济损失和社会影响。模板坍塌事故的屡次发生引起国家建设部和各地建设主管部门对高支模的高度重视，并着手在理论上对高大模板支撑体系作进一步的研究，因此对脚手架标准体系研究具有重大的经济和社会意义。

2 有关脚手架国际标准概述

各国标准体系差异很大，无法照搬套用（尽管脚手架产品大同小异），但欧美一些发达国家有关脚手架的标准还是有很大的参考价值。如英国标准和欧洲标准等。

2.1 英国是制订脚手架标准最早也是最为完整的国家，较早的标准是1943年制订的，以后逐渐修订增多，有些标准几经修订虽然标准号未改，但内容改变很多，有些甚至连标准题目都进行了修改。以下列出了查到的脚手架标准：

BS 1139-1.2：1990

Metal scaffolding. Tubes. Specification for aluminium tube

Published Date：31/10/1990 Status：Confirmed，Current

BS 1139-2.2：2009

Metal scaffolding. Couplers. Aluminium couplers and special couplers in steel. Requirements and test methods

Published Date：31/10/2009 Status：Current

BS 1139-3：1994

Metal scaffolding. Specification for prefabricated mobile access and working towers

Published Date：15/02/1994 Status：Superseded，Withdrawn

BS 1139-4：1982

Metal scaffolding. Specification for prefabricated steel splitheads and trestles

Published Date: 31/05/1982 Status: Confirmed, Current

BS 1139-5: 1990, HD 1000: 1988

Metal scaffolding. Specification for materials, dimensions, design loads and safety requirements for service and working scaffolds made of prefabricated elements

Published Date: 31/12/1990 Status: Superseded, Withdrawn

BS 1139-6: 2005

Metal scaffolding. Specification for prefabricated tower scaffolds outside the scope of BS EN 1004, but utilizing components from such systems

Published Date: 30/12/2005 Status: Current

BS 2482: 1981

Specification for timber scaffold boards

Published Date: 31/07/1981 Status: Revised, Withdrawn

BS 5507-1: 1977

Methods of test for falsework equipment. Floor centres

Published Date: 31/08/1977 Status: Confirmed, Current

BS 5507-3: 1982

Methods of test for falsework equipment. Props

Published Date: 26/02/1982 Status: Confirmed, Current, Partially replaced

BS 5973: 1993

Code of practice for access and working scaffolds and special scaffold structures in steel

Published Date: 15/09/1993 Status: Superseded, Withdrawn

BS 5974: 2010

Code of practice for the planning, design, setting up and use of temporary suspended access equipment

Published Date: 31/03/2010 Status: Current

BS 5975: 2008

Code of practice for temporary works procedures and the permissible stress design of falsework

Published Date: 31/12/2008 Status: Current

BS 7430: 1998

Code of practice for earthing

Published Date: 15/11/1998 Status: Current, Work in hand

BS 8410: 2007

Code of practice for lightweight temporary cladding for weather protection and containment on construction works

Published Date: 28/09/2007 Status: Current

BS 8411: 2007

Code of practice for safety nets on construction sites and other works

Published Date: 31/05/2007 Status: Current

BS 8210: 1986

Guide to building maintenance management

Published Date: 30/09/1986 Status: Confirmed, Current

BS EN 39: 2001

Loose steel tubes for tube and coupler scaffolds. Technical delivery conditions

Published Date: 15/07/2001 Status: Current

BS EN 74-1: 2005

Published Date: 31/08/2006 Status: Current

BS EN 1004: 2004

Mobile access and working towers made of prefabricated elements. Materials, dimensions, design loads, safety and performance requirements

Published Date: 31/03/2005 Status: Current

BS EN 1065: 1999

Adjustable telescopic steel props. Product specifications, design and assessment by calculation and tests

Published Date: 15/11/1999 Status: Current

BS EN 1808: 1999

Safety requirements on suspended access equipment. Design calculations, stability criteria, construction. Tests

Published Date: 15/08/1999 Status: Current, Work in hand

BS EN 12810-1: 2003

Facade scaffolds made of prefabricated components. Product specifications

Published Date: 16/06/2004 Status: Current

BS EN 12811-1: 2003

Temporary works equipment. Scaffolds. Performance requirements and general design

Published Date: 16/06/2004 Status: Current

BS EN 12825: 2001

Raised access floors

Published Date: 22/11/2001 Status: Current

BS EN 13374: 2004

Temporary edge protection systems. Product specification, test methods

Published Date: 11/11/2004 Status: Current

BS EN 16031

Adjustable telescopic aluminium props. Product specifications, design and assessment by calculation and tests

Published Date: 24/12/2009 Status: Current, Draft for public comment

DD 7995: 2003

Specification for temporary access platforms. Performance and design requirements, and test methods

Published Date：03/12/2003 Status：Confirmed，Current

DD 237：1996，ISO/TR 12603：1996

Building construction machinery and equipment. Classification

Published Date：15/09/1996 Status：Current

2.2 美国标准，美国也有较为完整的模架标准体系，主要标准：

AS/NZS 1576.3：1995

Scaffolding - Prefabricated and tube-and-coupler scaffolding

AS 1576.4-1991/Amdt 1-1992

Scaffolding - Suspended scaffolding

AS/NZS 1576.6：2000

Scaffolding - Metal tube-and-coupler scaffolding - Deemed to comply with AS/NZS 1576.3

ASTM F2150-07

Revises ASTM F2150-02e1

Standard Guide for Characterization and Testing of Biomaterial Scaffolds Used in Tissue-Engineered Medical Products

MIL-S-29180A

SCAFFOLDING COMPONENTS, STEEL (PIPE，TUBE，& COUPLER)

3 我国脚手架标准的制订情况

我国脚手架标准的制订同脚手架技术的发展相比较为滞后，如扣件式钢管脚手架自 20 世纪 60 年代引进，80 年代末开始编制建筑施工扣件式钢管脚手架安全技术规范，直到 2001 年才完成；碗扣式脚手架自 1987 年开发以来，1992 年铁道部制订了碗扣式多功能脚手架构件铁标，到现在一直未修订，没有建设部的行业标准，很多单位和使用者不知情，贯彻执行很差，致使碗扣式脚手架质量严重下滑，建设部于 1993 年开始组织编制建筑施工碗扣式钢管脚手架安全技术规范，已于 2008 年完成发布。目前，盘销（扣）式脚手架包括插销式、轮扣式、盘扣式、销固式等等，但《建筑施工承插型盘扣式钢管支架安全技术规程》JGJ 231—2010（已经发布）也只适用于承插式钢管脚手架，其他节点类型还没有相关规范可依。

最近几年有关脚手架的标准编制速度明显加快，随着标准的不断颁布实施，对规范行业行为，提高产品质量和施工安全起到了促进作用，但由于某些标准的编制同实际情况有一定出入，执行仍存在难度，甚至造成了遵照标准无法实施，不按标准犯法的窘境。因此，急需对有关脚手架规范进行统一、协调，促进行业健康发展。

3.1 现有的脚手架类产品标准

我国现有的脚手架类产品标准如表 1 所示。

脚手架产品标准   表1

序号	规范名称	编号	主编单位	状态	替代标准
1	钢管脚手架扣件	GB 15831—2006		发布	GB 15831—1995 JGJ 22—85
2	碗扣式钢管脚手架构件	GB 24911—2011	中国建筑科学研究院建筑机械化研究分院	发布	
3	钢板冲压扣件	GB 24910—2010	中国建筑科学研究院建筑机械化研究分院	发布	

3.2 现有的脚手架类技术规范

我国现有的脚手架类技术规范在表2中列出。

脚手架规范   表2

序号	规范名称	编号	主编单位	状态	替代标准
1	建筑施工扣件式钢管脚手架安全技术规范	JGJ 130—2011	中国建筑科学研究院，江苏南通二建集团有限公司	已发布	JGJ 130—2001
2	建筑施工碗扣式钢管脚手架安全技术规范	JGJ 166—2008	河北建设集团有限公司，中天建设集团有限公司	已发布	
3	建筑施工木脚手架安全技术规范	JGJ 164—2008		已发布	
4	建筑施工门式钢管脚手架安全技术规范	JJGJ 128—2000	哈尔滨工业大学，浙江宝业建设集团有限公司	已发布	
5	液压升降整体脚手架安全技术规程	JGJ 183—2009	南通四建集团有限公司，苏州二建建筑集团公司	已发布	
6	建筑施工工具式脚手架安全技术规范	JGJ 202—2010	中国建筑业协会建筑安全分会	已发布	
7	建筑施工承插型盘扣式钢管支架安全技术规程	JGJ 231—2010	南通新华建筑集团有限公司	已发布	
8	建筑施工竹脚手架安全技术规范	JGJ	深圳建设（集团）有限公司，湖南长大建设集团股份有限公司	已发布	
9	钢管满堂支架预压技术规程	JGJ/T 194—2009	宏润建设集团股份有限公司	已发布	
10	建筑施工临时支撑结构技术规范	JGJ	中国建筑股份有限公司	在编	
11	建筑施工脚手架安全技术统一标准	GB	中国建筑业协会、新疆	在编	

3.3 现行标准存在的问题

目前，现行有关国家及行业脚手架标准主要存在以下问题：

（1）现行相关标准对支撑架的零星规定较为粗糙，且存在明显问题，不能适应支撑架的设计和计算需要。

（2）相关标准的一些共性规定不一致、相互矛盾。涉及允许偏差、长细比、立杆伸出长度及活载的计算项目和取值等。比如表3、表4所示。

（3）有些规范主要针对双排脚手架，而涉及支撑架内容较少。

（4）规范中在计算理论和方法上存在的主要问题是长期以来，人们并没有把脚手架及模板支架当作真正的结构来看，缺乏对其系统的研究。

支撑架垂直可变荷载取值对比表 表3

标准名称	垂直可变荷载 kN/m²	条文
建筑施工模板安全技术规范 JGJ 162	1+2	4.1.2
建筑施工扣件式钢管脚手架安全技术规范 JGJ 130	1.5+2	9.2.2
建筑施工碗扣式钢管脚手架安全技术规范 JGJ 166	1+1	4.2.5
混凝土结构工程施工规范 GB 506666	3	4.3.3-3
建筑施工承插型盘扣式钢管支架安全技术规范 JGJ	1.5+2	4.2.2

支撑架高宽比对比表 表4

标准名称	高宽比	条文
建筑施工模板安全技术规范 JGJ 162	≤5.0	5.1.7-3
建筑施工扣件式钢管脚手架安全技术规范 JGJ 130	≤3.0	
建筑施工碗扣式钢管脚手架安全技术规范 JGJ 166	≤2.0	6.2.5
混凝土结构工程施工规范 GB 506666	≤5.0	4.3.11 包括碗扣式和承插型盘扣式
建筑施工承插型盘扣式钢管支架安全技术规范 JGJ	≤5.0	5.4.5

（5）规定没有充分依据，疑问较多，达不到成熟要求。

（6）标准给出的误差过大和不适当地要求。

（7）采用的设计安全度不一致。脚手架结构与工程钢结构有显著的差异，必须采用比工程钢结构高一些的设计安全度。

（8）总结各类脚手架及模板支架倒塌事故的原因，有计算理论和方法上面的问题，也有设计方面的问题，实际施工方面也存在很多问题，再加上施工管理和材料质量方面的因素。

（9）经费不足问题是长期困扰我国标准编制工作的难题。30年来，住建部主管部门拨给每个标准的经费（3万元）一直保持不变。如今编一本标准，仅开会和工作费用就得几十万元以上，试验和研究费用则更多。当费用不足时，就会消减后者投入乃至不做。采用特级企业应编标准的做法以后，虽然初步缓解了经费的难题，但还达不到应做都能做的要求。再加上各方面对"快出标准"需要的推动，使得已出和将出标准存在这样那样问题的情况显现出来，不容忽视。而带问题标准出得越多，则处理起来的难度就越大。因此，应做好颁布后的跟踪管理工作，及时解决标准规定存在的重要问题，以利于执行和维护标准的权威性。

4 脚手架标准体系建设

4.1 建议的脚手架体系分类

我国有关脚手架的标准较为繁杂，且有很多冲突和矛盾之处，使标准难以落实执行。参考欧美国家做法，结合目前我国的实际情况，建议将脚手架（scaffolding）和支撑架（falsework，shoring）分开制订，分别给出不同的要求和安全度指标。可以将脚手架体系分为三类：按①组合类脚手架；②可移动类脚手架；③支撑架分别制订标准。

4.1.1 组合类脚手架

组合类脚手架包括单根杆件杆系组合脚手架和框架组合脚手架。

1. 单根杆件杆系组合脚手架包括：

木、竹脚手架；

扣件式钢管脚手架；

碗扣式钢管脚手架；

盘销式钢管脚手架；

耳（座）销式钢管脚手架；

……

2. 框架组合脚手架包括：

门式脚手架；

塔式脚手架；

……

4.1.2 可移动脚手架包括：

可水平移动脚手架；

附着式升降脚手架；

附着式电动施工平台；

电动吊篮；

桥式脚手架；

……

4.1.3 支撑架

脚手架组装的支撑架包括所有可用作支撑架的各种组装的脚手架；专用支撑架包括：

方塔式支撑架；

三角形支撑架；

四管钢支柱；

独立式钢支柱；

独立式铝支柱；

组合式钢支柱；

组合式钢桁架；

组合式铝桁架；

其他专门设计的支撑架。

4.2 建议的标准层次划分

为了使标准协调统一，也为使新技术产品有标准可依，便于评价推广，建议将标准分为基础标准、通用标准和专业标准三个层次（同目前的标准体系层次相对应）。其中基础标准和通用标准按照用途和功能进行分类编制，专业标准按照产品进行分类编制（图1）。

基础标准：主要编写脚手架、支撑架的名称术语、符号、分类和模数等内容。

通用标准：包括建筑施工脚手架（支撑架）通用技术要求（产）和建筑施工脚手架（支撑架）工程技术规范（工）。

建筑施工脚手架（支撑架）通用技术要求的主要内容包括：材料要求、性能要求、质量要求、涂装要求、标识及包装要求、试验项目、试验方法、试验要求及检验评估项目、方法和判定标准等。

建筑施工脚手架（支撑架）工程技术规范的主要内容包括荷载规定、设计计算项目及规定、脚手架（支撑架）的可靠度指标、功能要求、构造要求、安全要求、管理要求等。

专业标准：包括编写产品标准和技术规范，根据各种脚手架（支撑架）产品各自特点编制各自的产品标准和技术规范，可将脚手架和支撑架（如果能用作支撑架）的不同用途编制在一起，便于使用。

建议的脚手架标准体系如下：

（1）基础标准：

建筑施工脚手架、支撑架术语和分类。

（2）通用标准：

建筑施工组合脚手架通用技术要求（产）；

建筑施工组合脚手架工程技术规范（工）；

建筑施工可移动脚手架通用技术要求（产）；

建筑施工可移动脚手架工程技术规范（工）；

建筑施工支撑架通用技术要求（产）；

建筑施工支撑架工程技术规范（工）。

（3）专业标准：

建筑施工木脚手架安全技术规范；

建筑施工竹脚手架安全技术规范；

建筑施工扣件式钢管脚手架安全技术规范；

建筑施工碗扣式钢管脚手架安全技术规范；

建筑施工盘销式钢管脚手架安全技术规范；

......

建筑施工门式钢管脚手架安全技术规范；

......

建筑施工附着式升降脚手架安全技术规范；

建筑施工电动吊篮安全技术规范；

建筑施工附着式电动施工平台安全技术规范；

……

建筑施工方塔式支撑架安全技术规范；

建筑施工三角形支撑架安全技术规范；

建筑施工四管钢支柱安全技术规范；

建筑施工独立式钢支柱安全技术规范；

建筑施工独立式铝支柱安全技术规范；

建筑施工组合式钢支柱安全技术规范；

建筑施工组合式钢桁架安全技术规范；

建筑施工组合式铝桁架安全技术规范；

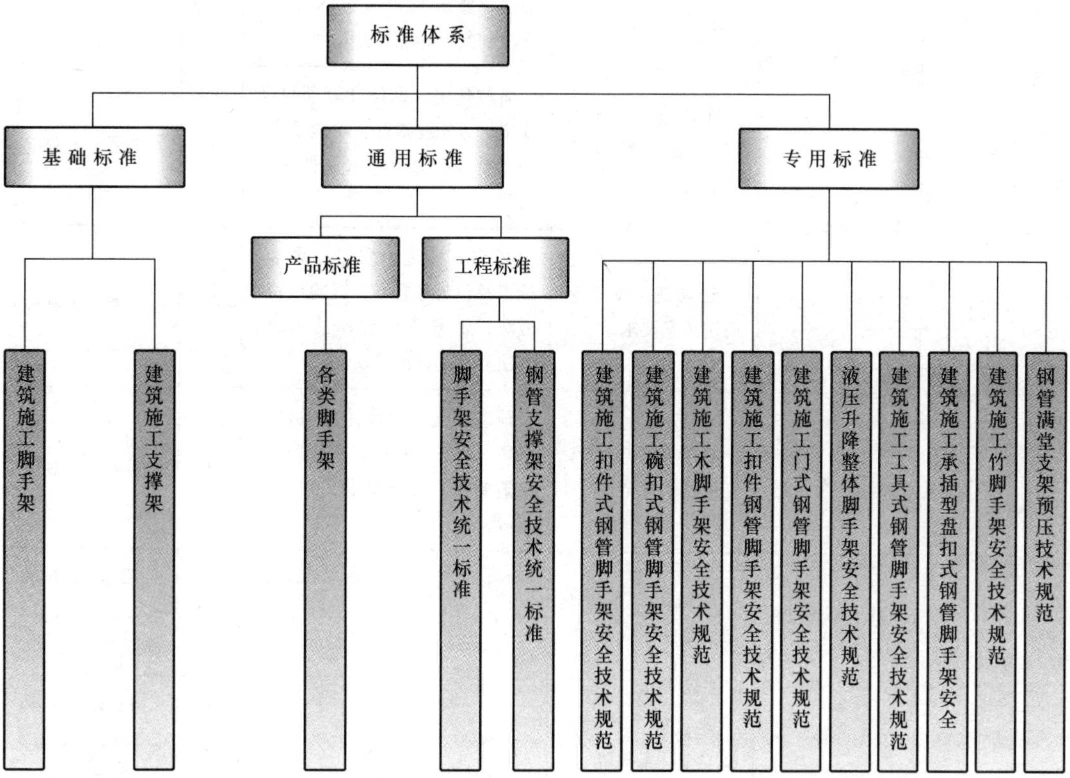

……

图 1 建议的脚手架标准体系

4.3 建议的脚手架规范编制目录

建议标准脚手架规范采用编制目录如表 5 所示。

规范编制目录   表5

编号	标准号	标准名称	标准内容	现状	建议
1.1		建筑施工脚手架、支撑架术语和分类	名词、术语、符号、分类、模数等	无	重要，先制定
2.1.1		建筑施工组合脚手架通用技术要求	材料、性能、质量、涂装、标识及包装等要求；试验项目、方法、要求及检验评估项目、方法和判定标准等。	无	重要，先制定
2.1.2		建筑施工组合脚手架工程技术规范	荷载规定、设计计算项目及规定、可靠度指标、功能要求、构造要求、安全要求、管理要求等。	无	重要，先制定
2.2.1		建筑施工可移动脚手架通用技术要求	材料、性能、质量、涂装、标识及包装等要求；试验项目、方法、要求及检验评估项目、方法和判定标准等。	无	重要，先制定
2.2.2		建筑施工可移动脚手架工程技术规范	荷载规定、设计计算项目及规定、可靠度指标、功能要求、构造要求、安全要求、管理要求等。	无	重要，先制定
2.3.1		建筑施工支撑架通用技术要求	材料、性能、质量、涂装、标识及包装等要求；试验项目、方法、要求及检验评估项目、方法和判定标准等。	无	重要，先制定
2.3.2		建筑施工支撑架工程技术规范	荷载规定、设计计算项目及规定、可靠度指标、功能要求、构造要求、安全要求、管理要求等。	无	重要，先制定
3.1	JGJ 164—2008	建筑施工木脚手架安全技术规范			根据 1.1 和 2.1.1、2.1.2 修订
3.2		建筑施工竹脚手架安全技术规范			根据 1.1 和 2.1.1、2.1.2 修订
3.3	JGJ 130	建筑施工扣件式钢管脚手架安全技术规范			根据 1.1 和 2.1.1、2.1.2 修订
3.4	JGJ 166—2008	建筑施工碗扣式钢管脚手架安全技术规范			根据 1.1 和 2.1.1、2.1.2 修订

编号	标准号	标准名称	标准内容	现状	建议
3.5		建筑施工盘销式钢管脚手架安全技术规范		待批	根据1.1和2.1.1、2.1.2修订
3.6	JGJ 128—2009	建筑施工门式钢管脚手架安全技术规范			根据1.1和2.2.1、2.2.2修订
3.7		建筑施工附着式升降脚手架安全技术规范			对建建字2000【230】号文修订
		建筑施工电动吊篮安全技术规范			
		建筑施工附着式电动施工平台安全技术规范			
		建筑施工方塔式支撑架安全技术规范			
		建筑施工独立式钢支柱安全技术规范			

5 脚手架标准化体系建设的几点建议

（1）从脚手架标准体系的建立，国家及地方标准现状、施工现场施工情况、通过大量试验验证，同时吸取建筑工程中频发的脚手架和支撑架坍塌事故经验教训，进行标准编制工作。

（2）目前在编的国家标准《建筑施工脚手架安全技术统一标准》主要是针对脚手架的规定，包括支撑架内容较少。由于脚手架和支撑架是两种体系，无论是用途还是受力特点都有较大差异，应该分开编制。建议编制国家规范《建筑施工钢管支撑架安全技术统一标准》。

（3）根据受力性能的不同，将当前建筑工程所采用的临时支撑结构划分为两种类型：框架式和桁架式支撑结构（图2）。

当前应用扣件式钢管、碗扣式钢管及其他形式钢管搭设的安装支撑架、模板支撑架、操作平台架、堆料架等临时支撑结构架，基本上由立杆与水平杆等构配件组成，节点具有一定转动刚度的支撑结构，属于框架式支撑结构，包括无剪刀撑框架式支撑结构和有剪刀撑。目前我们对框架结构的设计计算比较成熟，已有国家标准可遵循，比如《钢结构设计

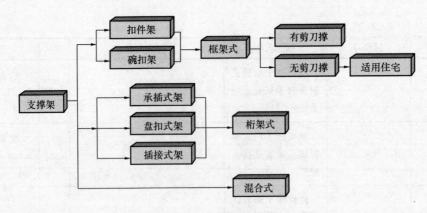

图 2　临时支撑结构划分

规范》、《冷弯薄壁型钢结构技术规范》等。

承插式支撑架本身带专用斜杆，基本上是由 4 根立杆、水平杆及竖向斜杆等组成的几何稳定的矩形单元桁架，单元桁架间通过连系杆组成的支撑结构。

（4）应高度重视和认真解决现行标准存在的问题，确保标准编制、修订和整合工作的健康发展

（5）应尽快解决现行标准的存在问题，确保标准编制、修订和整合工作的健康发展。

①由各地住建质安主管部门出面委托适合机构（学会、协会、科技促进会）收集对现行相关标准的意见和改进建议，整理归纳后上报住建质安主管部门，与标准主管部门协商解决的办法与安排。

②针对现行标准编制工作机制中存在的诸多问题，做好改进和完善工作。

③一些新研究的架种通用性差的应先从地方标准编起，达到成熟再升级。一些已有明显争议的行业标准，不易升级国标。

④解决现行各本脚手架标准相应规定"各行其是"的混乱局面的可行办法，是修订97 年的《编制建筑施工脚手架安全技术标准的统一规定》，或将其升级为可管各本脚手架标准的通用规范，或者编制国标《脚手架结构工程技术规范》。各类标准就可按其规定进行调整修订，避免相互协调的困难。

⑤要强调标准编制工作的公益性，有关规定的依据和试验、研究资料应公开。这不仅是避免规定出现问题，也是让规定取得业界认可的必由之路。因此，主管部门有必要做出相应的规定。

浅谈 HX 防火保温板外墙保温系统施工消防对策

陈　辉[1]　王华北[2]

（1. 北京工业职业技术学院；2. 中国建筑一局（集团）有限公司）

【摘　要】 随着国家大力对建筑节能的推广，使建筑外墙保温技术和外保温材料更多地运用到建筑当中，同时，由于外墙保温材料引起的火灾事故也屡见不鲜，给人们和国家都带来了较大的损失。本文针对建筑外保温系统消防安全问题和措施进行了举例分析。

【关键词】 建筑；HX；防火保温板；材料；消防

1　背景

保利观湖国际二期二标段工程外保温系统采用 HX 隔离式防火保温系统满足了建筑节能要求，但在很大的程度上埋下了火灾的隐患。近年来种种原因外墙保温材料施工火灾事故的频频发生，如 2008 年的济南奥体中心体育馆在施工中连续发生的建筑外保温材料火灾事故；2009 年央视新址大楼的火灾事故；2010 年上海胶州路的重大火灾事故；2011 年沈阳皇朝万鑫国际大厦的火灾事故等，这些火灾都给人们的生命和财产造成了巨大的损失。

本文以实际工程为例，针对建筑外保温系统在施工过程中的消防安全问题和相应的对策进行了分析。

2　HX 外墙隔离式防火保温板选材和构造的消防优越性

2.1　概况

保利观湖国际二期二标段工程位于江苏省苏州市吴中区，总建筑面积约为 142210m²，共包括 11 个单体楼座、一个大型地下一层连体车库及其他附属工程。楼座建筑高度最高 85m，地上 24～26 层不等。住宅楼为剪力墙结构，纯地下车库部分为框架结构。外墙装饰其中 1～5 层（局部 6 层）为干挂石材，其余饰外墙面为涂料和局部 GRC 线条。苏州市属于夏热冬冷地区，根据江苏省居住节能设计要求，本工程外墙外保温采用 HX 隔离式防火保温板外墙保温系统，外墙砌筑采用加气块，内保温采用保温砂浆。根据根据热工计算，不同的楼栋号采用不同厚度的保温板，厚度分别为 25mm、30mm。

2.2 HX专利保温材料防火的优越性

2.2.1 本工程采用的材料介绍

本工程外墙保温板设计要求为A2级防火保温材料,根据施工经验,本工程选用了HX隔离式防火保温板外墙保温系统。HX隔离式防火保温板外墙保温系统,为江苏省使用较多的防火保温板,其专利号为:ZL 2011 2 0129663.5,具有防火性能好,质量安全稳定,施工方便等特点。HX隔离式保温板以EPS(或XPS)板为保温材料,采取特殊结构形式和工艺措施,将高效防火剂、无机保温材料等嵌入EPS板内,在保温板两面采用聚合物界面砂浆,辅以增强材料而形成保温板。保温板分为EPS的1型和XPS的2型,本工程采用2型。

2.2.2 HX保温板工艺的优越性

经国内外大量试验研究证明,采用EPS/XPS板生产过程中添加防火剂的工艺路线,只能将EPS/XPS板的防火性能等级最高提高到B1级。而HX隔离式防火保温板创新性地采用结构防火的理论,将保温砂浆和高效防火剂嵌入到EPS/XPS板当中,一是形成了致密的网格状防火隔离带,防止火焰蔓延;二是高效防火剂受热后产生多种阻燃物质,起到灭火作用。通过以上两种技术方法,突破性地提高了EPS/XPS板的防火性能,达到A2级标准要求。因而外保温的在消防安全的实现从设计选材上显得尤为重要,本工程采用的HX防火保温板优越的防火性能为外墙保温施工的消防安全奠定了基础。

2.3 建筑外保温的构造

2.3.1 保温系统构造

保温层:采用25mm/30mm厚A2级、18kg/m³的HX防火保温板;

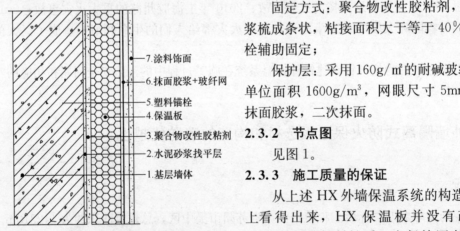

图1 HX阻隔式防火保温板外墙
外保温系统(以涂料面层为例)
1—基层墙体(钢筋混凝土墙或砖墙);
2—水泥砂浆找平层;3—粘结层(聚合物改性胶粘剂);4—保温板;5—塑料芯锚栓;6—抹面胶浆＋160kg/m²的耐碱玻纤网格布;7—饰面层

图中标注:
7.涂料饰面
6.抹面胶浆＋玻纤网
5.塑料锚栓
4.保温板
3.聚合物改性胶粘剂
2.水泥砂浆找平层
1.基层墙体

固定方式:聚合物改性胶粘剂,将粘接胶浆梳成条状,粘接面积大于等于40%,并以锚栓辅助固定;

保护层:采用160g/㎡的耐碱玻纤网格布,单位面积1600g/m³,网眼尺寸5mm×5mm,抹面胶浆,二次抹面。

2.3.2 节点图

见图1。

2.3.3 施工质量的保证

从上述HX外墙保温系统的构造和节点图上看得出来,HX保温板并没有改变XPX(EPX)板的材料性质,在保持原有良好物理力学性质基础上,提高了XPS(EPS)板的强度和刚度,减少了收缩变形,增强了与基层墙体的粘接强度。并且原有的外墙保温技术规程和设计施工技术不需要改变,现行标准规范配套齐全、设计施工技术成熟,从而轻而易举地保证了外墙保温材料的施工质量。HX 隔离式防火保温板外墙保温系统顺利地实现现场施工，进而实现了 A2 级材料在施工现场的运用，从而告别了以往 B 级材料运用施工现场的历史。

3　HX 外墙隔离式防火保温板施工的消防对策

3.1　材料检验控制

　　保温材料的质量决定着外墙保温节能效果和消防安全，材料控制是外墙保温施工质量控制的重中之重。除了常规上提供产品合格证、出厂检验报告、有效期内的型式检验报告及有效期内的的系统形式检验报告，对 HX 隔离式保温板的性能也严格把关。

　　针对近期省内发生多起因建筑外保温材料导致火灾的实际，江苏省对外墙保温材料的规定如下：江苏公安消防部门决定，把民用建筑外保温材料纳入消防设计审核、消防验收和备案抽查的范围，今后将严把民用建筑外保温材料防火"三道关"，对在建工程违规使用燃烧性能低于 A 级的外保温材料的，将对建设、施工、监理等单位严格依法查处。在对设有外保温系统的民用建筑消防发现消防设计文件未明确建筑外保温材料燃烧性能或建筑外保温材料燃烧性能低于 A 级的，将不予审核合格或备案抽查合格。此外，还将严把民用建筑外保温材料消防验收关，建设单位在申报有外保温系统的民用建筑消防验收和备案抽查时，应提供建筑外保温材料燃烧性能检验报告、出厂合格证。公安消防部门在消防验收或备案抽查中，发现建筑外保温材料燃烧性能低于 A 级的，将不予验收合格或备案抽查合格，并依法对建设、施工、监理单位进行查处。法律法规的强制性要求使外墙保温在各个环节上提高了整体质量，更重要的是外墙保温系统在消防安全上得到了保障。

　　本工程使用的 HX 保温板由施工单位、监理单位、建设单位进行严格见证取样和抽检（图 2、图 3），样品分别送往苏州市吴中区检测中心进行常规性能检测和南京市检测中心进行消防检测，确保合格材料用于施工现场。

图 2　施工现场（一）

图 3　施工现场（二）

3.2　现场存在的不利因素

HX 保温板施工期间悬挑脚手架在焊接施工，幕墙龙骨也在焊接施工，施工期间对施工现场的消防管理不严，外保温材料在进入现场后没有按照规定的间距和高度等进行码放，在施工现场存在多工种交叉施工的现象，如火光四溅的喷灯和电焊等与裸露的保温材料近距离的接触，即使是工作经验丰富的工作人员也无法保证绝对的安全。另因为建筑还在施工过程中，消防工程也在施工过程中，建筑物内的消防设施没有完成，更没有启用，这样对堆置在现场的材料存储造成了一定消防风险。针对以上问题，施工现场施工人员应加强易燃材料和易燃易爆危险品的管理，使保温材料远离电源和火场使用，在施工现场应配备相应的消防器材和消防设施。本工程要求保温材料在室内储藏，不得受到阳光的直射，避免老化引起的泛黄，从材料存储上保证 HX 保温板的消防性能不受不利环境影响而影响质量和材料的消防性能。

3.3　消防安全教育和管理

根据多年的防火外墙保温的火灾事故来看，绝大多数的火灾是施工过程中引起的，而引起施工起火的诸多原因当中，现场施工人员对消防知识的缺乏是引起火灾的最重要原因之一。为了保证外保温在施工过程中消防安全，本工程通过安全技术交底和播放安全教育片等形式对现场施工人员进行消防教育，以提高人们的安全管理方法、操作技能以及安全意识，使其充分掌握安全技术的相关知识。本工程对施工现场进行严格的消防安全管理，具体方法如下：

(1) 设有专职的防火人，并将防火方案备案，制定防火专项措施，以保证施工期间的防火工作顺利进行；

(2) 在施工过程中不得随意改变原设计方案，将施工方案针对工作特点进行有针对、有重点的消防安全教育，使各单位员工了解火灾特点，学会自救逃生、报警，对于初起的火灾可以使用灭火器材进行扑救；

(3) 进场前进行消防和防火安全交底；

(4) 施工现场的动火要按程序办理动火证，并进行动火人员的管理；

(5) 施工现场严禁吸烟。

3.4　规范施工

3.4.1　加强施工质量的管理

为保证保温施工能够最大限度地符合设计和规范要求，从而实现保温材料的消防要求，保温材料的施工要求如下：

(1) 要求施工队必须提供合格的原材料报告以及专业资质证，所有保温材料均有施工队提供，必须先送检，合格后方可入场施工，没有相应资质的单位和个人不得从事施工工作；

(2) 要对施工人员实行先培训，后上岗的原则；

(3) 施工队必须保证工程完工后符合保温节能的检测标准，施工过程中严格按照国家行业标准《外墙外保温工程技术规程》JGJ 144—2008 执行。

3.4.2 严格按外墙面保温系统的施工工艺施工

本工程严格按照外墙保温施工工艺及图纸要求施工。阻隔式防火保温板粘贴方式为：

（1）胶粘剂的配制：将本品加入适量的净水中（一袋 25 kg 胶粘剂约加水 5kg 左右），用电动搅拌器边加料边搅拌呈均匀稠浆状，静置 3～5 分钟以增强其和易性。再次搅拌即可使用，无需加水及其他添加物。胶粘剂应随用随拌，已拌好的胶粘剂应在 1.5 小时内用完。

（2）阻隔式防火保温板粘贴：粘贴切好尺寸的阻隔式防火保温板，保温板板面四周涂抹一圈粘结剂，宽 50mm，上边留 30mm×50mm 排气口，应在板的中间部分均匀布置 8 个点，间距 200mm，直径 100mm，粘结胶浆的涂抹面积不得小于保温板面积的 40％。本工程的外墙保温施工见图 4、图 5。

图 4　外墙保温施工（一）　　　　　　　　图 5　外墙保温施工（二）

3.4.3 严格验收程序

（1）保温施工过程验收：

进入现场材料的品种与技术性能应符合设计和产品质量要求；保温层的允许偏差厚度及保温系统各层的构造应符合设计要求及有关规程或者国家的标准；网格布与保温材料层紧密接触，无翘曲现象；保温层、抗裂层的平整度和垂直度符合要求。

（2）根据《建节能工程质量验收规范》GB 50411—2007 的要求，应对下列部位进行隐蔽验收：

保温层附着的基层及其表面处理；保温板粘结；网格布的铺设；墙体热桥部位处理；被封闭的保温材料的厚度。

4　结论

（1）HX 隔离式防火保温板采用创新性的理论和专利技术方法，提高了 EPS/XPS 板的防火性能，达到 A2 级消防标准，满足了当前消防部门及住建部门对外墙保温材料的性能要求，从原材料上满足了外保温消防安全的要求。

（2）HX 隔离式防火保温板的综合性能优于普通的 EPS/XPS 板，完全能够替代当前外墙外保温工程使用的达不到消防要求的 EPS/XPS 板、聚氨酯等保温材料。现行标准规范配套齐全、设计施工技术成熟，能够保证工程质量和安全。

（3）HX 隔离式防火保温板生产所需原材料来源广泛，生产工艺简单，设备配套先进，产品质量稳定可靠，投资风险较小，易于大面积推广应用，经济社会效好，在江苏省夏热冬冷地区的住宅应用较普遍。

（4）对于位于江苏省 50 米以上的类的住宅工程，本工程的外墙保温采用的材料、施工工工艺和施工过程中应用的消防对策等有一定的借鉴意义。

参考文献

[1] 宋长友，黄振利，刘祥枝等．外墙外保温防火构造应用经济分析[J]．建筑科学，2008，24（2）：105-108．

[2] 田军县，杨铜兴，吴哗龙等．我国墙体外保温工程关键技术和防火安全问题研究[C]//"十一五"全国建筑节能技术创新成果应用交流会暨 2010 年年会论文集．2010：126-129．

[3] 杭涛，邵飞表．浅析建筑装修引发火灾的原因及防治措施[J]．科技资讯，2006，（17）．

[4] 孙志强．建筑物外墙装饰与保温系统的消防安全探究[J]．城市建设理论研究（电子版），2012，（9）．

[5] 宋泽春．浅谈民用建筑外墙保温系统消防安全问题[J]．中国科技信息，2011，（8）：87-88．

浅谈老旧小区节能改造复合硬泡聚氨酯板
外墙外保温工程施工质量的技术措施

许振华

（北京城乡欣瑞建设有限公司）

【摘　要】　外墙外保温所使用保温材料的材质种类很多，比如聚苯乙烯泡沫塑料板、胶粉聚苯颗粒板、挤塑聚苯板、硬泡聚氨酯板等等，而聚氨酯保温材料是目前导热系数最低、经历过工程实践的外墙外保温材料。然而，无论采用哪种材质保温板，施工方法都大同小异。但是如何保证施工质量，尤其是老旧小区节能改造，不同于新建工程，存在许多特殊性，如何保证改造后的建筑物达到节能改造标准，是我们建筑工程所有施工人员应该考虑的问题。本文以"2012年朝阳区既有建筑节能改造工程（六里屯街道）"为实例，通过本工程实际的施工效果及经验，主要从深化了解外墙外保温构造特点出发，层层分解。只有充分了解外墙保温构造，才能在具体施工中掌握其难点及关键工序，层层把关，保证节能改造工程达到标准。

【关键词】　老旧小区；节能改造；外墙外保温

根据十二五规划，在此期间北京要完成老旧小区既有建筑节能改造总量约7000万 m^2。老旧小区节能改造通俗讲就是在既有建筑物上外包一层"保温服"，还包括外窗更换、热计量改造等等，使得老旧建筑达到节能标准。而其中外墙外保温施工项目是重要的施工环节之一。

外墙外保温系统是一种新型、先进、节约能源、减排环保的方法。外墙外保温系统是由保温层、保护层与固定材料构成的非承重保温构造总称，是将外墙外保温系统通过组合、组装、固定技术手段在外墙表面上所形成的建筑物实体。适用于严寒和寒冷地区、夏热冬冷地区新建居住建筑物或老旧建筑物的墙体改造工程，起着保温、隔热的作用，是庞大的建筑物节能的一项重要技术措施，是一种新型建材和先进的施工方法。

根据相关规定，节能改造的标准是实现建筑节能65％，通俗说就是要节约65％的采暖用煤。这是个量化的指标，看似简单，实则不易达到。尤其对于老旧小区既有建筑，这些建筑物都是20世纪80、90年代建成的，甚至有80年代以前建成的，存在许多诸如墙面老化破损严重、墙面附着物多（如空调机架、护栏）、出墙管道多等特殊性、人为性的问题，还包括诸如檐口、窗口、勒脚等细部节点的处理问题，这些问题处理不当，势必造成保温板今后出现开裂、起鼓、脱落，以及保温板不能封闭交圈，致使会严重影响外保温系统的保温性能，大大降低保温效果。想要实现预设的节能改造标准，除了针对其特殊性采取对策措施外，还要求保温板要有良好的保温隔热性能，以及每道工序的质量控制也至关重要。

1　工程概况

1.1　工程综述

工程名称：2012 年朝阳区既有建筑节能改造工程（六里屯街道）

工程地点：北京市朝阳区十里堡

建设单位：北京中咨海外咨询有限公司

设计单位：北京建筑设计研究院有限公司

监理单位：北京建院金厦工程管理有限公司

施工单位：北京城乡欣瑞建设有限公司

1.2　设计简介

本工程是朝阳区既有建筑节能改造工程中的外墙外保温工程，总建筑面积 120605.10m²。既有建筑分为多层和高层，包括：十里堡北里 2 号楼（高层）、十里堡北里 3 号楼、十里堡北里 6、7 号楼、十里堡北里 9 号楼、十里堡北里 12、13 号楼、十里堡北里 14 号楼（高层）、十里堡北里 17 号楼、十里堡北里 22 号楼、十里堡北里 25、26 号楼、八里庄北里 306（高层）、309、311 号楼以及十里堡北区 11～14 号楼。总计 19 栋楼的外墙外保温节能改造。

外墙保温材料采用 40 厚复合硬泡聚氨酯板，燃烧性能为复合 A 级，传热系数 K≤0.6W/m²·K。复合硬泡聚氨酯板外墙外保温板施工总面积大约 74000m²。

2　复合硬泡聚氨酯板外墙外保温系统构造及特点

2.1　复合硬泡聚氨酯板外墙外保温系统构造

（1）只有深入了解复合硬泡聚氨酯板外墙外保温系统（以下简称外保温系统）的构造，把握住外保温系统的特点和施工难点，才能编制具有针对性的施工方案，才能对全员做好技术交底工作，使每位作业人员做到心中有数，才能确保层层工序施工一步到位，从而满足设计和节能改造标准的要求，杜绝了质量问题和质量隐患的出现。

（2）复合硬泡聚氨酯板外墙外保温系统构造包括：①基层—砖墙和混凝土墙；②粘接层—粘接剂；③保温层—复合保温板；④辅助连接件—锚栓；⑤底层—抹面胶浆；⑥增强材料—玻纤网；⑦面层—抹面胶浆；⑧饰面层—弹涂。

（3）外墙外保温系统应满足设计要求，基本构造见图 1。

2.2　外保温系统的构造特点

通过外保温系统的构造不难看出，外保温系统具有如下特点：

（1）节能：由于采用导热系数较低的聚氨酯板，整体将建筑物外面包裹起来，消除了冷桥，减少了外界自然环境对建筑物的冷热冲击，可达到较好的保温节能效果。

（2）牢固：由于外保温系统与基层采用了粘锚结合方式，使得聚氨酯板与墙面的垂直拉伸粘结强度符合《规范》及《导则》规定的技术指标，具有可靠的负载效果，耐候性、耐久性更好更强。

（3）防水：外保温系统具有高弹性和整体性，解决了墙面开裂、墙面渗水的通病，特别对老旧墙面局部裂缝有整体覆盖作用。

（4）阻燃：聚氨酯板外裹一层水泥浆料，防火等级达到复合 A 级，具有隔热、无毒、自熄、防火功能。

（5）易施工：对建筑物基层混凝土、红砖、砌块、石材、石膏板等具有广泛的适用性。施工简单的工具，具有一般抹灰水平的技术工人，经过短期培训，即可进行现场操作施工。

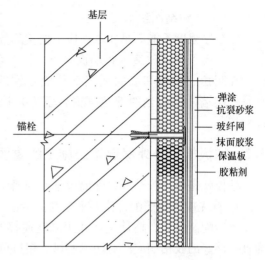

图 1　外墙外保温系统构造

通过我们深入了解和总结了外保温系统的构造特点，"节能、牢固、防水、阻燃、易施工"。要想实现外保温系统既定的节能标准，除了要保证聚氨酯板具有良好的保温隔热性能外，施工中的质量控制关键是从"节能、牢固、防水"出发，层层把关，控制每道工序的质量是至关重要的。

3　从外保温系统构造入手，层层控制施工质量

3.1　基层处理是外保温系统施工的第一关，必须严格控制

由于此次改造工程中的建筑都是年代久远建成的老旧建筑物，普遍存在外墙面破损严重、砖墙缺棱掉角、墙面凹凸不平、空洞过多等缺陷，这些缺陷处理不好势必影响保温板的安装质量，严重的造成墙面脱落、开裂等质量问题。施工前必须首先检查基层墙体的质量状况，按照下述方法进行处理：

（1）在对墙面状况进行提前勘察的基础上，应对原有墙面由于破损、拆除附着物等所导致的损坏进行修复；

（2）墙面浮尘、油渍及污染部分应进行清洗；

（3）墙面缺棱掉角和孔洞应用聚合物砂浆填补密实；

（4）墙面上起鼓、开裂的砂浆应清除；

（5）墙面凹凸不平的表面应用聚合物砂浆抹平。

（6）应对基层墙体表面进行验证检测，按下列公式进行计算验证，确认其与所用胶粘剂达到应有的粘结强度。即：

$$F = B \cdot S \geqslant 0.10 \text{N/mm}^2$$

式中　F——应有的粘接强度，N/mm²；

　　　B——基层墙体与所用胶粘剂的实测粘接强度，N/mm²；

S——粘结面积率。

如粘接强度不能满足要求，应根据实测数据采取界面处理、加设锚栓等联结方案。

（7）为了保证改造工程墙面平整度以及阳角方正、阴角顺直等符合质量标准，施工前，在阴角、阳角和墙面适当部位固定钢线以测定基层垂直误差，做好标记并记录。在每一层墙面上适当的部位（窗台下方）拉通长水平线用以测定基层平整度误差，做好标记。

3.2 粘板施工是外保温系统施工的重要环节之一

粘板就是使用胶粘剂将保温板粘贴到墙体上，此道工序至关重要。

1. 首先应该按照配合比要求配制保温板专用胶粘剂。

（1）配制时应严格计量，并用电动搅拌器搅拌均匀。一般配制量宜在 60min 内用完为宜。拌好的胶粘剂应注意防晒避风，超过可操作时间（经验而谈一般常温 2～3h 以内）后严禁使用。

（2）先往搅拌容器内注入少量的清水，再陆续加入聚合物干混砂浆，边加边搅拌，直到搅拌均匀且稠度适中为止。保证预涂粘结剂应有一定粘度，维持刚粘上的复合板不滑落，加水时严格控制水量，避免加水过多，水灰比为 1：3 左右。第一次调制粘结剂可以用啤酒瓶做水的计量容器。

（3）将配好的粘结剂静置 5min，再搅拌一次，只要预涂粘结砂浆还没有初凝（5min内），可以加少量水或干混砂浆进行调和。

（4）粘结剂内不能加入任何其他添加物。此项工作有专人负责。

2. 在粘贴保温板前，对保温板安装起始部位及门窗口、女儿墙等收口部位进行预粘翻包（包边）玻纤网，网宽为保温板厚＋200mm，长度根据该点具体情况确定。玻纤网翻贴时将其与加强网布重叠的部分沿 45°方向裁剪。翻包玻纤网翻过来后应及时粘到保温板上。

3. 保温板粘贴可采用点框法和条粘法。对于平整度好的墙面可采用条粘法，平整度相对较差的墙面宜采用点框法。对于老旧小区建筑物而言，最好采用点框法，见图 2。

4. 粘结保温板时，用抹子在保温板上涂抹胶粘剂，注意涂抹胶粘剂时应严格控制粘结面积率不得小于 50%。然后将保温板粘贴在墙面上，用力轻柔且均匀挤压板面，用拖线板检查平整度。

5. 每粘完一块保温板，用 2m 靠尺将相邻板面拍平，拼缝高差不得大于 4.5mm，并及时清除板边缘挤出的胶粘剂。

6. 施工中，保温板应挤紧、拼接严密，严禁上下通缝。在施工中应尽量降低侧边包覆砂浆的厚度，注意拼缝处的处理，避免在使用过程中出现裂缝。复合板粘贴应由下到上顺序施工，排板按水平顺序进行，上下应错缝粘贴，阴阳角处应进行错茬处理；聚氨酯复合板的拼缝不得留在门窗口的四角处，整块墙面的边角处复合板的尺寸应不小于 300mm。排列示意图如图 3 所示：

7. 保温板粘贴完 24h 后，且待胶粘剂达到一定粘结强度时，对复合板缝隙表面不平处进行刮削打磨，保证复合板粘贴的平整度。

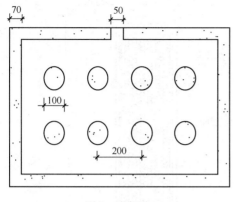

图 2　点框法

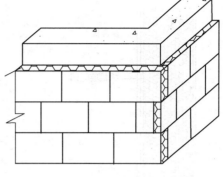

图 3　复合板

8. 局部不规则处粘接保温板，如管道、空调架、出墙物等，可使用壁纸刀现场裁切，切口与板面应垂直，切割后应在断面处及时做封闭处理，避免遗留隐患。

9. 保温板粘贴每面墙粘板高度不得超过 3 层，也就是说，每次粘板高度 3 层后停歇 24h，然后进行锚栓（打钉）安装。

3.3　锚栓安装（打钉）必须严格按照规定进行

1. 保温板粘贴 24h 后可进行锚栓安装。锚栓安装规定如下：

（1）高度在 50m 以下的建筑锚栓数量不少于 4 个/m^2，50m 以上的建筑锚栓数量不少于 6 个/m^2。锚栓宜均匀分布，靠近墙面阳角的部位可适当增多；

（2）任何面积大于 0.1m^2 的单块板应设置一个锚栓；

（3）阳台栏板由于其特殊性，厚度仅为 50mm，加设锚栓会破坏栏板。可与设计协商，粘板改为竖向粘贴采用满粘法，但阳台栏板上下混凝土带处必须按照规定加设锚栓；

2. 按照上述规定绘制锚栓安装布置示意图，参见图 4。

3. 按照锚栓安装布置示意图的位置打孔，打孔深度依锚栓的长度而定，然后塞入套管，拧紧或敲入锚栓。锚栓压盘应紧压保温板，但不得破坏保温板的复合层。

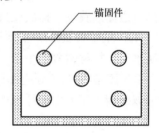

图 4　锚固件常规分布示意图

3.4　加玻纤网、抹抗裂砂浆是最后一道工序，不可小视

1. 保温板粘结完毕 24 小时及锚栓施工完毕后，且通过监理验收合格后方可进行抹灰施工。

2. 大面部位先在板面均匀涂抹约 2mm 的抹面胶浆，同时将翻包玻纤网压入胶浆中。在抹面胶浆可操作时间内，将玻纤网贴于抹面胶浆上。玻纤网应从中央向四周施抹涂平，严禁玻纤网褶皱。铺贴遇有搭接时，水平方向搭接宽度不得小于 100mm，垂直方向搭接宽度不得小于 80mm。阴阳角宜采用角网增强处理，角网位于大面玻纤网外侧，不得搭接，做法见图 5。

3. 在抹面胶浆凝结前再抹一层抗裂砂浆罩面，厚度 1～2mm，以仅覆盖玻纤网、微见玻纤网轮廓为宜。抗裂砂浆应平整，玻纤网不得外露。抹灰总厚度控制在 3～5mm。

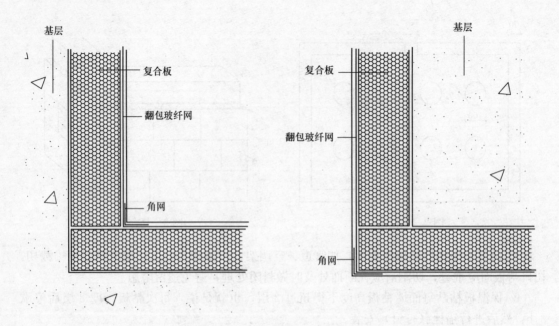

图 5 阴阳角做法

4. 抹面胶浆施工间歇应留置在伸缩缝、阴阳角、挑台等自然断开处，方便后续施工的搭接。如需在连续墙面上停顿，面层砂浆不应完全覆盖已铺好的玻纤网，需与玻纤网、底层砂浆呈台阶形坡茬，留茬间距不小于 150mm，避免玻纤网搭接处平整度超出偏差。

5. 首层与其他需加强部位，应按要求在抹面层抹面胶浆完成后加铺一层玻纤网，并加抹一道抹面胶浆，抹面胶浆总厚度控制在 5～7mm。

6. 待粘贴聚氨酯复合板 24 小时后，板材之间的缝隙进行嵌缝处理。用嵌缝剂发泡粘贴防水布，板材附着不小于 5cm。阴阳角处采用角布加强。

7. 门窗洞口四角处应加铺 400mm×200mm 的玻纤网，位置在紧贴直角处沿 45°方向，增强玻纤网置于大面玻纤网的里面（图 6）。

4 加强细部节点的处理，严把外保温系统质量关

4.1 门窗洞口部位的外保温构造做法

由于改造工程更换的外窗均无附框，窗口处如果粘板或抹灰过厚将使得外窗打开不便，改为采用薄型保温板外抹无机浆料保温处理并用建筑密封膏封堵（图 7）。

（1）窗口外窗台的复合硬泡聚氨酯板的完成面要尽量低于窗户内侧抹灰层的高度。

（2）窗下口的复合硬泡聚氨酯板更不能盖住窗框的溢水口。

（3）勒脚保温层收口部位应低于室内±0.000m（图 8）。

4.2 檐口、女儿墙部位的外保温构造做法

应采用保温层全包覆做法，以防止产生热桥。当有檐沟时，应保证檐沟混凝土顶面有不小于 20mm 厚度的聚氨酯硬泡保温层（图 9）。

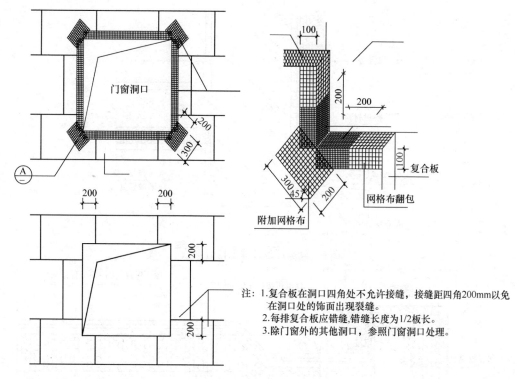

注：1. 复合板在洞口四角处不允许接缝，接缝距四角200mm以免在洞口处的饰面出现裂缝。
2. 每排复合板应错缝，错缝长度为1/2板长。
3. 除门窗外的其他洞口，参照门窗洞口处理。

图 6 外墙门窗洞口布置详图

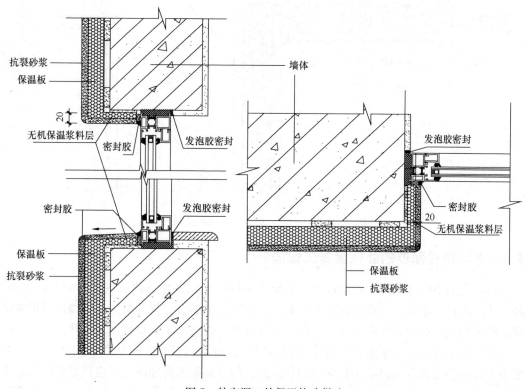

图 7 外窗洞口外保温构造做法

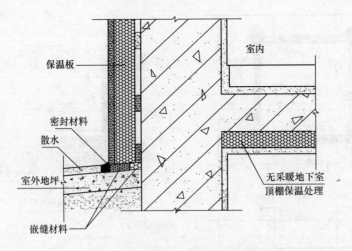

图 8　勒脚部位外保温构造做法

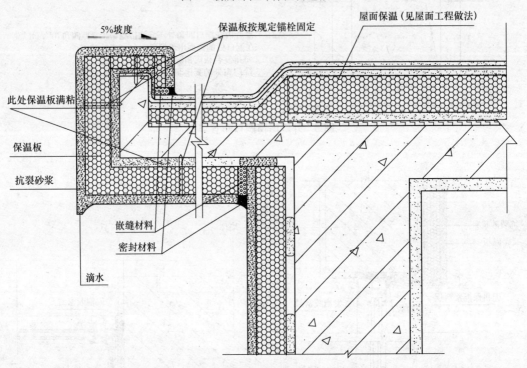

图 9　檐口（檐沟）部位保温板构造做法

4.3　外墙护栏部位的外保温施工做法

（1）老旧小区外墙改造护栏拆卸是个最为头疼，也是必须协商解决好的问题，否则，轻者劳民伤财，重者会严重延误工期。根据朝阳区住建委会议指导精神，外墙保温板安装及涂料饰面施工期间必须拆卸外窗护栏，待外墙节能改造施工完毕后恢复原状。

（2）由于现有居民家里护栏种类五花八门，有的不到 1m 长，有的 10 几米长，尤其最为头疼的是大多数居民都不肯配合护栏拆卸。但是如果不拆卸施工，窗口处保温板根本无法与墙体交圈，也就是俗称"露底"或"露红砖"，这是绝对不允许的。因此，护栏处保温板粘贴必须拆卸护栏后进行。

（3）对于实在无法拆卸的老旧破损严重的护栏或住户居民坚决不予配合拆卸的护栏，我们与甲方、设计、监理协商，在护栏两侧及护栏下方将保温板做成"八字角"，但此处保温板收口处必须粘结密实（采用满粘法），切口必须使用壁纸刀或专用工具切割，要求切口平滑顺直，最后用密封胶将切口处缝隙填塞密实。当然，此种做法是应急措施，不宜大面积施工。

（4）对于超长超重无法拆卸或拆卸后由于架子原因无法取出的护栏，可以使用切割机将其切割为两半，解体后拆卸，待工程完工后，再将护栏对接使用钢板焊接牢固。

4.4 空调外机穿墙管部位的外保温构造做法

根据预留空调洞口的大小及形状，在施工时采取精确裁切，保证里外基本一致，面层做好固化后，在外面加装塑料管套（图10）。

4.5 空调板部位的外保温构造做法

可采用无机保温浆料进行断桥处理，如图11所示：

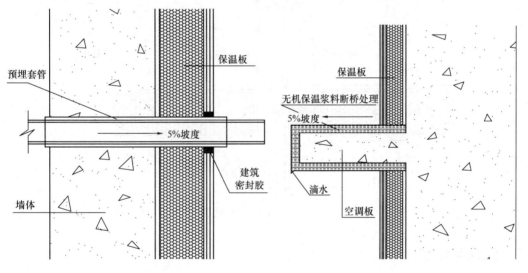

图10 空调孔部位保温构造做法　　　　图11 空调板部位保温板构造做法

4.6 燃气排烟管部位的外保温构造做法

应采用岩棉板等不燃保温材料进行断桥防火处理，并用建筑密封膏密封，见图12。

4.7 变形缝部位的外保温构造做法

应采用不燃保温材料填塞，并用24号镀锌铁皮或1mm厚铝板封堵，密封材料密封，见图13。

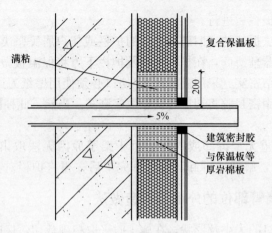

图 12　燃气排烟管做法

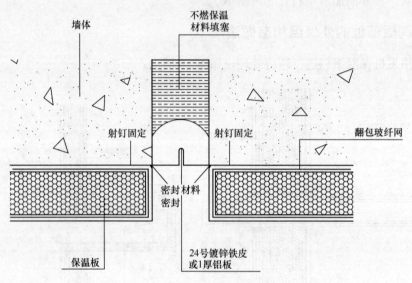

图 13　变形缝构造做法

5　结论与建议

近 5 年来，北京大力推动建筑节能减排，在全国率先执行新建建筑 65％节能设计标准，对于新建建筑节能设计标准执行率基本达到 100％，但是对于老旧建筑改造由于存在种种特殊情况，达标率不太理想。一方面是诸如老旧建筑改造期间客观现实存在的种种特殊原因，更主要方面体现在人的主观表现，包括住户居民的不配合，施工单位对待老旧建筑改造缺乏了解、缺乏重视，存在糊弄心理，等等。其实这些因素都是可以克服的，只要大家强化认识，共同努力，相互配合，层层把关，加强监督，老旧建筑改造也会创出精品工程的。

本工程已经竣工几个月了，通过我们入户回访，本工程节能改造后建筑外墙和屋面保温性能均有所提升。小区住户居民普遍反映，冬天室内温度提高了 4～5°，夏季室外热量不易进入，节能又省电，切身感知了 65％节能标准的温度，真正体会到了冬暖夏凉的舒适。

当然，外墙外保温施工仅仅是节能改造工程中的一个方面，还包括抗震加固、屋面改造、外窗改造、热计量改造、水电综合治理、楼体清洗粉刷等等，本人只是将其中的外墙外保温施工一个方面单独选出作为一个课题，将自己在实际施工中的一点经验和体会总结出来，以供与大家进行技术与经验交流，还请各位专家评委批评指正。

参考文献

[1] DB11/T 584—2008 外墙外保温工程技术规程. 中国标准出版社，2008.

从推动绿色建筑发展角度——
论述普通办公楼装修及节能改造工程实践

李相凯

（北京城乡建设集团工程承包总部）

【摘　要】　绿色建筑是建筑业发展的方向，从现阶段成型的绿色建筑来看，在肯定其效果的同时，高昂的成本也成为其进一步推广的阻力。五棵松中国生物中心 C 座是北京市建委新办公楼，作为北京市行业的主管部门也想在此新办公楼的装修过程中尝试采用一些新装饰材料来替代不可再生的天然材料，并着力进行一系列节能改造，旨在从普通办公楼上在绿色建筑方面做一些尝试，为业内提供一些参考和起到一定的表率作用，以期出现更多真正的绿色建筑。2009 年作者借调于北京市建委基建办，作为业主代表参与新购办公楼的装修及节能改造工作。本文从装修材料选择、用电计量、空调系统节能控制、可再生能源应用、照明控制系统等几个方面，简单阐述其论证、设计、实施等情况，希望能给大家一些思考。

【关键词】　绿色建筑；办公楼；装修；节能改造；系统；控制

1　工程总体情况

1.1　地理位置与原结构的基本情况

五棵松中国生物中心 C 座是北京市建委新办公楼，位于海淀区五棵松，南临五棵松体育中心规划路，北接金沟河路，东靠 35m² 的高级公寓紫金长安小区，西为西四环（图 1）。该地区位于北京西长安街沿线，交通方便，地理位置优越，周围环境优美。

建筑面积约 22000m²，地上 14 层，地下 4 层，总建筑高度 53.2m。该建筑设置空气调节系统，为甲类建筑；其建筑体型系数为 0.103；建筑窗墙比分别为南向 0.4、西向 0.35、北向 0.38，总窗墙比 0.38，均满足节能设计标准。

作为新建建筑，其各部位保温隔热方案相对完善，其中屋顶采用 60mm 厚挤塑板保温；外墙选用石材外墙（包括非透明幕墙等部分），均在外围护墙外侧粘贴 50mm 厚挤塑板保温；建筑首层消防车通道顶板下皮粘贴 65mm 厚挤塑板保温（图 2、图 3）。地下一、二层采暖空调房间顶板临空部分和对应其地下二、三层非采暖房间顶板部分均采用 55mm 厚玻璃棉板保温。经现场勘察，建筑针对热桥采取的保温或断桥措施：外墙出挑构件及附墙部件，如：阳台、雨罩、靠外墙阳台栏板、附壁柱、装饰线等；窗口外侧四周墙面均进行了保温处理。

图1 项目卫星图

图2 外观夜景

图3 外观

1.2 功能定位

由于原西客站建委办公楼面积较小,随着住保办等职能的不断增加,越来越不能满足使用的需要。五棵松办公楼想尽可能把外部的所属零散办公处所引进楼内,方便市民、企业一站式办公。

多管理中枢部门办公场所:市建委内具有各自职能又有密切联系的管理机构的办公场所。

主要业务工作场所:市建委主要工作场所,用户数量较为密集。

建设标准高:本项目使用功能和市建委的地位,发展战略等决定了本项目的建设标准必须达到一定水平。

1.3 团队建设

基于提高管理，保障项目进程有序开展的要求，成立了以业主领导下的，抽调各专业单位工程技术人员，建委相关处室及专业咨询机构、专家等组成项目管理团队（图4、图5）。

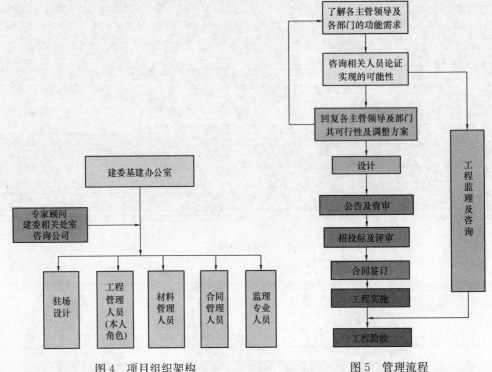

图4 项目组织架构　　　　图5 管理流程

管理团队的组织原则：
（1）遵循法律法规，重视自身形象。
（2）程序规范合理，利于行业导向。
（3）组建高效专业的管理团队。

团队管理工作方法：
（1）建立以建委基建办为龙头的沟通信息协调平台，进行项目管理及推动装修工程的全面展开。
（2）组织协调会议及开展专题研讨会。
（3）工程造价及进度控制管理。
（4）工程阶段性工作审察及验收手续。

理念：
（1）简洁而不简单。
（2）展现建筑业语言。
（3）体现当代建筑及装饰水平。
（4）体现智能建筑的先进性。
（5）倡导绿色环保节能理念。

（6）节俭办事。

2 设计方案的比选

北京建委新办公楼装修采用装修方案设计比选方式，建委基建办组织了此次比选。建委基建办请了建委领导及部分专家进行比选。根据建委领导提出的"要体现建筑业的语言"的理念，各设计单位都进行了较为细致的方案设计，经过比选，从多个方案中选取了相对简洁的灰色系方案。以大堂设计方案为例，从以下图片可以看出比选过程（图6）：

(a)

(b)

(c)

图 6　方案选择

(a) 大堂原貌；(b) 大堂设计方案比选；(c) 最终方案

3　装修工程实施

以考察为主线借鉴其他建筑成功经验及了解行业现状。

针对工程改造需求，我们在开始前对典型工程组织了考察。如：在节能末端控制方面的先行者西门子大楼；在装修工程上体现节能减排可再生能源的国家体育馆、北京规划展览馆；以及各类新产品的厂家。

另外，在装饰材料的选择上，力求使用人造材料代替不可再生的天然材料，以达到节能减排，减少破坏环境的目的。如人造板材代替天然石材；竹木地板代替木地板；地毯代替石材地面等。

主要项目的选择与施工包括以下几个方面。

3.1　水泥挂板

大堂、一站式大厅及会议层是建委对外的窗口，如何体现建筑业的语言，成为项目团队关注的重点。团队考察了北京以上地联想研发基地、北京规划展览馆、国家体育馆等工程为代表应用了清水（仿）混凝土进行了装饰的工程（图7）。先后经历了"石材——混凝土材质——混凝土大板（宝贵石艺）——GRC块板（中铁德成）——水泥纤维板——水泥纤维板中的金特板"等一系列方案的比选，并把最终方案与相关领导做了汇报与沟通，得到肯定后最终实施。

图 7　联想上地研发基地

北京上地联想研发基地是在结构阶段就做成了清水混凝土效果，由于本楼是已完结构工程，只能从效果上借鉴一下了，也是本次大堂效果追求的目标。

人造混凝土艺术挂板，突出艺术性，用在外墙较多，块材较大，内墙细节处理较难，不符合行业机械大生产的要求（图8）。

图 8　人造混凝土艺术挂板厂及国家大剧院应用考察

仿混凝土挂板追求清水混凝土效果，手工作业，现场切割操作受限制，背部龙骨安装空间较大（图9）。

图 9　仿混凝土挂板厂考察

水泥板材，效果较好，工厂化生产，现场切割（图 10）。

图 10　北京展览馆考察

国家体育馆采用金特板（也是水泥挂板的一种），大块材，工厂化生产，颜色质量较稳定，安装空间需求小，安装方便（图 11）。金特板使用水泥非石棉纤维增强混凝土材料。经领导商议选定其为装饰板材，另为达到清水混凝土温润的效果，表面涂刷了日本 SKK 混凝土透明保护剂。经过参建各方努力，最终大堂的效果还是得到大家广泛的认可（图 12、图 13）。

图 11　国家体育馆考察水泥挂板

图 12　大堂实景

257

图 13　大堂其他部位完成效果

3.2　办公区楼道墙面防砂岩砖代替石材

在楼内核心筒周围墙面，为减少石材的使用及达到降低造价的目的，我们选用了防砂岩砖代替石材，效果同样不错。墙面既有砂岩的效果又避免了石材色差过大的问题。

3.3　走廊采用墙面透窗增加照度

为增加走廊的亮度，同时减少照明的投入，在部分房间的墙面上开设了一些透窗，透窗采用浴砂玻璃，达到既满足采光又避免通视的效果（图 14）。

图 14　走廊

3.4　西侧幕墙内贴保温/隔热膜

由于办公楼西侧为西四环，无遮挡，阳光充足，办公时易造成眩光，同时考虑到保温隔热的要求，在西侧幕墙内侧贴了一层保温/隔热膜（图 15）。

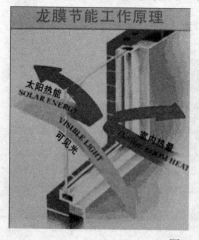
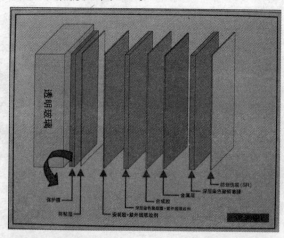

图 15　保温/隔热膜工作原理

本办公楼选用了型号为 LE50SRCDF 保温/隔热膜，可见光透射率 49％，可见光反射率 27％，太阳能阻隔率 57％，紫外线阻隔率 99％。配合西侧的自动窗帘，给大家提供了一个舒适的办公环境（图 16）。

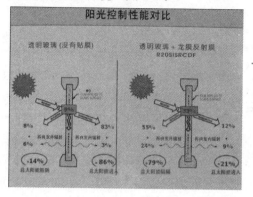 

图 16　LE50SRCDF 保温/隔热膜

4　弱电使用功能实现

4.1　弱电功能需求与实现

4.1.1　建设目标

市建委新办公楼智能化系统工程应该达到目前"5A"〔信息自动化系统（CA）、办公自动化系统（OA）、建筑设备自控系统（BA）、火灾报警及消防自动化系统（FA）和安全防范自动化系统（SA）〕级以上写字楼的建设水平，根据国家《智能建筑设计标准》最新版 GB/T 50314—2006 中的设计标准，并能在一定程度上代表未来的发展趋势，成为北京市乃至全国建筑智能化建设的楷模。

4.1.2　原则

该建筑的智能化系统工程，应贯彻国家关于节能、环保等方针政策，应做到技术先进、经济合理、实用可靠，具有可扩性、开放性和灵活性。

4.1.3　弱电系统范围

市建委新办公楼智能化系统工程范围如下：

1. 有线电视系统
2. 智能会议系统
3. 排队叫号系统
4. 信息发布系统
5. 综合安防系统
（1）视频安防监控系统
（2）出入口控制系统
（3）电子巡查系统
（4）一卡通系统

（5）综合安防系统集成

6.线槽/线管的统筹设计

图17　200人会议室

4.1.4　系统内容

（1）智能会议系统：

200人会议室（图17）：三层200人会议室配置数字会议系统、电动投影幕、高清晰投影仪、扩声系统、大屏幕信息显示系统、中央控制系统、会议音像记录系统、会标显示系统。并且在照明设计的基础上，根据会议室对灯光、窗帘的场景控制要求，合理设计灯光控制系统（灯光系统由精装修设计确定）。可以完成投影、扩声、视频记录等功能。

电视电话会议室及应急指挥室等重要会议室（图18）：在电视电话会议室及应急指挥室设双向传输会议电视系统。配置数字会议系统、电动投影幕、高清晰投影仪、升降屏显示系统、音响设备、中央控制系统、远程视频会议终端、信号处理及接驳系统、会议音像记录、会标显示系统。并且在照明设计的基础上，根据会议室对灯光、窗帘的场景控制、遥控或自动感应控制的要求，合理设计灯光控制系统。可以完成投影、扩声、远程视频会议、视频传输和记录等功能。视频会议室应按照普通视频会议系统设计。

（2）排队叫号系统：在公共服务大厅一层及二层各设置一套排队叫号系统，通过叫号服务，让顾客坐下来等候，避免窗口拥挤和排队，并且能合理的安排窗口服务，减少顾客的等候时间。系统要求智能化管理，柜台业务负责人可以根据实时顾客流量合理分配柜台数量，实行动态的科学管理。统计业务人员在遇到特殊情况时，能够通过操作器、语音、计算机对话框等手段进行对话和同级之间的调整。语音要求和背景音乐相融合或互相切换，并能播发其他相关语音信息 通过柜员用操作器可进行重呼、插队、转移、预约功能操作。管理人员可通过表格、图形两种方式查询、打印排队信息与柜员工作量等数据，并可设置系统服务参数。

（3）信息发布系统：在公共服务大厅一层北侧及西侧大堂设大型电子公告牌，向大楼内外公众提供信息检索、查询、发布和导引等功能（图19）。

图18　电视电话会议室

图19　公共服务大厅

信息发布系统通过大楼的信息发布管理系统子网，连接到信息导引及发布系统服务器，经过信息采集、信息编辑、信息播控，以显示各类信息。通过信息导引及发布系统，一方面可以播放大楼业务介绍、实事新闻、通知等，会起到良好的宣传效果，另一方面可以根据实际情况，播放视频信号。给人非常好的视觉效果，从而起到装饰环境、烘托气氛的作用。

公共服务大厅一楼及二层分别设置2台落地式触控一体机，一层自助查询区设置自助查询机显示相关的政府组织机构和相关管理人员信息，实现对政府办事指南和流程的信息发布及最新的政策及有关法律知识的宣传及解释，供来访者查询相关信息使用。

（4）综合安防系统（图20）：

视频安防监控系统：视频安防监控系统能有效地对大楼内的设防区域进行实时监视，保安人员在安防监控值班室就能对大楼内的情况一目了然，做到防患于未然，对出入口等重要部位进行长时间录像，一旦发生案件，可为破案提供线索。建立大厦视频监控中心，实现安保智能告警提醒功能，提高安保智能化水平，并与市建委新办公楼三维电子地图配合使用。

系统由模拟摄像机、视频矩阵、监视器和数字硬盘录像机组成，采用视频线、控制线缆等连接，采用全彩色系统，系统具有扩展性好、存储可靠方便等优点。安防监控室设置在大楼二层安防监控值班室内。

出入口控制系统：在进入办公区的出入口、安防监控值班室、保密室、档案室、支付中心独立办公室、计算机机房、职工健身中心设出入口控制读卡器、门磁、电控锁及出门按钮或机电一体锁。进入办公区的出入口、保密室、档案室、支付中心独立办公室的出入口控制读卡器与视频安防监控系统实现联动；出入口控制读卡器应实现与售饭、访客管理、电子巡查的一卡通应用。

电子巡查系统：本工程采用在线式电子巡查系统作为对保安的考勤管理，防止制度落实不到位。系统对保安巡更全过程进行管理，保护保安的人身安全，如保安超时到达巡更点，可及时派出机动保安前往营救。

本系统可与出入口控制系统二合一，在控制室"电子地图"上实时掌握保安的巡更动态。

一卡通系统：用于身份识别、门钥、消费计费、电子巡查、访客管理、职工餐厅、职工健身中心、图书借阅等。

（5）线槽/线管的统筹设计

智能化系统线槽/线管的设计按照强/弱电、交/直流线路分槽/管敷设的原则，并结合线路的类别、管理归口和维护的便利等因素进行统筹设计。

4.2 综合安防系统集成

本工程视频监控系统、出入口控制系统、电子巡查系统等安防系统，需集成为一个平台，各

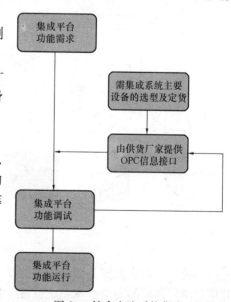

图20 综合安防系统集成

个系统互相联动。需集成的各系统通过网关或网桥及相关硬件，与办公楼中的其他安全防范系统直接联网通信，并提供集成软件，并在此基础上实现信息共享、联动控制等集成功能，以提高建筑安全性。

尽早落实各弱电子系统预留弱电集成接口的要求，需尽快明确弱电集成系统软件开发的功能需求和价格及厂家品牌，以便各弱电子系统在选用设备品牌时提前考虑厂家提供弱电集成接口预留。

为满足建委新办公楼内各种信息共享的要求，建立智能建筑管理系统势在必行。智能建筑管理系统主要包括设备的集成、系统软件的集成、人员的集成、组织机构的集成和研发、管理方法的集成等各个方面，从而提高管理效率、共享各种信息资源、降低运行成本、满足各类活动需要，避免多个系统机房分散维护、管理不便的弊端。通过智能建筑管理系统的建立，使整个路网管理服务中心智能化和信息化不仅仅体现在局部系统，而是一个完整的体系。同时，信息的高度集中为分析和辅助决策打下基础，避免智能化和信息化的功能只停留在子系统一级。

智能建筑集成系统集成范围：楼控系统（照明、空调）、消防系统、视频监控系统、一卡通系统、门禁管理系统（巡更）、电梯系统等，并预留了接口以便建委新办公楼系统内其他的分站接入主系统。

根据对监控和管理的对象及其功能要求的分析，建委新办公楼智能化集成系统组成如图 21 所示。

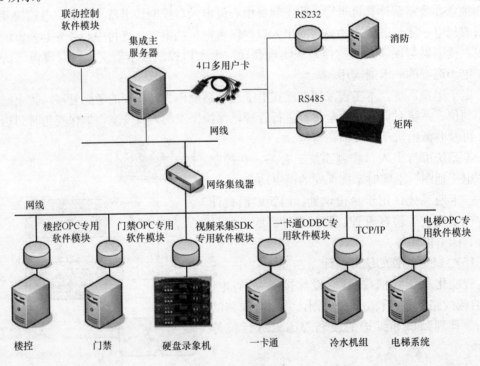

图 21　楼控系统

系统设计以满足建委新办公楼的要求、减低安装开支及困难、提高经济效益为原则，并尽量维持住户的安全。本系统设置 1 台主平台服务器就可以实现整个系统的协调运行和综合管理，并建立弱电系统数据库，同建筑物智能化系统的其他子系统进行信息交换和共享。

5 节能改造

5.1 用电分项计量

5.1.1 用电监控管理平台概要

大厦建立分项用能实时监控管理平台可以以实际能耗数据为基础对大厦的现有用能状况进行分析，可进一步对空调系统、照明系统等进行节能诊断，得出切实可行的节能办法，包括管理节能和技术节能，降低大厦的能源消耗，提高大厦的运行管理水平，减少大厦的运行管理费用（图 22）。

5.1.2 实时监测大楼的分项用耗

在大楼中控室安装服务器和 PC 客户端。大厦的管理人员可以实时了解大楼照明、空调、办公设备、综合服务、特殊用电等多个能耗类型的实时电耗。帮助管理人员判断大楼的运行状态。

5.1.3 能耗分析和诊断

通过分项计量系统采集的数据，我们可以对大楼的各个用电系统进行节能诊断。分析各用电系统占总能耗的比例，分析各用电系统中不同设备的用电比例，分析空调系统的单位面积能耗、冷机效率、冷冻水效率、冷却水效率，分析照明系统工作日和周末的用电比率，工作日白天和晚上的用电比率，分析电开水器等办公设备的白天和晚上的用电比率。可以将大厦的各种能耗指标与其他建筑进行横向比较。通过以上种种办法发现大厦的节能潜力。

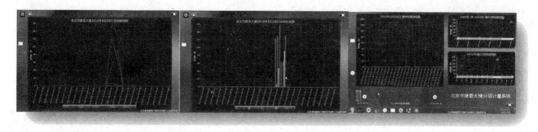

图 22　建委办公楼用电分项计量实则图

5.2 太阳能应用

根据建委用水情况，顶层为休闲馆，有间集体浴室，每天约有 50 人次洗浴，按照《建筑给排水设计规范》中给水量的要求，公共浴室淋浴每人每次用水定额为 100L，每天 50 人使用，则需要热水 5t；另外每层设计在卫生间有洗手池需要热水，按照《建筑给排水设计规范》中给水量要求，办公楼每人每班用水额为 30～50L，我们按照 30L 计算，每层每天按照 30 人洗手计算，每层每天需要热水量 0.9t，加上集体浴室，每天共需 45°热水 16t。

图 23　太阳能的应用

集热面积：设计安装清华阳光 SLL-1500/50 联集管式集热器 225m²（图 23）。

辅助热源：在天气不好、太阳辐射较弱情况下，纯靠太阳能集热已经不能满足供热水要求，系统将停止使用太阳能集热器给水箱加热，换为大楼原有热源加热水箱内热水。等天气好转，太阳能能够满足设计要求时再重新启动。

从技术性能和经济性能两方面考虑，采用联集管式集热器热水系统。这种集热器组成的太阳能系统与集热器分开，易于与建筑结合。根据以上所述系统性能指标，225m² 联集管式热水系统，夏季晴好天气日产热水 22.5t，冬季晴好天气日产热水 13.5t 左右，年平均日产热水 16.8t。能满足大部分时间的热水供应，供应不足部分由其他辅助能源补充。

水箱：配置 1 个容量为 16t 的保温水箱，用于提供集体浴室的热水供应。置于顶层屋面能够承重的地方。水箱均采用碳钢搪瓷现场拼装，外加大于 80mm 厚的聚氨酯保温层，并做外壳保温。

控制系统：控制系统选用北京清华阳光太阳能设备公司生产的智能控制系统，可以实现太阳能集热器定温出水、温差循环、定时上水、管道温差循环、管道循环（一开即有热水）等功能。

5.3　智能末端控制

计划从建筑使用功能及可持续发展角度考虑，对建委办公楼已有空调系统节能控制、照明控制系统、节能灯具系统、磁能热水器系统等方面开展进一步改造，加强末端控制。

5.3.1　照明控制系统

本工程为北京市建委办公大楼项目，建筑主体为一个独立的建筑，共计十四层。作为一个高效先进的办公楼，在具有现代化办公环境的同时，经济节能、环保也同样成为国家机关办公设施的主旨，被提上日程。本方案正是依据节能、减耗、绿色环保的目的进行方案设计，更充分考虑了使用者的舒适度。主要包括了整体办公区域内的照明控制、温度调节控制与遮阳的智能控制，从而最大程度上达到节能减耗、环保造福后代的深远意义。

设计内容包括以下几个方面：

系统功能描述：

本工程采用 GAMMA instabus KNX 办公楼宇控制系统对本项目的办公照明与部分遮阳设备、温度控制进行智能控制，采用 KNX 最新技术实现 KNXnet/IP 网络通信技术、室内恒照度控制、遮阳系统的联动控制，并实现系统的可视化管理；

系统可实现恒照度控制、自动控制、定时、场景与逻辑控制等不同模式的照度控制；

温度控制可实现空调的自动控制及手动就地控制；

部分场所实现窗帘的自动控制及手动就地控制；

一层、二层办事大厅：

前厅及后厅照明实现定时开关控制功能：即在指定的时间（如上班时间）开启前厅及后厅灯，非指定时间关闭前厅及后厅灯；

大开间办公区照明实现近似恒照度控制功能，即通过存在传感器的红外感应功能判断办公区是否有人。若有人，根据当前室内亮度与设定办公亮度对比，若亮度不够，则根据亮度按照离窗口远近依次开灯，远离窗口的灯最先开启，靠近窗口的灯最后开启，保证室内亮度近似于设置亮度，满足正常办公采光需求；若人由办公区离开则延时一段时间，灯光自动关闭；西、南、东三侧大开间办公区分别由存在传感器根据有效探测范围划分为2个、4个、2个共8个工作区域；

西侧大开间办公区窗帘实现全自动控制功能：即判断外界阳光强度，若高于设定上限值则落下窗帘；若低于设定下限值则升起窗帘，满足正常办公的采光需求。

三层会议层：

会议室08、09照明实现恒照度控制功能，即通过存在传感器的红外感应功能判断会议室是否有人。若有人，根据当前室内亮度与设定办公亮度对比，若亮度不够，则根据亮度按照离窗口远近依次开灯并调节亮度值使室内亮度与设定亮度一致，远离窗口的灯最先开启，靠近窗口的灯最后开启，保证室内亮度满足正常办公需求；若人由会议室离开则延时一段时间，灯光自动关闭；并通过组合逻辑关系编写场景，提高会议室操作便捷性与舒适度；会议09与多功能厅可各自分隔为两个使用；四联面板可以进行就地调光，以选定适应个人喜好的采光需求，控制面板安装位置采用就近安装；

窗帘实现全自动控制功能：即判断外界阳光强度，若高于设定上限值则落下窗帘；若低于设定下限值则升起窗帘，满足正常办公的采光需求，并配置手动控制面板进行手动就地控制（会议室08、09除外的会议室仅配置双联或单联面板对窗帘进行控制）。

敞开式办公区：

大开间办公室照明实现近似恒照度控制功能，即通过存在传感器的红外感应功能判断办公区是否有人。若有人，根据当前室内亮度与设定亮度对比，若亮度不够，则根据亮度按照离窗口远近依次开灯，远离窗口的灯最先开启，靠近窗口的灯最后开启，保证室内亮度满足正常采光需求；若人由办公区离开则延时一段时间，灯光自动关闭（图24）；

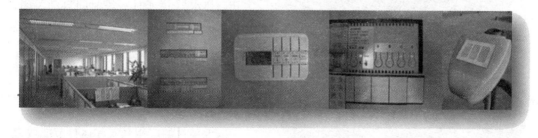

图24　照明控

西侧大开间办公区窗帘实现全自动控制功能：即判断外界阳光强度，若高于设定上限值则落下窗帘；若低于设定下限值则升起窗帘，满足正常办公的采光需求。

5.3.2　空调系统节能控制

　　会议室空调实现全自动与手动就地控制功能，即通过存在传感器的红外感应功能判断会议室是否有人。若有人，根据当前室内温度与设定办公温度对比，若温度偏高或偏低，则开启空调进行制冷或制热，保证室内温度满足正常办公需求；若人由会议室离开则延时一段时间，空调自动进入无人模式；每个风机盘管配置一个控制面板，可手动就地更改设置温度及风速；面板安装采用与盘管位置对应的安装方式（图25）。

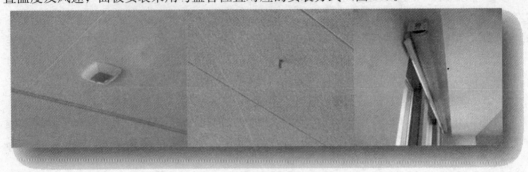

图25　空调系统节能控制

　　大开间办公区空调实现全自动控制功能，即通过存在传感器的红外感应功能判断办公区是否有人。若有人，根据当前室内温度与设定办公温度对比，若温度偏高或偏低，则开启空调进行制冷或制热，保证室内温度满足正常办公需求；若人由办公区离开则延时一段时间，空调自动进入无人模式；每个区域配置一个风机盘管控制器与温度传感器。

图26　磁能热水器

5.3.3　磁能热水器系统

　　热水间照明及烧开水实现全自动定时控制功能：由于热水间处于无窗环境，外界光源基本不能满足正常采光要求，系统通过红外探测是否有人，实现有人进入则开启灯光，人离开后延时一段时间灯光自动关闭；烧开水功能实现上班时间定时开启，下班后自动关闭，并在旁侧加装延时按钮，用于人员加班时使用，按钮点击一次开启热水器并延时一段时间自动关闭；此功能由LOGO!模块组合相关逻辑关系完成（图26）。

6　总结

　　以上项目的应用其实际运行节能效果需要建筑正常运行一年以上才能更明显的体现。而且由于各种系统的调试平衡过程需要一定周期，要达到最理想的节能效果，还需要建筑运行管理人员的进一步探索、分析与调试。同时我们也应认识到，发展绿色建筑及节能改造不能光看眼前效果，还应着眼整个社会效益和环保事业长期发展的目标。另外，结合各案例，对发展绿色低碳建筑项目进行一定的再思考：

（1）利用产业政策，争取政府支持。

绿色低碳建设项目要争取产业政策的扶持和各级政府支持，从项目立项到后期运营管理的全寿命过程的倾斜支持。

（2）科学有度地应用，做到技术和经济的协调统一。

在建筑功能中引用绿色低碳措施要定位准确、技术合理、科学应用、其经济价值得到体现，切忌盲目或扩大应用。

（3）设计与运行管理并重。

建设各方对低碳建筑的认知需提高，亦即所采用的技术措施应是较少的资源消耗和较低的碳源排放，而且，建设项目要从设计着手，强化组织实施管理，重点在项目使用运行管理上实现真正意义上的低碳，项目低碳价值是功在当前，赢在未来的长期实践。

（4）引入社会专业力量，促进项目品质发展。

社会服务力量要从政策、技术、经济和应用管理等多层面为业主提供全过程、全方位有效的咨询服务、要不断提高项目团队自身的科技水平。

（5）低碳建筑发展正当其时，建设各方既充满机遇又面临挑战。

根据目前我国促内需、调结构的策略，加大投资拉动发展以及工业化和城市化建设发展进程。例如：北京经历了 2008 奥运会，建设了一批场馆其中不乏绿色环保项目，在绿色低碳建筑推广方面做了大量尝试性工作。

7 结束语

作为北京市建筑行业的行政主管部门，新办公楼主体结构是采用采购方式取得，不是按需求专门设计的建筑，所以在绿色建筑方面先天性的存在一些不足，但这也正是目前绿色建筑和节能改造发展阶段存在的实际情况。建委办公楼结合这个实际情况，探索在普通办公楼内进行一些节能改造，以期对行业内绿色建筑和节能改造工作的开展起到一定表率作用，带动现有的普通办公楼进行节能改造，同时也期待有更多真正的绿色建筑的出现。

北京市既有老旧小区节能改造外墙施工做法

许世宁

（北京住总第六开发建设有限公司）

【摘　要】　本文主要根据现场的实际情况着重介绍复合硬泡聚氨酯板外墙外保温系统做法、构造特点、施工中的重难点、材料复试的特殊性以及结论等几个方面，针对复合硬泡聚氨酯板外墙外保温做法的材料特点以及施工工艺等，结合现场实际问题提出施工过程中的质量、安全保证措施。

【关键词】　复合硬泡聚氨酯板；抗裂砂浆；锚栓；网格布；质量措施

1　工程简介

朝阳区奥运村老旧小区节能改造工程位于北京市朝阳区北四环以北、八达岭高速以东的部分小区内，包括南沙滩小区、北沙滩小区、花虎沟小区、三建宿舍楼、仓营小区。本工程所涉及节能改造住宅楼共计 11 栋，均为 70～90 年代施工建成的 4～6 层住宅楼，结构形式都为砖混楼，总建筑面积为 51647.8m²。

本工程建设单位为北京大正建设监理有限公司，设计单位是北京国科天创建筑设计院，监理单位是北京北咨工程管理有限公司。

项目信息表　　　　　　　　　　　　　　　　　　表 1

项目名称	屋顶形式	占地面积（m²）	建筑面积（m²）	层数	层高（m）	建筑高度（m）	单元数	户数	建设年代
北沙滩 4 号院 1 号楼	平	606.5	3639	6	2.7	17.50	5	60	1987
北沙滩 6 号院 1 号、2 号楼	坡	713	4276	6	2.7	17.55	5	72	1989
仓营 8 号院 1 号楼	坡	328.5	1314	4	2.7	12.00	2	24	1987
花虎沟 2 号院 1 号、2 号楼	平	643	3855.3	6	2.7	17.50	4	72	1980
	平	909	5454.2	6	2.7	17.50	5	90	1989
三建宿舍	平	1178	5890.7	5	2.7	14.55			1983
南沙滩小区 31 号～34 号楼	平	1281.9	7691.4	6	2.7	17.55	8	138	1985
	平	632	3793.4	6	2.7	17.55	4	66	1985

2　外墙保温材料的选择

现场选用热固性复合 A 级硬泡聚氨酯保温板，以硬泡聚氨酯（包括聚氨酯硬质泡沫塑料（PUR）和聚异氰脲酸酯硬质泡沫塑料（PIR））为芯材，六面用一定厚度的水泥基聚合物砂浆进行包覆处理，在工厂预制成型的复合保温板。保温板芯材燃烧性能为 B1 级，复合板为 A 级，表观密度大于 $32kg/m^3$，导热系数为 $0.021\ W/(m \cdot K)$，压缩强度大于 60kPa。此外，保温板弯曲变形、吸水率等性能满足规范设计要求。

3 施工中的难点

3.1 工期紧张

本工程计划开工日期 2012 年 9 月 20 日，合同竣工日期 2012 年 11 月 15 日，工期共计 57 天。我项目部实际进场时间为 2012 年 9 月 25 日，工期紧，任务重，要赶在冬施前给几千户居民安装好窗户和玻璃。进场当天材料部门就开始联系钢管、脚手板厂家，开始了紧张的施工筹备工作。

3.2 各楼间协调困难

本工程为老旧小区节能改造项目，施工栋号多，区域面积大，住宅楼分散且相距较远，不便于集中管理，增加协调控制难度。现场技术、质量、生产等人员每天要步行于几个工地现场之间，这给现场材料供货、现场人员管理等都带来了诸多的不便。

3.3 小区内环境制约

老旧小区内面积较为狭小，居民出入较多，如何组织好施工保证居民人身安全和施工安全是关键。小区内机动车停放处于脚手架搭设范围内，需与小区负责人联系后待机动车移动后才能施工，但有的车主出差不在家、有的车主反映开出去也没有地方停车，不配合、还更有甚者根本不理解这项政府工程，认为这是扰民，给他们增添了噪音污染与生活的不便，项目人员还要给他们做思想工作。这些都给施工过程脚手架的支搭、材料的堆放造成很多困难，而且耽误了工期。

3.4 小区内自建房屋障碍

由于老旧小区私搭乱建建筑较多，大部分住宅楼首层小院展出楼外 2.5m 左右，北沙滩 4 号院 1 号楼首层小院及花虎沟小区 1 号楼西山墙违章建筑展出楼外 4.5m，况且违章建筑屋顶均为石棉瓦等轻质材料不宜上人。以上情况均为脚手架正常搭设增加了难度。

4 外墙外保温系统的施工

4.1 外檐脚手架的选择及节点措施

（1）本工程 11 栋住宅楼均为 4～6 层，大面积采用搭设双排脚手架的方法进行外保温和门窗的施工。双排脚手架内搭设之字形脚手板通到屋面。

（2）由于是老旧小区已完工程，墙体没有预留孔洞，脚手架无法和墙体进行拉结，项目部采取增加矩阵式支撑的措施，来保证外双排脚手架的牢固性及稳定性。位于小区中间的栋号，在阳台处及山墙处增设一矩阵式支撑，此支撑距外双排脚手架3m，共3根立杆，间距2m，共7步，从第四步开始增设斜拉，与外双排脚手架进行连接；最中间的立杆也增设斜拉，与外双排脚手架连接。顶端横杆设三道斜拉，与外架主体连接，矩阵式支撑应与主体双排脚手架同时搭设。

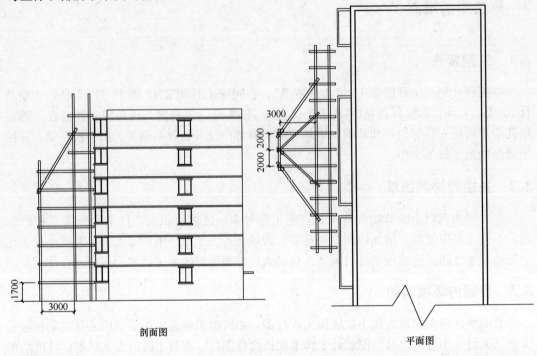

剖面图　　　　　　　　　　　　　　　　平面图

图1　外架搭设图

（3）对于个别小区首层小院内居民私自搭设的房屋成排的，导致无法搭设脚手架，项目部采用电动吊兰架的方法进行外檐的施工。

4.2　墙体保温系统施工

4.2.1　保温型式

本工程采用复合硬泡聚氨酯板外墙外保温系统。复合硬泡聚氨酯板外墙外保温系统是以复合硬泡聚氨酯板为保温材料，用复合硬泡聚氨酯板胶粘剂并加设锚栓安装于外墙外表面，用玻纤网进行增强的复合硬泡聚氨酯板抹面胶浆作抹面层，用涂料等轻质饰面材料进行表面装饰，具有保温功能和装饰效果的构造。

4.2.2　施工前现场准备工作

首先将妨碍楼体前后搭设脚手架范围内垃圾清理干净，停泊车辆转移走，用笤帚将大墙面的灰尘和粘连的杂物清扫干净。并对原墙面上由于拆除、冻害、析盐、侵蚀所产生的损坏进行修复，油渍及污染部分应进行清洗，墙面的缺损和孔洞、起鼓和开裂的部位均用砂浆进行修复处理。

4.2.3　硬泡聚氨酯保温板施工的主要节点做法

（1）外墙外保温系统工艺流程：

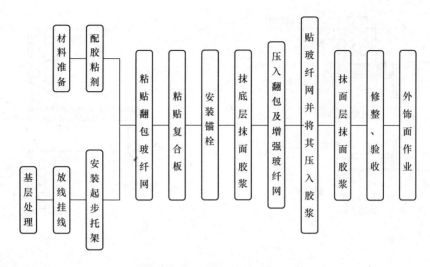

图 2　外墙外保温系统工艺流程

（2）对于二层以上有护窗栏的部位，护窗栏两侧超出窗口宽的部位无法粘贴保温板，经项目部技术人员与监理单位、建设单位协商，统一定为护窗栏内侧抹最薄 30 厚聚苯保温颗粒，用小抹子磨平压光。

（3）粘贴复合板：

① 复合板粘贴应由下到上顺序施工，排板按水平顺序进行，上下应错缝粘贴，阴阳角处应进行错茬处理；聚氨酯复合板的拼缝不得留在门窗口的四角处，整块墙面的边角处复合板的尺寸应不小于 300mm。

② 门窗洞口四角处应加铺 400mm×200mm 的玻纤网，位置在紧贴直角处沿 45°方向，增强玻纤网置于大面玻纤网的里面。

③ 细部节点做法：

a. 窗框均居中安置，窗口处、挑板、凸檐处应采用（无机保温浆料）膨胀玻化微珠砂浆进行保温处理并用建筑密封膏封堵，做法见图 3；

b. 变形缝处填塞岩棉条，并用 24 号镀锌铁皮进行封堵，密封材料密封，做法见图 4；

4.2.4　进场材料复试

按照《北京市老旧小区综合改造外墙外保温施工技术导则》的要求，外墙外保温复合硬泡聚氨酯板，胶粘剂、抹面胶浆、玻纤网格布等原材料应按同一厂家同一品种的产品，当单位工程建筑面积在 20000m² 以下时各抽查不少于 3 次；当单位工程建筑面积在 20000m² 以上时各抽查不少于 6 次。

根据现场实际情况，本工程栋号多达 11 幢，但单楼面积小，分别在且楼间分散，距离较远，如果依据《北京市老旧小区综合改造外墙外保温施工技术导则》及相关规定进行工程送检试验，将会产生巨额试验费用。故本着节能的理念，通过施工方与建设单位、朝阳区建委、监督站的商议，本工程采用 11 个单体栋号楼按按同一厂家同一品种的产品每集合成建筑面积 20000m² 做一组保温材料试验，而不按单位工程建筑面积到 20000m² 的要求做抽样复试。

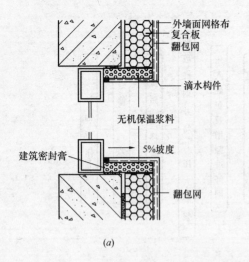

外墙面网格布
复合板
翻包网
滴水构件
无机保温浆料
5%坡度
建筑密封膏
翻包网

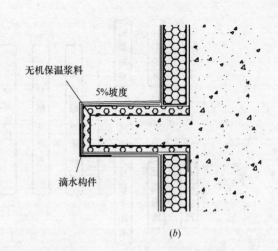

无机保温浆料
5%坡度
滴水构件

(a)　　　　　　　　　　　　　　(b)

图 3　窗口处、挑板、凸檐处做法

(a) 窗口处；(b) 挑板、凸檐处

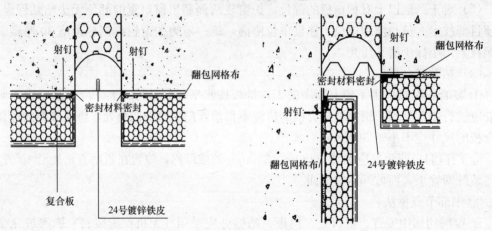

射钉
射钉
翻包网格布
密封材料密封
复合板
24号镀锌铁皮

射钉
翻包网格布
密封材料密封
射钉
24号镀锌铁皮
翻包网格布

图 4　变形缝做法

参考文献

[1]　DB11/T 584—2008 外墙外保温施工技术规程 [S]. 中国标准出版社，2008.

[2]　GB 50411—2007 建筑节能工程施工质量验收规范 [S]. 中国建筑工业出版社，2007.

浅谈民用建筑采暖系统的一些问题

乔少武

（北京住总第六开发建设有限公司）

【摘　要】 供暖方式多元化的发展较以前有了极大的提高，以实际工程为例，在供暖方式、户内系统布置以及管材方面进行对比，指出民用建筑采暖系统的一些问题。

【关键词】 民用建筑；采暖系统；分户热计量；质量控制

1　引言

近年来，我国民用住宅供暖方式较以前有了极大的提高。在住房和城乡建设部颁布了《民用建筑节能管理规定》之后，我国新建民用建筑的供暖方式较之以前有了极大的变化。在供热方式方面，多采用分户自采暖和集中供暖分户热计量两种方式；在户内系统布置方面，多采用地板辐射和供回水管路地埋敷设两种方式；在管材方面，多采用各种合成材料。这些变化，一方面，提高了供热系统的运行效率，节约了能源，为用户提供调节控制手段，提高了热舒适度；但另一方面，在实际施工及使用中，我国民用建筑现有的各种供暖方式又暴露出一些新的问题。

2　供暖方式方面现存问题分析

在供暖方式方面，我国新建民用建筑多采用分户自采暖和集中供暖分户热计量两种方式。

分户自采暖多以室内燃气炉为热源，以常营二期 C 段住宅小区为例，住宅冬季采暖热源由室内燃气壁挂炉提供，供水温度 80℃，回水温度 60℃，壁挂炉自带采暖水循环泵，户内采暖系统采用双管异程式，壁挂炉出口采暖供回水敷设在地面垫层内。在实际使用工程中，用户为节约燃气，多为时停时燃，反而增加了循环水重复加热的费用，如要保证与集中供暖相同的热舒适度，就必须保证室燃气炉的连续运行，故分户自采暖反而存在运行费用大的缺点；同时室燃气炉价格不菲，且占其价格一半左右的循环泵多为进口产品，一经损坏，用户维修费用不低，故分户自采暖还有用户维修成本高的缺点；由于分户自采暖系统独立，且系统需从用户自来水直接补水，在实际使用中，无法对循环水及补水进行有效的过滤，无法对补水进行有效的软化，不能有效的保证循环水及补水水质，造成系统内污垢的积存，减少管道的过流面积，增大室燃气炉内热源的换热热阻，不利于系统地有效运行。

集中供暖分户热计量系统，多在热用户装设温控阀、热量表，其初衷是为了节能，是为更好地满足人们热舒适度的前提下为节能所采用的技术措施。以京水住宅小区职工住宅楼为例，供暖热媒采用 80℃/60℃ 热水，由小区锅炉房集中供给，采暖方式采用共用立管的分户热计量和分室控温的采暖系统。但在实际使用过程中，运行单位没有实现整个供暖系统的量化管理，没能实现在热源、建筑供暖入口和分户实行三级计量；没能实现供暖系统的有效调节控制，以适应整个系统的变量运行的需要；而在热价的确定上，根据有关人员的计算和实测，当周边正常供暖时，不供暖房间由于户间传热作用室温可达 12℃ 以上，因此任何用户均应为维持建筑的总体热环境，负担基本供暖费用，因此普遍认为热费的收取应该保留相当的面积分配，减小按热计量分配的比例，但在实际中往往还是仅按照面积收取热费；故采暖运行单位还在按照集中采暖时代的方式进行运营，没能有效提高供暖系统的运行效率，没能有效地节约能源。

目前，集中供暖从效率、质量、环保、安全等诸多方面都具有优势。所以我们应该进一步强化整个供热系统的量化管理，在热源、建筑供暖入口和分户实行三级计量。热源与各建筑供暖入口热量计量值的差额，可以考核管网的输送效率是否达到节能设计标准的要求。各建筑供暖入口热量计量值是确定该建筑物供暖费的依据。在实施分户计量时，户间传热是一个不能忽视的问题。因此热费的收取应该保留相当的面积分配，减小按热计量分配的比例。

3 户内系统布置方面现存问题分析

在户内系统布置方面，现我国新建民用建筑多采用的地板辐射以及供回水管路地埋敷设两种方式。供回水管路地埋敷设又大体可分为水平单管系统、下供下回双管系统、放射双管式系统。

以未来科技城第一幼儿园为例，采暖方式采用低温热水地板辐射采暖。这种采暖系统可实现分室控温，调节性能优于单双管系统；管线埋地敷设，墙面竖向无立管，不影响装修，节省室内空间，更为美观；管线过门需处理；无散热器，不占室内空间；温度梯度合理，热环境符合人体生理的调节要求，热效率高；温控阀集中设置在分水器处，各室温度需远程控制；但施工时需要设隔热及构造层，故层高需加高 6~10cm，造价较高。

水平单管系统，分室控温比较困难；每组散热器需设跑风。

现如今大多数民用建筑所普遍采用的下供下回双管系统，可实现分室控温，调节性能优于单管系统；管线埋地敷设，墙面竖向无立管，不影响装修，节省室内空间，较美观；但每组散热器需设跑风；下部双管，隐蔽困难。

虽然以上各种系统管道埋地敷设，节省了室内空间，更为美观。但在实际安装时，以上各种系统管道特别是分户自采暖提供热源的系统在户门门口、厨房内及卫生间内与给水管路存在多处交叉，一旦交叉，埋地敷设管路所需垫层厚度就会增加 3~5cm，故层高需相应增加 3~5cm，提高了造价，如层高不增加，则反而会降低净高度，进而减少了室内空间，如保持垫层厚度不变的话，管路又无法完全隐蔽。

而在实际安装时，由于现今施工人员（多为农民工）部分素质不高，施工水平不高，往往会发现结构层厚度不均，继而造成垫层厚度不均，管路不能得到有效隐蔽、部分高出地平；如要改善这一状况，由于施工人员（多为农民工）的素质不可能在短期内得到大幅提高，只有增加垫层厚度，进而增加层高，提高了造价，如层高不增加，则反而会降低净高度，进而减少了室内空间，如保持垫层厚度不变的话，管路又无法正常安装。

并且，由于以上各种系统管道均采用埋地敷设，如果埋地敷设管路出现堵塞问题时，不仅很难及时发现准确的堵塞点，而且必须对室内或者楼道内地面进行破坏后方可进行维修，会给用户造成进一步的损失，也给维修带来极大的不便；而如果埋地敷设管路出现接口渗漏或管路破损等问题时，则更加麻烦，绝大多数情况都无法及时发现，在给用户造成相当大的损失（用户屋内地面、墙面渗水，且其极有可能下层用户亦会出现顶棚、墙面渗水）后问题才会暴露出来，而且必须对室内或者楼道内地面进行破坏后方可进行维修，会给用户造成进一步的损失，也给维修带来极大的不便；由于采暖系统埋地敷设管路的使用寿命，特别是管路弯曲处及管件接口处的使用寿命，往往不及建筑本身的使用寿命，而以上各种系统管道又均采用埋地敷设，今后采暖管路只有对室内、楼道内地面进行破坏后方可进行更换，这又会给用户造成极大的损失，也给维修带来极大的不便。

现阶段，我国普通住宅开发项目冬季采暖形式中，因可实现分室控温、放气方便、节省空间、造价合理的双管式散热器采暖系统应用比较普遍。采暖供回水管路埋地安装时，应在施工过程中加强质量控制，严格按照施工方案及现行施工技术规范施工；严格控制施工过程中的质量，全过程跟踪检查、验收，并抓住重点；严格控制材料检验，控制安装工艺及工序，做好与土建等专业的协调配合，严把质量关，确保管路不出现渗漏、堵塞的隐患。

4 管材方面现存问题分析

在管材方面，现今民用建筑采暖系统支管路也就是埋地敷设管路基本采用如 PP-R、PB、稳态复合 PP-R、铝塑复合等各种合成材料，而以上种种合成材料特别是稳态复合 PP-R 材质的合成材料存在着国家标准相对滞后，质量标准不明确的问题，而且以上大部分合成材料存在着严重的渗氧问题，会对钢质主管道造成严重腐蚀，造成主管道的提前报废。在实际安装时，以上大部分合成材料还暴露出刚性大、不易弯曲或曲率半径较大（多在 6 倍 D 以上），不易安装的问题，特别是在散热器支管出地平处，由于管材不易弯曲，合成材料管路歪歪扭扭，很不美观。

所以，在材料选择上，需要从管材的工作压力、承受温度及使用寿命等各方面进行考量。应采用带有阻氧层的，有明确的国家标准，明确的质量标准，且可靠阻氧的合成材质管材。

5 结束语

在建设部颁布了《民用建筑节能管理规定》后，我国新建民用建筑的供暖方式较之以前有了极大的变化。这些变化，一方面，提高了供暖系统的运行效率，节约了能源，为用户提供调节控制手段，提高了热舒适度；但另一方面，在实际施工及使用中，我国民用建筑现有的各种供暖方式又暴露出许多新的问题。如上所述，本文对以上我国民用建筑现有的各种供暖方式暴露出的新问题进行了简要的概述及分析，为避免及解决以上问题，采取一些相应的解决方案，进而打造便于使用、利于施工、便于维护的高可靠性民用建筑采暖系统。

参考文献

［1］ 张锡虎，阎文蕾. 对集中供暖分户热计量若干认识问题的探讨［J］. 建筑热能通风空调，2002.6.

［2］ 邱林. 地板采暖分户热计量系统的研究［J］. 北京建筑工程学院学报，2004.6.

［3］ 杨林. 对分户计量系统的认识及看法［J］. 山西建筑，2004.1.

北大国际医院超大型暖通中心设备群安装技术

侯文端　郝继笑　葛　贝

（中建一局集团第三建筑有限公司）

【摘　要】　北大国际医院工程建筑面积近 30 万 m²，暖通中心作为其附属设备机房，建筑面积 3600m²，共有大型设备 42 台，设备最大单重 19t。这样体量的设备机房在医疗类别的建筑工程中也算是相当大的。机房建设过程中数量众多的大型冷水机组、离心式水泵等设备如何安装就位，便成了机房建设的核心问题。本论文主要介绍大型设备群体安装的运输、就位过程，通过分析总结，以图文结合的方式，清晰、直观地将滑轮组牵引法及注意事项一一列举。作为经济高效的大型设备群安装方法，为以后类似工程提供宝贵的实践经验。

【关键词】　运输；安装；滑轮组牵引法；快速；经济

1　工程概况

北大国际医院工程位于北京市昌平区北清路中关村生命科学园区。总建筑面积近 30 万 m²，建成后将成为亚洲最大单体医疗建筑，也是中关村生命科学园区的标志性建筑物。本文所涉及的暖通中心工程位于地下一层，建筑面积 3600m²，框架结构，层高达到 11m。虽然场地较大，但设备布置数量众多、紧凑，且体量大（图 1）。

大型设备群主要包括双吸式离心循环泵 29 台，单台最大重量 2.7t；离心式冷水机组 7 台，单台最大重量 19t，7 台总重量 117t，每台机组的体积达到 45m³，长宽高为 5.2m×2.6m×3.3m（图 2）；板式换热器 2 组。其他材料包括 DN50-DN800 的各类管道近 200t；各管径阀门近 600 件。综上暖通中心各类材料总运输重量近 450t。

2　工程特点及难点

2.1　通道狭小，设备体积大，掉头困难

离心式冷水机组单台长宽尺寸为 5.2m×2.6m，而吊装口附近运输通道宽度仅为 6.5m，大体积设备在机房内无法实现掉头，需在地面正确放置使设备进出水口一侧朝外后，方能垂直吊入机房内部。

2.2　设备吨位大，室内移动难度大

本工程单台设备最大重量达 19t，各类材料总运输距离近 1200m。紧凑场地下的大重

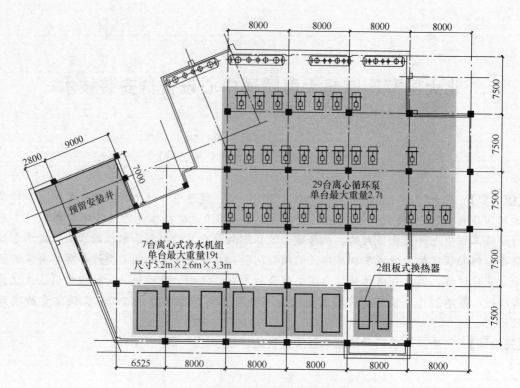

图1 设备基础平面布置图

图中标注文字：
- 预留安装井
- 29台离心循环泵 单台最大重量2.7t
- 7台离心式冷水机组 单台最大重量19t 尺寸5.2m×2.6m×3.3m
- 2组板式换热器

图2 离心式冷水机组

量、长运距的设备室内水平移动难度大，设备的转弯亦很困难。利用滑轮组原理分解牵引力，能够较好的解决设备牵引难题。

2.3 牵引设备固定点的选取要求高

选取最合适的牵引设备固定点，方能最省时省力的进行设备的运输工作。牵引设备的固定点应根据现场基础与结构柱的位置，牵引角度的大小等因素综合确定。

2.4 设备的运输路线和安装顺序是关键

本工程主要包括位于北侧的29台双吸式离心循环泵，位于南侧的7台离心式冷水机组和2组板式换热器。合理的安排设备的运输路线和安装顺序是本工程应对紧张工期要求的关键。

2.5 运输过程中成品保护要求高

本工程设备群密集，相邻设备相距仅1.2~1.6m，且与框架柱距离极近。而设备都是大体积、大重量，且价值不菲，这些都对在运输过程中的成品保护措施提出了极高的要求。

3 超大型设备群安装施工技术

3.1 施工方法选取及施工原理

对于机组设备的运输，通常人们会想到滚杠滑动法、钢架活动车推运法等。但是滚杠滑动法应用的先决条件是设备底部有成条的型钢作为滚杠的滑轨，但是实际机组底部只有四块钢板作为支腿，所以无法使用滚杠作为水平运输工具。接下来分析钢架活动车法，由于机组长宽尺寸为5.2m×2.6m，要制作一个满足这样尺寸的活动车，不仅耗时长、浪费型材，同时要满足19t的载重要求也是极难实现的。所以我们想到"滑轮组牵引法"，即用组合式滑轮组分解牵引力，同时运用坦克车固定在设备四个支腿上，降低重心增强安全性、减小摩擦系数，降低牵引力，进行设备的运输（图3）。

由滑轮组原理可知（图4），在理想状态下使用三个动滑轮组成的滑轮组的拉力 $F+2F+4F=G$。

所以，$F=G/7$。

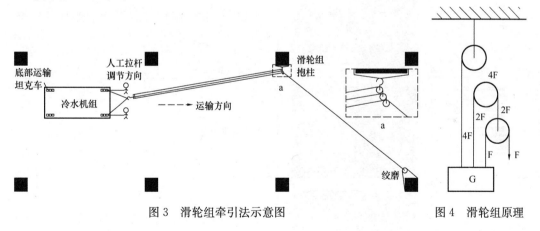

图3　滑轮组牵引法示意图　　　　图4　滑轮组原理

选用如图所示的滑轮组，设备平均重量16.5t，滑轮与混凝土地面的摩擦系数为0.6，则所需的最小水平拉力为：

$$F=\mu N/7=0.6\times16.5\times9.8\div7=13.86\text{kN}$$

以成人80kg的体重为例，13.6kN大约为1.7个成人体重的重量，考虑成夹角后的情况，两个到四个工人配合使用人力旋转绞磨即可完成操作。

3.2 施工机具

施工机具包括：汽车吊、滑轮组、坦克车、绞磨、挎式千斤顶、液压千斤顶、爪式千斤顶、钢丝绳套扣、枕木等（表1）。

所用施工机具说明表　　　　　　　　　　　　　　　表1

机具名称	示例图片	主要用途
滑轮组		降低拉力的装置
坦克车		垫在机组下方四个端点。起到增加滑轮，降低摩擦力的作用。当机组较重、需要降低重心时，可做为运输工具
绞磨		牵引力的提供装置。由2～4个工人旋转，卷钢索，增加拉力
挎式千斤顶		当支撑点比较高时使用。同时，可以用在机组水平调整校正时
液压千斤顶		普通起重用途
爪式千斤顶		适合用在支撑点较低时。比如将坦克车放在设备下面需要垫高，这时支撑点为设备两侧钢板，支撑点较低，只能用爪式千斤顶

3.3 设备运输路线及安装顺序的确定

本工程设备群中，冷水机组重量和体积都较大，离心循环泵重量和体积相比较小，但数量众多，从设备运输难易程度的角度，拟定先难后易的安装顺序：先冷水机组，后水泵组，之后板式换热器。

每个设备组里，本着先内后外的原则依次进行安装。设备运输路线（图 5）和设备安装顺序（图 6）如下。

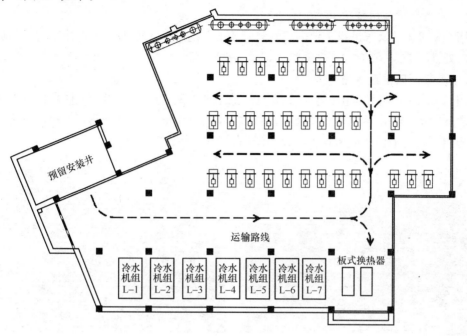

图 5　设备运输路线图

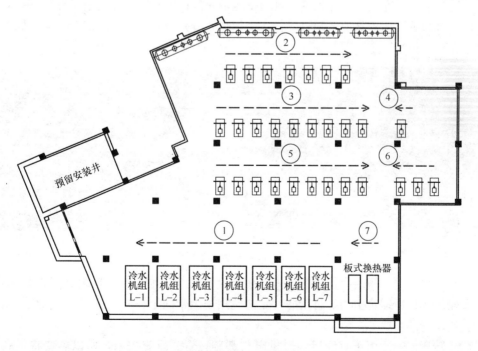

图 6　设备安装顺序图

3.4 设备安装施工步骤

3.4.1 设备运输至吊装口

用一辆20t的汽车吊将1台机组吊装到40t大挂车上（图7），再由挂车将机组运输到吊装口处。

3.4.2 吊装洞口垂直运输

用70t汽车吊将设备由吊装口处垂直运输至地下室（图8）。由于大体积设备在机房内无法实现掉头，在吊装过程中要调整设备方位，使设备进出水口一侧朝外后，方可垂直吊入机房内部，运输前还应密切关注风力风向，确保吊装作业的安全。

图7 挂车运输 　　　　　　　　　　　　　　　　　图8 垂直运输

3.4.3 地下室内水平运输

运用绞磨、坦克车、千斤顶等工具水平运输至基础附近。水平运输步骤如下：

（1）机组垂直运输落地的同时，将4个坦克车分别放置在机组的四个边角，同时用螺栓将坦克车与机组固定（图9）。

图9 机组与坦克车固定

（2）直线运输。用绞磨作为主动力，使坦克车直线运输，牵引机组至设备基础附近。运用滑轮组降低所需牵引力，将绞磨、定滑轮用吊装带固定在承重柱上，人力旋转绞磨达到牵引作用（图10）。

（3）转弯运输。由于直线运输时机组与基础位置是垂直关系，所以需要将设备旋转90°才能完成就位。此时需要滑轮组固定在设备前进方向一侧，形成单边受力，同时机组

图 10　设备直线运输节点图

后方增加向外拉拽的力，在合力的作用下达到旋转作用（图 11）。

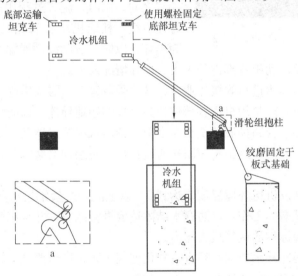

图 11　设备转弯示意图

3.4.4　设备挪上基础就位

由于设备基础与结构地面存在高差，用枕木搭建临时轨道，枕木上方垫上钢板（减少阻力，增大受力面积，减小压强）。支设好绞磨后旋转产生拉力。待设备上基础后，用红外线水准仪测量误差。运用千斤顶将坦克车移出，放入圆钢。同时使用挎式千斤顶将机组水平误差调整校正（图 12）。

1. 放枕木，建轨道　　　　　　　2. 放入圆钢　　　　　　　3. 挎式千斤顶校正

图 12　基础就位步骤图

3.4.5 成品保护措施

冷水机组总造价近 1300 万，离心循环泵近 700 万。仅以上两项总价近 2000 万。由于甲供设备造价高，无形中给成品保护带来一定的压力。需要施工单位更加重视设备的成品保护工作。机组安装须在土建工程已完工情况下进行，包括墙面粉刷、地面工程完工。对于冷水机组专项保护应注意以下几点：

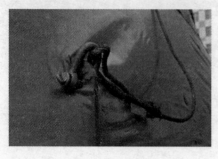

图 13 机组吊装点

（1）机组吊装一定要使用机身上吊装用吊耳，避免吊装绳索触碰机体（图 13）。

（2）待设备管道完成前，不允许拆除机组的蓝色塑料保护套。

（3）由于约克冷水机组出场时均已充注好制冷剂，所以机组要求机房环境温度需保持在 4.4～40℃之间。同时，施工过程中严禁施工人员踩踏、碰撞机组，杜绝机组各管路、传感器等部件的人为损坏，以防造成制冷剂泄漏及相应的人员伤害。

（4）严防机组及启动柜零部件的丢失、损坏情况发生。

（5）需要在机组周边进行焊接作业时，必须采取遮挡、隔离措施，防止火灾的发生及损坏机组保温。同时，严禁用机组各部位作为电焊的接地导体。以防烧毁电脑版等部件。

（6）冷冻、冷却水管路彻底冲洗干净之前严禁向机组蒸发器及冷凝器内注水，若要冲洗管路必须用旁通管将机组进出水短路接通进行，以防杂物堵塞铜管或割破铜管造成机组报废。

（7）在天气温度及机房环境温度未达到 5℃以上前，严禁给机组蒸发器及冷凝器铜管内做注水、打压、试漏等工作，以防存水结冰造成铜管冻裂；并且试漏压力严禁大于机组蒸发器及冷凝器铭牌标称的铜管最大压力。

（8）进入机组的冷却水要求必须进行软化处理，防止机组调试运转后冷凝器铜管及机载变频器散热板换内部结垢，造成机组无法运转。

（9）小型设备考虑带包装运输。

（10）吊装设备时，固定钢丝绳与设备接触面应采用软质材料填充，确保设备不受钢丝绳挤压而造成设备损坏，特别是配电盘、仪表盘、连接阀门、管口等。

（11）设备运输过程中，应考虑对设备边角、易损件特殊保护，配件应单独存放。

（12）就位后机组用苫布整体封盖，以防外表灰尘及零部件损坏。

4 结语

本工程整个暖通中心从设备进场到安装就位（仅设备安装就位，不含管道）只花费了 2 个工作日（图 14），这在大型设备群的安装工程中效益显著。采用此项施工技术不仅缩短施工工期、节约了人工费、降低了危险系数，并实现了安全、可靠、快速、经济的预定目标。通过整个安装工程的完满实施，总结出面对大型设备群安装的经验如下。

（1）安装大型设备时，前期的准备相当重要。包括设备的到场顺序，搬运顺序，路线的选择；只有合理的前期计划，才能将工作有序地开展。

（2）从经济方面考虑，为了节省吊车台班，避免吊车闲置，大型设备需要集中从吊装

图 14   设备群安装完成图

口吊下，因此需要在暖通中心内提供临时周转场地，将吊装下来的设备先集中存放在周转用地处，再分别安装就位。

（3）由于大体积设备在机房内无法实现掉头，在吊装过程中要调整设备方位，使设备进出水口一侧朝外后，再垂直吊入机房内部。

（4）大型设备水平运输过程中的转弯环节是控制的重点，组合式牵引法可利用周围场地条件（结构柱等），随时对牵引力的方向进行改变，简单的解决了难题。

（5）"坦克车"作为安装在设备上的"轮子"，能够平稳的使设备移动；并且在牵引力方向改变时，能够起到一定的导向作用。它还具备安拆方便，结实耐用等优点。

选对方法才能准确无误的完成任务。通过组合式牵引法在北大国际医院暖通中心机房工程中的应用，摸索出了一套解决大型机群设备运输的施工技术，作为一套行之有效的运输手段，以安全、可靠、快速、经济为优势，为以后类似工程提供的宝贵的经验。

参考文献

[1]   JGJ 59—2011 建筑施工安全检查标准 [S]. 北京：中国建筑工业出版社，2011.
[2]   SH/T 3536—2011 起重施工规范 [S]. 中国石化出版社，2011.
[3]   GB/T 6067—2010 起重机械安全规程 [S]. 中国标准出版社，2011.
[4]   JGJ 80—91 建筑施工高处作业安全技术规范 [S]. 中国计划出版社，2004.
[5]   付德源. 实用起重技术手册 [M]. 机械工业出版社，2011.

浅谈线路中的电压降对施工设备正常使用的影响

王海江[1]　张　明[1]　王　琅[2]

（1. 武汉中建工程管理有限公司；2. 中天建设集团有限公司）

【摘　要】　通过总结武汉 1818 中心工程两次施工设备事故，对具体事故进行介绍，事故原因进行分析，结合当前施工设备使用特点，阐述了电缆线路压降的含义及对现场施工设备的影响，通过相关的计算和介绍，对如何查找电缆线路的压降原因和相关的处理方法进行了详细的说明，对现场电气管理人员预防、排除设备故障，具有一定借鉴意义。

【关键词】　电缆；压降；施工设备

1　工程概要

武汉 1818 中心工程项目位于武昌中北路与公正路交汇处。地下三层，地上由一栋 181.8m 高 42 层超高层写字楼、两栋 8 层商业加 95m 高 17 层住宅、三栋 7 层商业加 140m 高 43 层住宅楼、两栋 99m 高 33 层住宅等组成的建筑群体，总建筑面积 34 万 m²。

2　背景分析

在现代工程施工中，塔吊和施工电梯是最常用的设备，也是安全要求最严格的大型设备。其中塔吊是用来吊施工用钢筋、木枋、钢管等施工原材料的设备；施工电梯其独特的箱体结构使其乘坐及运输都有着较大的优势。由于本工程所建楼层较高、楼栋较多，施工场地较大，因此现场共配备 7 台塔吊及 12 部施工电梯。各设备分散距离远，使用电缆较长。在使用过程中，曾有一台塔吊出现开机不稳，并在频繁启动后出现吊装突然加速后急刹车，致使货物依靠惯性撞击到建筑物上，幸未有人员伤亡，后发现是因为 PLC 控制程序紊乱及变频器停止运行造成。另有一部电梯在启动时出现空转现象，在停靠 34 层再次启动时突然下落 3m，造成驾驶员擦伤。以上设备在发生事故后立即停止使用并进行检测。在配合特检所及总部单位共同检查的情况下未发现塔吊、电梯有设备故障存在。后经过详细探查及与设备厂家联系后发现是由于电力线路的压降现象导致，在经过处理后进过一个月的试运行未出现事故情况，设备恢复正常使用。

3　电力线路压降的含义

顾名思义，电压降就是电压由于一些原因下降的现象。对于施工现场使用的动力装置，如电焊机、塔吊、施工电梯等动力装置，当传输距离较远或者电缆型号不合适时就是发生压降现象，这是因为在导体中存在着电阻，不管是采用现有的铜或者铝等材料制成的电线都会产生一定的线路损耗，而这种损耗（压降）不大于本身电压的5％时一般是不会对线路的电力驱动产生影响的。现场施工设备的电压多为380V，如本工程中的塔吊及电梯电压为380V，如果压降在20V以内，则不会对其产生影响，如果大于这个限额则会导致设备出现故障，严重时会导致安全事故的发生。

4 本工程压降计算

4.1 压降计算理论公式：

1. 计算线路电流 I

$$I = P/1.732 \times U \times \cos\theta \tag{1}$$

式中 P——功率，单位，kW；

U——电压，单位 kV；

$\cos\theta$——功率因素，用 0.8～0.85。

2. 计算线路电阻 R

$$R = \rho \times L/S \tag{2}$$

式中 ρ——导体电阻率，铜芯电缆用 0.01740 代入，铝导体用 0.0283 代入；

L——线路长度，m；

S——电缆的标称截面。

3. 计算线路压降

$$\Delta U = I \times R \tag{3}$$

4.2 事故塔吊压降计算：

由设备厂家及总包方、业主提供的相关资料可知：

事故塔吊的总功率是 45kW，使用的是 35mm² 铝芯电缆，功率因素为 0.8，工作电压为 380V，电力线路长度为 470m。

$$
\begin{aligned}
I &= P/1.732 \times U \times \cos\theta \\
&= 45/1.732 \times 0.38 \times 0.8 \\
&= 45/0.527 \\
&= 85.38 \text{（A）}
\end{aligned}
$$

再求线路电阻 R：

$$
\begin{aligned}
R &= \rho \times L/S \\
&= 0.0283 \times 470 \div 35 \\
&= 0.38 \text{（Ω）}
\end{aligned}
$$

求线路压降：

$$
\begin{aligned}
\Delta U &= I \times R \\
&= 85.38 \times 0.38 \\
&= 32.44 \text{（V）}
\end{aligned}
$$

由于 $\Delta U = 32.44\text{V}$，已经超出电压 380V 的 5%，因此无法满足电压的要求。

4.3 事故电梯压降计算：

由现场资料及总包方、业主提供的相关资料可知：

事故施工电梯线路的功率因数为 0.85，电力线路长度为 590m，电机功率为 34.5kW，工作电压为 380V，电缆使用的是 35mm^2 铝芯电缆，其压降计算如下：

$$I = P/1.732 \times U \times \cos\theta$$
$$= 34.5/1.732 \times 0.38 \times 0.85$$
$$= 34.5/0.559$$
$$= 61.72\ (\text{A})$$

再求线路电阻 R

$$R = \rho \times L/S$$
$$= 0.0283 \times 590 \div 35$$
$$= 0.477\ (\Omega)$$

求线路压降：

$$\Delta U = I \times R$$
$$= 61.72 \times 0.477$$
$$= 29.44\ (\text{V})$$

由于 $\Delta U = 29.44\text{V}$，已经超出电压 380V 的 5%，因此无法满足电压的要求。

5 电力线路压降超大的原因

在实际使用过程中往往会出现压降过大，设备运行异常甚至无法正常的启动，很多时候都以为是设备本身出了问题并没有考虑到压降的情况，导致故障原因不明而停工，造成时间上的浪费和生产安全的不确定性。

（1）通过计算我们可以很清晰发现电缆截面和电缆材质是压降大小的关键，在电缆型号的选择上一定要进行压降的计算，避免因为选择的截面过小或者由于材质的不同而导致压降产生。

（2）在电缆线路的安装过程中，由于电缆受到了外力的破坏，绝缘层受损产生漏电的情况，使得线路电压受损，如同水管出现破损，远端的水压自然会下降。这种情况可以通过测试电缆的绝缘情况及沿线的查看找到原因，如果出现这种情况要及时修复破损的线路，否则会随着破损部位的扩大，产生"短路"。

（3）在电缆敷设的过程中由于工人施工中为图方便将剩余的电缆未截断，而是将多余的电缆收成圆圈放置在开关箱附近，以便下次使用。这是施工现场常见的现象，这种方法让电缆过分弯曲，造成电流事实上的"阻力"，同时也违反了最小弯曲半径的要求。这样施工会大大加长电缆长度，通过前面的计算可以得知，电缆长度是影响压降的重要原因。

6　压降处理方法

（1）在本工程的塔吊事故中，由于总包单位在临时用电设置过程中考虑节约将铜芯电缆改为铝芯电缆，并且在选择塔吊连接线缆型号时未考虑塔吊上电机同时运行情况造成电缆截面过小，从而导致电压压降不稳，使 PLC 控制程序发生紊乱现象导致加速，又因变频器在电压持续低于 70％时，会退出运行，造成急停导致货物因惯性撞击建筑物上。后将电缆换为铜芯 50mm²，经计算 $\Delta U=13.97$V，满足要求，经过一个月的运行，状态良好，设备故障消除。

（2）本工程事故中的一台施工电梯由于工人在搬运货物时碾压了电缆，造成了电缆的破损，且电源引线敷设线路过长。电梯出现空转并突然下落，后查找出破损点进行修复，并通过改变敷设路线，截断两边多余的电缆后将其电缆长度减少到 410m，故障现象消除，经过一个月运行设备状态良好。

7　结论与建议

由于压降主要在电缆线路中产生，在线路长度较短的情况下，可以不考虑压降，其对电压及设备的影响极为有限。但当线路较长时，特别是在较大的施工场地，设备用电就要考虑到压降问题，不能只关注意电缆线路配置的型号、规格。一旦电缆敷设或设备启动时发生电压过低造成设备启动不了或者设备虽能启动，但处于低电压运行的状态，这种情况在施工作业时是非常危险的，甚至会造成重大设备安全事故。因此，当电缆线路大于500m 时或者对电压精度要求较高的设备，我们要考虑压降的问题。在设备发生异常后排出设备本身故障的情况下可以考虑是否是压降过大，主要查看电缆材质选择是否合适，线路有无破损以及是否有线路过长的浪费现象。由于一般施工设备使用的是临时用电，现场电工不会考虑压降的问题，所以要求我们对其进行压降知识方面的教育和提示。

浅谈水环热泵 VRV 空调的运行调试

王培硕　赵志滨　冯熙鹏　李公璞　林　峰

（中建一局华江建设有限公司）

【摘　要】 作为逐步被人们了解的 VRV 系统，其突出的节能舒适性及便利性已被广泛认可。如今，水环热泵 VRV 空调系统作为 VRV 系统中的一员，不仅融合 VRV 与水系统的优势特点，更为超大型建筑提供优质空调享受，让"绿色"更深更广地融入空调系统。水环热泵 VRV 空调系统具有设计安装的灵活性、运行的节能性及控制的智能性。水环热泵 VRV 空调系统可以与多种能源形式相结合，应用于各种有现成冷热源，或存在内外区，或同时有冷热需求的新建大型项目、改造或加建项目等。

【关键词】 冷/热源；主机；冲洗；流量开关；排气阀；冷凝水；流量

1　工程概况

中国政协文史馆工程总建筑面积 23418m²，总建筑高度 45m，地上十层，地下四层，空调采用水环热泵 VRV 空调系统，每层设有空调机房，主机安装在各层空调机房内，地下三层设有热交换站，屋顶设有冷却塔，水环热泵 VRV 空调系统水侧系统散热采用闭式冷却塔，补热采用市政热源。

2　工作原理及系统构成

2.1　工作原理及系统构成

水环热泵 VRV 空调系统是在风冷 VRV 的基础上，将风冷式（风机＋表冷器）变成水冷式（冷却水环路＋内置板换），形成一种水管不进房间，而仅设置在竖井和主机的专用机房内；水经由配管、冷却塔/热源输送至 VRV 主机，经热交换后，冷媒再由 VRV 主机到达室内机的一种新型空调方式。这种全年能够同时实现供冷和供热的系统，通过这个闭合的水环路，使循环水连续不断地在各台室外机间循环。水环热泵 VRV 空调系统主要由室内机，VRV 主机，冷媒、冷却水、冷凝水、电气管线、控制元件及阀件组成。

2.2　系统特点

水环热泵 VRV 空调系统采用水作为冷/热源，冷/热源与主机间以水管连接，主机与室内机之间采用冷媒管进行连接，设计自由，轻松对应超大型建筑，便捷提供优质空调享受；设备机房可置于建筑内部，无须与外气直接换热，主机安放自由，为创意建筑外观设计提供便利条件；主机结构小巧紧凑，可以两层叠放形式有效提高机房空间利用率，为寸土寸金的大型建筑释放宝贵空间。

2.3 系统图

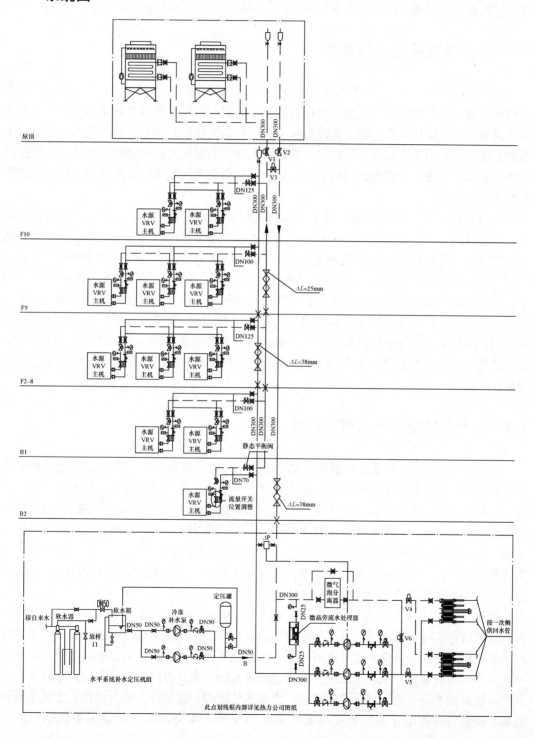

3 调试存在问题及解决方案

水环热泵 VRV 空调系统虽具有设计安装的灵活性、运行的节能性及控制的智能性等优点，但设备运行调试还存在很多的难点，尤其是水侧系统运行调试。

3.1 水侧系统管道冲洗困难

水环热泵 VRV 空调系统水侧系统为闭式的水循环环路，管道冲洗必须要经过 VRV 主机板式热交换器及地下三层热交换站板式热交换器，板式热交换器的结构使其不可拆开清洗或调换任何部件，为了防止腐蚀与水垢，须特别关注板式热交换器的用水质量。由于水侧系统配管采用无缝钢管焊接连接，管道首次冲洗会存在大量的焊渣、锈渍，如果连同主机一起循环冲洗，管道内流动的水会将焊渣、锈渍会流到板式热交换器内，造成板式热交换器的堵塞。

解决方案：结合本工程水环热泵 VRV 空调水侧系统配管特点，首先对系统进行优化，在系统地下三层空调水供水管及空调水回水管上增加排污口，在每台主机进水管末端增加排污口。其次对冲洗的步骤进行优化，本着先主干管冲洗后支管的冲洗再走大循环冲洗的理念，先冲洗掉管道内的大颗粒焊渣，然后冲洗去除管道内残留的小颗粒焊渣及锈渍。冲洗时水系统管道冲洗进水管及排水管管径不得小于供水立管及支管管径横截面积的 50%，冲洗时应拆除不能进行冲洗的阀门及其他仪表，同时管道系统中接入冲洗排水的临时管路。为了防止因管道冲洗而造成主机板式热交换器的堵塞的问题，需在主机进水端安装过滤器，并对过滤器进行及时的清洗，避免过滤器阻塞而造成水流不畅影响设备正常运转。

3.2 水侧系统流量开关调试困难

水环热泵 VRV 空调系统水侧系统流量开关采用把式流量开关，流量开关原设计安装位置为主机进水管侧，流量开关的作用为：对主机的启动提供控制信号，同时对主机的运行起到保护作用。文史馆设置完全独立的空调水系统及补水系统，采用旁滤水处理设备，总循环水量 270m³/h，冷却水循环利用率 98.5%，补水率 1.5%，补水采用地下三层热交换站内的恒压变量变频供水泵进行补给，每小时补充水量约 4.05m³/h。系统初次补水困难且补水时间长，系统补满水后系统内仍会存在大量空气，影响管道内水流压力稳定性，造成水流开关时开时闭，影响系统的整体运行。

解决方案：首先为了保证管道内的气体及时排空，在主机出水侧安装自动排气阀，但系统进行补水时，系统支管内多余的空气会自动排出，补水泵会自动补水，保证了系统内水压的稳定。其次调整水流开关的位置，将流量开关的位置调整到主机出水侧，确保流量开关动作的准确性，原设计流量开关安装在进水侧，安装方向为竖直安装，这样即使管道内水流量达不到系统运行所要求的值，当有水流流过，流量开关也会动作，造成主机误起动，调整后的流量开关只有在水流量满足的情况下才会动作，保证了主机运行的安全性。

3.3 空调主机冷凝水排放的难题

水环热泵 VRV 空调夏季制冷运行会产生大量冷凝水，冷凝水从室内机、主机蒸发器下面的集水盘流出的，经过管道收集采用重力流排放至卫生间或地漏。文史馆工程冷凝水统一排放至各层空调机房内的地漏内，空调机房内主机安装在混凝土基础上，主机冷凝水侧应安装反水弯，本工程空调机房内排水管采用不锈钢管卡压连接，不锈钢管件弯头高度为 9cm，但是混凝土基础高度仅为 10cm，这样就给冷凝水排水管的安装造成了很大的不便，加上空调机房内冷凝水排水管道较多，地漏落水口地面易大量积水。

解决方案：首先安装前期经过与土建及时沟通，对设备基础高度进行了调整，设备基础高度调整为 20cm，不仅为反水弯安装提供高度，而且保证冷凝水的安装坡度正确性。其次，为了避免空调机房地面上大量积水，本工程对地漏上冷凝水排水管进行整理，并制作集水盘，冷凝水先排放至集水盘内，再由集水盘内排水口排放至地漏内，避免了地面的大量集水。

3.4 空调水流量及压力的调节及其他注意事项

政协文史馆工程水循环泵设置于地下三层热交换站内，空调机房分别设置于地下二层至地上十层，为了保证每层水流量的平衡需要对流量进行分配，运行调试前应需对静态平衡阀进行调节，确保最末端主机压力不低于 0.3MPa。

在水环路注满水之后，先开启水泵运转，并确认水环路系统内未吸入空气且水量正确。如果吸入了空气或水量不足，可能会导致板式热交换器冻结。测量主机前后的水压，确保流量符合设计标准。如果冷却水水量不足，可能会导致板式热交换器冻结而损坏。可通过测量板式热交换器进水口和出水口的温差和压差，查出由于过滤器堵塞、空气被吸入或水量减小而产生的循环泵失效的原因。如果原本稳定的温差和压差增大并超过正常范围，则应减少水量。如遇任何故障，应先停止系统运转，排除故障后再起动。一旦出现任何异常现象，立即停止试运转，并设法排除故障。

在运行过程中，系统进行冻结保护后，必须将故障排除后再重新起动。如果水环路中某部分发生局部冻结时，则系统会进行冻结保护。如果在故障未排除前再次起动系统，板式换热器将会关闭，结冰仍然不能融化，甚至会导致冻结现象再次发生，导致板式热交换器损坏，致使冷媒泄漏或冷冻水渗入冷媒循环系统中。

4 结语

政协文史馆项目水环热泵 VRV 空调系统在安装和调试时遇到问题后，经过方案的优化与调整，运行状况良好。水环热泵 VRV 空调系统作为一种新型的制冷供暖方式，从技术的角度，尤其是热泵机组的角度上看应当是相当成熟，而且作为一种节能手段，在我国有广阔的应用前景。我国的民用、公用及商用建筑的中央空调普遍存在着能耗高的问题，一般中央空调的能耗约占整个建筑总能耗的 50 ％左右，对于商场和综合大楼可能高达 60 ％以上，水环热泵 VRV 能与水/地源等可再生能源结合，使系统效率显著提高，能源消耗大大降低，构筑节能环保舒适空间，融合 VRV 与水系统的优势特点，在经济发展中节能与新能源开发，可再生能源利用并重，倡导环保技术的应用，对于我国的可持续发展有着重要意义。

参考文献

[1] 卢琼华，徐菱虹，胡平放，刘传乾．水环热泵空调系统的适用性研究．流体机械，2008 年，第 36 卷第 03 期：63-66.
[2] 徐亚娟，戎向阳．水环热泵空调系统的节能设计．暖通空调，2008 年，11 期：105-108.